普通高等教育"十二五"规划教材

除尘理论与技术

主　编　向晓东
副主编　余新明
编　者　袁文博　张洪杰　范先媛

北　京
冶　金　工　业　出　版　社
2022

内容提要

本书共分9章，前两章分别论述了粉尘的基本性质和在不同外力作用下粉尘粒子的运动。第3章至第6章分别介绍了机械式除尘器、袋式除尘器、湿式除尘器、静电除尘器的原理、构造、性能及应用。第7章较深入地讨论了一些典型的、用于微细粒子控制的复合除尘新技术。最后两章介绍了除尘系统设计和除尘检测技术。

本书可作为环境、安全、冶金、建材等相关专业本科生和研究生的教材或参考书，也可作为建筑、热能、通风、空调以及环境科学领域的科研院所、厂矿企业的科学研究、工程设计人员培训教材和参考书。

图书在版编目(CIP)数据

除尘理论与技术/向晓东主编．—北京：冶金工业出版社，2013.1（2022.2重印）
普通高等教育“十二五”规划教材
ISBN 978-7-5024-5823-2

Ⅰ.①除… Ⅱ.①向… Ⅲ.①除尘—高等学校—教材 Ⅳ.①X513

中国版本图书馆CIP数据核字(2012)第284838号

除尘理论与技术

出版发行 冶金工业出版社　**电　话** (010)64027926
地　址 北京市东城区嵩祝院北巷39号　**邮　编** 100009
网　址 www.mip1953.com　**电子信箱** service@mip1953.com

策划编辑 俞跃春　责任编辑 俞跃春　谢冠伦　美术编辑 彭子赫
版式设计 孙跃红　责任校对 卿文春　责任印制 李玉山
北京印刷集团有限责任公司印刷
2013年1月第1版，2022年2月第2次印刷
787mm×1092mm 1/16；14.75印张；356千字；225页
定价32.00元

投稿电话 (010)64027932　投稿信箱 tougao@cnmip.com.cn
营销中心电话 (010)64044283
冶金工业出版社天猫旗舰店 yjgycbs.tmall.com
（本书如有印装质量问题，本社营销中心负责退换）

前　言

“除尘理论与技术”是以颗粒污染物控制为目标，致力于解决与人类健康、职业卫生、大气环境等密切相关的尘霾危害问题。因此，它不仅是环境科学与工程学科中的一门重要课程，而且也是安全科学与工程学科中一门非常实用的课程。

20世纪90年代初，我们根据教学改革的需要自编了用于安全工程专业的《除尘理论与技术》讲义。为了推动我国除尘技术的发展，在总结教学与科研经验的基础上，该讲义经修订2002年作为专著由冶金工业出版社出版。该书自出版以来，一直作为我校安全和环境类专业研究生的教学用书，在人才培养、学科建设方面起到了突出作用。同时，也对国内颗粒污染物控制领域的发展产生了非常积极的影响。

然而，到目前为止，在颗粒污染物控制领域尚无适合冶金、建材、化工、安全、环保等专业通用的本科生和研究生教材，为了适应教学形式的发展，将原专著改编作为教材是必要的。

本书深入浅出、全面系统地论述了除尘技术的基本理论和方法，其教材体系分为基本理论、除尘设备、发展创新、设计检测四大部分。

全书共9章，由向晓东担任主编，其中第3章由余新明编写、第4章由张洪杰编写、第8章由袁文博编写、第9章由范先媛编写，其余各章由向晓东编写。本书得到了国家自然科学基金项目（50778139）、国家“863计划”项目（2012AA062501）和工业烟尘污染控制湖北省重点实验室的资助。

由于作者水平所限，书中不妥之处，诚请广大读者批评指正。

编　者

2012年8月于武汉

目　录

1 粉尘的基本性质

1.1 粉尘的定义

除尘是将颗粒污染物从气体中分离出来。这里“尘”的概念是广义的，它是指在气体中以分散相处于悬浮状态的气溶胶粒子。气溶胶粒子包括固体粒子和液体粒子。

1.1.1 粉尘的粒径范围

表1-1列出了生活实践中常见的气溶胶粒子的粒径范围。尽管气溶胶粒子的定义对粒子的大小范围没有严格划分，气溶胶粒子可以是大小一样（单分散性粒子）粒子群，也可以是大小不一样的粒子群（多分散性粒子）。对于粒径大于50~100μm的粒子，其沉降速度太快（大于0.1m/s），不能久存于气溶胶中。对于粒径在0.01μm以下的粒子，由于布朗运动的凝聚作用会使粒子变大。所以，气溶胶粒子的粒径范围大致在0.001~100μm之间。

空气中的颗粒物有多种不同的名称，粒子（particle）指单个物质，一般来说其密度接近于同样成分的大块物质的密度，单个粒子可能是一种化学成分或多种化学成分，可能由液体或固体组成，也可能兼而有之。粒子的形成可能很简单，如液滴；也可能很复杂，如纤维素或聚团。下列术语通常用来描述粒子的外观或来源。

（1）气溶胶（aerosol）：长时间悬浮在气体中能被观察或测量的固体或液体粒子。一般来说，气溶胶粒径为0.001~100μm。

（2）生物气溶胶（bioaerosol）：来自于生物源的气溶胶，包括悬浮于空气中的病毒、花粉粒子、细菌和菌类孢子及其碎片。

（3）云（cloud）：悬浮在空气中的高密度粒子，通常有明显的边界。

（4）粉尘（dust）：母体物质通过破碎、筛分、运输、加工等机械或动力作用形成的固体颗粒物。粒子较粗，形状通常不规则，粒径的大小范围大致在0.1~100μm之间。

（5）雾（fog或mist）：液态气溶胶粒子。通常由过饱和蒸汽凝结而成，或通过液体的物理剪切作用，如喷雾、喷射或沸腾而形成。

（6）烟尘（fume）：通常由加热、燃烧、金属冶炼、焊接、熔融、蒸发、升华、冷凝、凝聚而成，或者是木柴、纸张、布、油、煤、塑料、香烟等燃烧而成的固体产物，固体烟尘粒子通常是由一系列相似尺寸的亚微米量级（通常小于0.5μm）的微粒构成，重力沉降作用很小。工业烟气温度一般较高，且含有害蒸气成分。

（7）烟（smoke）：固体或液体气溶胶，不完全燃烧所致或过饱和蒸气凝结而成。大多数烟粒子为亚微米级，常常是由非常小的粒子组成的复杂的链状凝聚粒子团，粒径范围在0.001~1μm之间。

（8）尘：很小的固体粒子，由破碎、筛分、运输、加工等机械或动力作用形成。粒子较粗，形状通常不规则，粒径的大小范围大致在0.1～100μm之间。含尘气流温度通常小于100℃。

表1-1　粒子特性与粒子分散体系

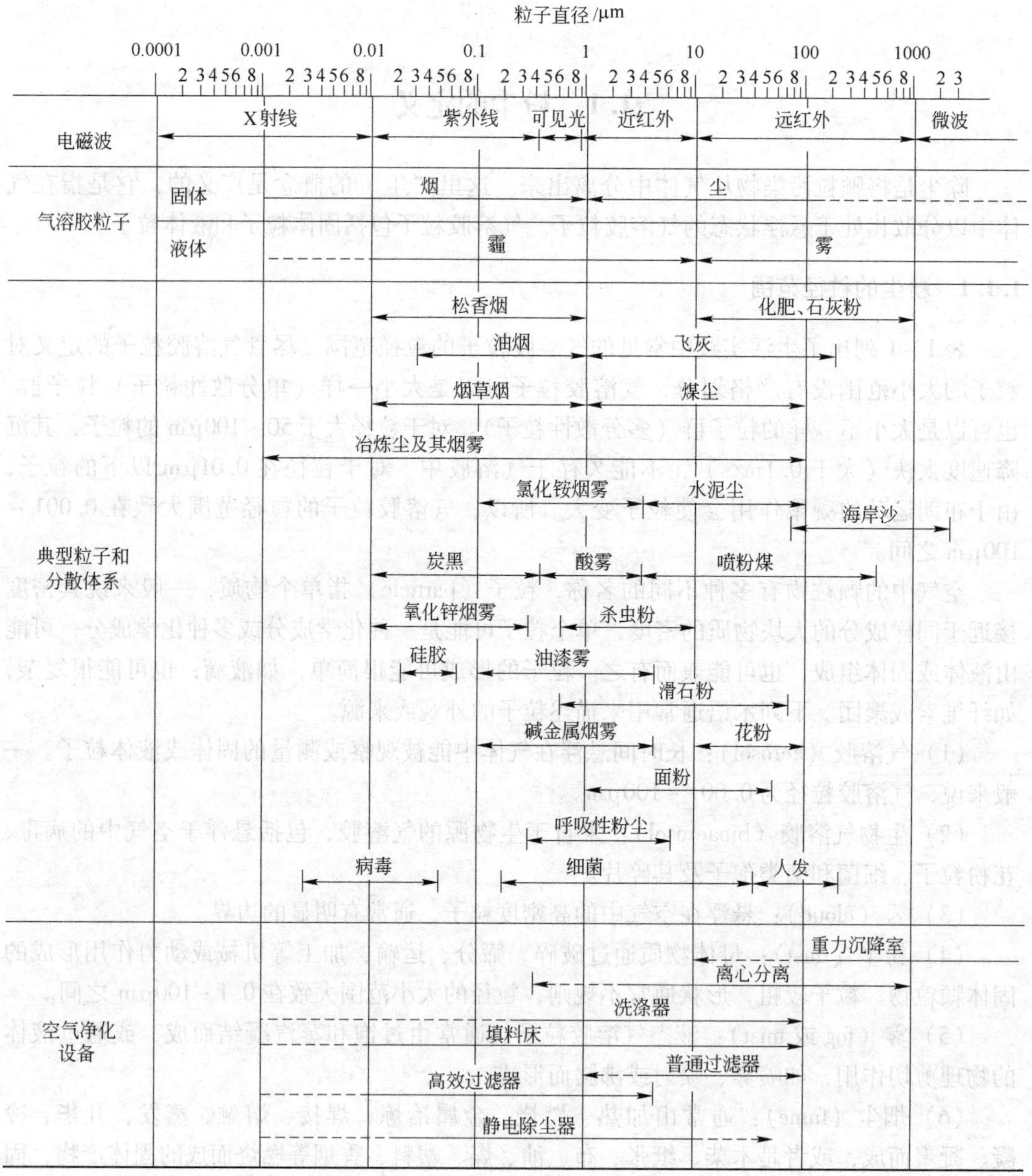

1.1.2　粉尘粒子的分区

由上面看出，我们所讨论的悬浮于气体中的粉尘粒子的粒径范围在0.1～100μm之间。对于粒径大于1μm的粒子，可近似用牛顿力学描述。但粒径小于1μm的粒子却具有分子运动特征，即存在着随机的无规则运动，用经典力学描述其运动行为是困难的。显然，控制 PM1 也必将成为除尘理论及技术中的难点问题。

在气溶胶科学领域，为了讨论不同粒径范围内气溶胶粒子的空气动力学特征，根据粒子的大小或努森数 Kn 分 4 个区，见表 1－2。努森数 Kn 定义为

$$Kn = 2\lambda / d_p \tag{1-1}$$

式中 λ——气体分子平均自由程，常温下，$\lambda \approx 0.066 \times 10^{-6}$m；

d_p——粒子直径，m。

表 1－2 根据不同粒径范围定义的气溶胶力学分类方法

名 称	粒子直径范围			
	自由分子区	过渡区	滑动区	连续区
Kn	>10	10～0.3	<0.3	<0.1
d_p/μm	<0.01	0.01～0.4	>0.4	>1.3

由分子动力理论，气体分子平均自由程为

$$\lambda = \frac{\mu}{0.499\rho}\sqrt{\frac{\pi M}{8RT}} \tag{1-2}$$

式中 M——气体分子的摩尔质量，kg；

R——气体常数，J/(kg·K)；

T——绝对温度，K；

μ——动力黏滞系数，Pa·s；

ρ——气体密度，kg/m^3。

于是，可根据粒子所处的不同区域用不同的力学方法描述粒子的运动。如，在连续区可直接将粒子看成宏观问题用牛顿力学解决；在滑动区和过渡区，可用气溶胶力学提出的修正方程描述；在自由分子区则需要分子运动论分析。

1.2 粉尘的物理性质

1.2.1 密度

由于尘粒表面不光滑和内部有空隙，所以颗粒表面和内部吸附着一定的空气。设法将吸附在粒子表面和内部的空气排出后测得的粒子自身的密度称为颗粒的真密度 ρ_p。呈堆积状态存在的粒子，将包括颗粒之间气体空间在内的粉体密度称为堆积密度 ρ_b，若空隙率为 ε，则真密度和堆积密度存在如下关系

$$\rho_b = (1-\varepsilon)\rho_p \tag{1-3}$$

式中 ρ_b——粒子堆积密度，kg/m^3；

ρ_p——粒子真密度，kg/m^3。

颗粒的真密度用于研究粒子的运动行为等方面，堆积密度用于存仓或灰斗的容积确定等方面。某些颗粒物的真密度和堆积密度列于表 1－3 中。

表 1-3 常见工业颗粒物的真密度和堆积密度 (kg/m³)

名　称	真密度	堆积密度	名　称	真密度	堆积密度
滑石粉	2750	590~710	电炉尘	4500	600~1500
烟尘	2150	1200	化铁炉尘	2000	800
炭黑	1850	40	黄铜溶解炉尘	4000~8000	250~1200
硅砂粉 (0.5~72μm)	3630	1550	铅冶炼尘	6000	500
烟灰 (0.7~56μm)	2200	1070	烧结炉尘	3000~4000	1000
水泥 (0.5~91μm)	3120	1500	转炉尘	5000	700
氧化铜 (0.9~42μm)	6400	2640	铜冶炼尘	4000~5000	200
水泥干燥窑	3000	600	石墨	2000	300
白云石粉尘	2800	900	铸造砂	2700	1000
烧结矿粉	3800~4200	1500~2600	黑液回收尘	3100	130
锅炉炭末	2100	600	石灰粉尘	2700	1100

1.2.2 安息角与滑动角

尘粒自漏斗连续落到水平板上，堆积成圆锥体。圆锥体的母线同水平面的夹角称为粉尘的安息角。

滑动角是指光滑平板倾斜时粉尘开始滑移的倾斜角。通常滑动角比安息角略大。

安息角与滑动角是设计除尘器灰斗（或粉料仓）锥度、粉体输送管道倾斜度的主要依据。影响粉尘安息角与滑动角的因素有：粒径、含水率、粒子形状、粒子表面粗糙度、粉尘黏性等。一般粉体的安息角为33°~55°，滑动角为40°~55°。因此，除尘设备的灰斗倾斜角不应小于55°。

1.2.3 润湿性

尘粒与液体附着的难易程度称为粒子的润湿性。液体对固体表面的润湿程度，取决于液体分子对固体表面作用力的大小。表面张力越小的液体，它对固体粒子就越容易润湿。例如,酒精、煤油的表面张力小,对颗粒的润湿就比水好。根据颗粒能被水润湿的程度,一般可分为亲水性粉尘和疏水性粉尘。粉体的润湿性可以用液体对试管中粒子的润湿速度来表征。通常,取润湿时间为20min,测出此时间的润湿高度 L_{20}(min),于是润湿速度 v_{20} 为

$$v_{20} = \frac{L_{20}}{20} \tag{1-4}$$

按 v_{20} 作为评定粒子的润湿性的指标，可将颗粒物分为4类，见表1-4。在除尘技术中，粉尘的润湿性是设计或选用除尘设备的主要依据之一。特别是对过滤除尘器来说，滤料的选择尤为重要。

表 1-4 水对粉尘的润湿性

粉尘类型	Ⅰ	Ⅱ	Ⅲ	Ⅳ
润湿性	绝对憎水	憎水	中等亲水	强亲水
v_{20}/mm·min^{-1}	<0.5	0.5~2.5	2.5~8.0	>8.0
颗粒物举例	石蜡、沥青	石墨、煤、硫	玻璃微珠、石英	锅炉飞灰、钙

1.2.4 粉尘的含水率

粉尘中含有的水分由 3 部分组成：附着在粒子表面上的水，包含在凹坑处及细孔中的自由水分，以及紧密结合在粒子内部的结合水分。化学结合的水分不属于水分的范围，例如洁净水作为粒子的组成部分，不属于水分的范围。干燥作业时，可以除去自由水分和一部分结合水分，其余部分作为平衡水残留，其数量随干燥条件而变化。

粉尘中水分的含量通常用含水率 w(%) 表示，其定义为粉尘中含水量 m_w(g) 与粉尘总质量 m_d(g) 之比

$$w = \frac{m_w}{m_w + m_d} \times 100\% \qquad (1-5)$$

工业测定的水分是指总水分和平衡水分之差。测定水分的方法要根据粉尘的种类和测定目的来选择。最基本的方法是将一定量的尘样（约 100g）放在约 105℃ 的烘箱中干燥，恒重后再进行称量。烘干前后尘样质量之差即为所含水分。测定水分的方法还有蒸馏法、化学反应法和电测量法等。

颗粒的含水率与颗粒的吸湿性有关，颗粒的含水率的大小会影响到颗粒的其他物理性质，如导电性、黏附性、流动性等，所有这些在设计除尘装置时都必须加以考虑。

1.2.5 粉尘的黏附性

粉尘颗粒相互附着或附着于固体表面上的现象称为粉尘的黏附性。影响粉尘黏附性的因素很多，一般情况下，粉尘的粒径小、形状不规则、表面粗糙、含水率高、润湿性好以及荷电量大时，易产生黏附现象。粉尘的黏附性还与周围介质的性质有关，例如尘粒在液体中的黏附性要比在气体中弱得多；在粗糙或黏性物质的固体表面上，黏附力会大大提高。

利用粉尘的黏附性可以使粉尘相互凝聚和附着在固体表面上，这有利于粉尘的捕集和避免二次扬尘。但在含尘气体通过的设备或管道中，又会因为粉尘的黏附和堆积，造成管道和设备的堵塞。

1.2.6 磨损性

固体颗粒物的磨损性是含尘气流在流动过程中对器壁、管道壁和过滤材料的磨损性能。粒子对物体表面的磨损是一个较复杂的现象。对刚性壁面表现为碰撞磨损，对塑性壁面表现为切削磨损。在粒子的净化或输送中，经常碰到的是对塑性材料的磨损。其磨损率与粉尘入射角、入射速度、粉尘硬度、粒径、球形度和浓度等因素有关，如图 1－1 所示。

Zhu 等曾在 $H_p = 40 \sim 590 \text{kg/mm}^2$ 的粉尘硬度范围内对 7 种不同塑性材料做了大量试验，得出磨损率的经验计算公式：

$$E = kMd_p^{1.5} v^{2.3} (1.04 - \phi)(0.448\cos^2\theta + 1) \qquad (1-6)$$

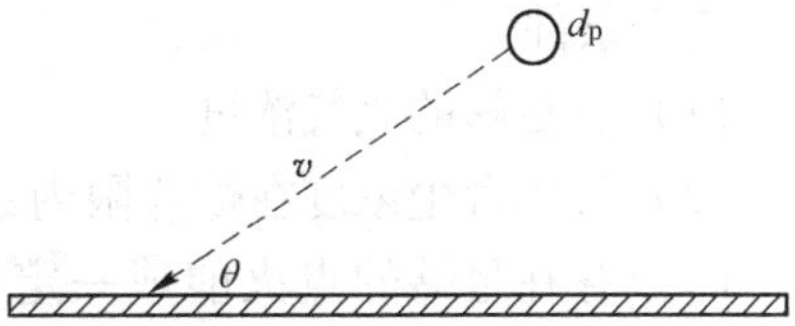

图 1－1 固体颗粒对塑性材料表面的磨损

式中 E——磨损率，m/100h；

k——系数，对于 Q235 钢，$k=1.5$；

d_p——粒径，mm；

v——入射速度，m/s；

ϕ——球形度；

M——向被磨损材料冲击的粒子通量，kg/($m^2 \cdot s$)。若已知含尘质量浓度 c（kg/m^3），M 可由式(1－7)计算：

$$M = vc\sin\theta \tag{1-7}$$

固体颗粒物的磨损性直接关系到纤维滤料的使用寿命，为了减轻对滤料的磨损，需要适当地选取气流速度、降低含尘质量浓度和选用耐磨性好的滤料等。在必要的情况下，可采用特殊的工艺对滤料进行表面处理。

1.2.7　电性

气溶胶粒子通常都带有电荷，这是由于碰撞、摩擦、放射性照射、电晕放电等原因而荷电的。粒子的电性对净化设备的捕集和清灰斗有很大的影响。物质都有较固定的介电率(相对介电常数)。表 1－5 列出了常见物质的介电常数。从表中可看到固体颗粒物的介电常数通常在 3～10 之间，所以，一般无机材料的介电常数可近似取 5～7。

表 1－5　常见物质的介电常数

物质名称	介电常数	物质名称	介电常数
锌粉	12	滑石粉	5～10
硅砂	4	飘尘	3～8
炭黑	5～10	白砂糖	3
氧化铝粉	6～9	淀粉	5～7
重质碳酸钙	8	硫黄粉末	3～5
玻璃球	5～8	合成树脂粉	2～8

1.2.8　自燃性和爆炸性

当物料被研磨成粉料时，总表面积增加，表面能增大，从而提高了颗粒物的化学活性，特别是提高了氧化产热的能力，在一定条件下会转化为燃烧状态。各类粉尘的自燃温度相差很大，根据不同的自燃温度可将可燃性粉尘分为两类。第一类粉尘的自燃温度高于环境温度，因而只能在加热时才能引起自燃。第二类粉尘的自燃温度低于环境温度，甚至在不加热的情况下都可能自燃。这种粉尘造成火灾的危险性最大。

在封闭空间内可燃性悬浮粉尘的燃烧会导致化学爆炸。引起可燃性悬浮粉尘爆炸必须具备三个条件：

（1）有足够的氧气浓度；

（2）气体含尘浓度在爆炸限内；

（3）存在足够的点火能或一定温度的火源。能引起爆炸的最低浓度称为爆炸下限，最高浓度称为爆炸上限。可燃混合物的浓度低于爆炸下限或高于爆炸上限时，均无爆炸危险。爆炸下限对防爆更有意义。表 1－6 列出了某些粉尘爆炸浓度的下限。

表 1-6 某些粉尘爆炸浓度的下限 (g/m^3)

粉尘名称	爆炸浓度下限	粉尘名称	爆炸浓度下限	粉尘名称	爆炸浓度下限
铝粉末	58.0	玉黍粉	12.6	硫黄粉末	2.3
豌豆粉	25.2	亚麻皮屑	16.7	硫矿粉	13.9
木屑	65.0	硫磨碎粉末	10.1	页岩粉	58.0
渣饼	20.2	奶粉	7.6	烟草末	68.0
樟脑	10.1	面粉	30.2	泥炭粉	10.1
煤尘	114.0	萘	2.5	棉花	25.2
松香	5.0	燕麦	30.2	茶叶末	32.8
饲料粉末	7.6	麦糠	10.1	硬橡胶尘末	7.6
咖啡	42.8	沥青	15.0	谷仓尘末	227.0
染料	270.0	甜菜糖	8.9	电焊尘	30.0

1.2.9 光学性质

由于大气中气溶胶粒子对光的散射，使可见度大为降低，这也是一种空气污染现象，城市中这种污染最为强烈。粒子对光的散射是测定气溶胶粒子浓度、大小和决定气溶胶云的光行为的主要方法之一。

概括地说，单个粒子对光的散射与其粒径、折射指数、粒子形状和入射光波长有关。空间中任何一点的辐射强度是由光源的布置、气溶胶的空间分布、粒径分布和组成决定的。

光线射到气溶胶粒子上以后，有两个不同的过程发生：一方面，粒子接收到的能量可被粒子以相同的波长再辐射，再辐射可发生在所有方向上，但不同方向上有不同的强度，这个过程称为散射；另一方面，辐射到粒子上的辐射能可改变为其他形式的能，如热能、化学能或不同波长的辐射，这个过程称作吸收。在可见光范围内，光的衰减对黑烟是吸收占优势，而对水滴是散射占优势。气溶胶粒子对光的吸收和散射机理较为复杂。在此，不讨论微粒子的光学理论，而是介绍利用气溶胶的光学性质如何测定粉尘的粒度和浓度。

粉尘粒度传统的测定法有筛分法、显微镜法、重力沉降法等。用这些方法很费时，而且误差较大。另外，不同的测试(观测)者会得到不同的结果，因此可比性差。对于粒度和浓度的测定，现在有一种趋势（特别是国外），需采用自动的测定方法，且要求标明所用测定仪器的型号。于是，传统的人工测定方法已很少使用了。

利用气溶胶的光学性质测定粉尘粒度的方法主要有:离心沉降粒度分析仪、Zetasizer Nano S 纳米粒度仪、激光粒度分析仪等。所有这些粒度分析仪都是由计算机完成数据处理。

离心沉降粒度分析仪是将粉尘样品以液固两相状态放入样品盒（管）中，在有必要的情况下，用超声波分散器将处于凝聚态的粉尘团分散开。圆盘转速可从每分钟数百转到上万转，视粒度大小及测定范围而定，要求所测的颗粒越小，转速越高。通过转速的不同，可将不同颗粒大小的粒子分开，然后用光透射原理测定颗粒的粒度大小及分布。这类产品有 CLY 型圆盘离心沉降粒度分布仪、WQL 型粒度仪、LJK 型微粒度测定仪等。

Zetasizer Nano S 纳米粒度仪为英国生产的一种光学粒度分析仪，主要是利用粒子的光散射原理，能测量 0.6nm ~ 6μm 的颗粒。

激光粒度分析仪是通过测量颗粒群的散射谱来分析其颗粒粒度分布的。其测试系统如图1－2所示。来自He－Ne激光器的激光束经扩束、滤波、汇聚后照射到测量区，测量区中的待测颗粒群在激光的照射下产生散射谱。散射谱的强度及其空间分布与被测颗粒群的大小及分布有关，并被位于傅里叶透镜后焦面上的光电探测器阵列所接收，转换成电信号后经放大和A/D转换经通讯口送入计算机，进行反演算和数据处理后，即可给出被测颗粒群的大小、分布等参数，经屏幕显示或打印机打印输出。

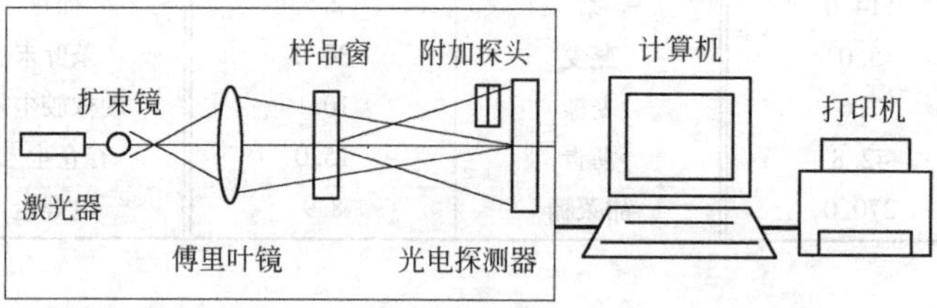

图1－2　激光粒度分析仪工作原理示意图

利用粉尘的光学性质测定粉尘的浓度主要有两种：光闪烁法颗粒物分析仪、激光粉尘仪。

光闪烁法颗粒物分析仪由英国达因公司开发，采用动态检测原理（Dynamic Detection Principle，DDP），在烟流两侧安装发射器和接收器，发射器中的高功率发光二极管发射固定波长、固定频率的光脉冲，穿过烟流到达接收器，烟流中的粉尘经过发射器和接收器之间的光路时，会引起光强的变化，光强的变化幅度与粉尘浓度成正比，于是可通过光强的大小测定粉尘浓度，如国产的KSP－I－1000D颗粒物分析仪。

激光粉尘仪是利用光散射原理，即光束在烟道中被粒子吸收和散射强度衰减符合贝尔－朗伯特定律。这类产品有国产的DUSTMATE粉尘仪、FW56－1烟尘监测仪、CJ－HLC100手持式激光粒子计数器等。日本P5系列粉尘分析仪、美国TSI粉尘测定仪（DUSTTRAK）等。

1.3　粉尘的粒径与粒径分布

粒径是描述气溶胶粒子的最基本参数。粒子必须悬浮于气体才能称为气溶胶，这表明粒子必须足够小。按照惯例，人们认为粉尘粒径的上限约为100μm，这种粒度的粒子在空气中的沉降速度太快（约0.1～0.25m/s），不能久存于气溶胶中。粒径最小可以达到纳米级，相当于一群分子的大小。在这么大的粒度范围内，气溶胶粒子的性质和行为有很大差异。所以，气溶胶粒子的大小范围大致在0.001～100μm之间。

对于球形粒子，可以简单地用几何直径表示，但工业过程中产生的固体颗粒物通常是非球形的。对于不规则粒子的形状可概括为三大类：块状、板状、针状。大多数粒子接近于块状。对于不规则的粒子，为评价其对球形的偏离程度，采用球形度ϕ的概念。球形度的定义为：同样体积的球形粒子表面积与粒子实际表面积之比。ϕ值永远小于1。

不规则粒子的大小可用等效径，又称当量径表示。表示粒度的定义有很多，合适的粒度定义主要取决于测定方法：如用光学显微镜测得的粒径称光学直径；用多级旋风分离器或串级冲击分离器得到的粒度数据是空气动力径，对于0.5μm以下的粒子采用扩散分离法称扩散粒径，用沉降法所得到的粒径为斯托克斯直径。表1-7列出了一些主要的等效径表示方法。

表1-7 不规则形状粒子的等效径表示方法

等效径	定义	计算式
长度径	在一给定方向上测量的直径	$d_p = l$
平均径	在多个方向上测量的直径	$d_p = \frac{1}{n}\sum_{i=1}^{n} d_i$
周长径	有与粒子同样周长 P 的圆的直径	$d_p = P/\pi$
投影面积径	有与粒子同样投影面积 A_p 的圆的直径	$d_p = \sqrt{4A_p/\pi}$
表面积径	有与粒子同样表面积 A_s 的球的直径	$d_p = \sqrt{A_s/\pi}$
体积径	有与粒子同样体积 V_p 的球的直径	$d_p = \sqrt[3]{6V_p/\pi}$
斯托克斯径	有与粒子相同密度 ρ_p 和沉降速度 v 的球的直径	$d_p = \sqrt{\frac{18\mu v}{(\rho_p - \rho_a)g}}$
空气动力径	有与相同质量、标准密度（1000kg/m^3）的球形粒子的直径	$d_a = d_p\sqrt{\rho_p/1000}$

注：l—长度；P—粒子的投影周长；A_p—粒子的投影面积；A_s—粒子的表面积；V—粒子的体积；v—粒子的沉降速度；ρ_p—粒子的密度；ρ_a—空气的密度；μ—空气的动力黏度；g—重力加速度。

粒子的形状可能很复杂，如凝聚体是由多个小粒子聚合到一起的大粒子，其内部有大量空隙。对于这种情况，不宜用光学直径表示，而应该用斯托克斯径或空气动力径表示，因为通过粒子沉降法或空气动力学方法测得的粒径，更适合于描述不规则粒子形态（包括凝聚体）的运动行为。

粉尘的粒径很少是一致的。粒径接近一致（分散范围在10%以内）的粒子群称为单分散性的。单分散性气溶胶粒子通常只能在实验室中产生。对于分散范围较广的气溶胶，称为多分散性气溶胶。对于各种不同粒径的颗粒组成的集合体，单纯用“平均”粒径来表征这一集合体显然是不够的。因此，需要用粒径分布表示粒子群粒度的分散程度。所以，粒径分布又称分散度，它是指在不同粒径范围内颗粒所含数量分数或质量分数。

掌握粒径分布对选择分离净化设备、评价净化性能、研究粒子群的扩散与凝聚行为以及对环境造成的污染影响等方面具有重要的意义。

粒径分布的表示方法有表格法、图形法和函数法。下面以测定数据的整理过程说明粒径分布的表示方法和相应的定义。

1.3.1 频率分布

表1-8为粒径 d_p 在0~30μm范围内粒径分布计算表。

表1-8 粒径分布计算表

区间编号 i	1	2	3	4	5
粒径范围 Δd_p/μm	0~2	2~5	5~10	10~20	20~30
平均粒径 d_p/μm	1	3.5	7.5	15	25

续表 1-8

区间编号 i	1	2	3	4	5
粒子数目 n	50	110	150	120	70
数量频率分布 q_n	0.1	0.22	0.3	0.24	0.14
质量频率分布 q_m	3.2×10^{-5}	3.0×10^{-3}	4.0×10^{-2}	0.258	0.698
数量密度分布 f_n	0.05	0.073	0.06	0.024	0.014
质量密度分布 f_m	1.5×10^{-5}	9.9×10^{-4}	8.0×10^{-3}	0.026	0.070
数量筛下累积分布 F_n	0.1	0.32	0.62	0.86	1.0
质量筛下累积分布 F_m	3.2×10^{-5}	3.03×10^{-3}	0.043	0.302	1

根据粒径范围和粒子数目，可作直方图 1-3。

数量频率分布 q_n 和质量频率分布 q_m 分别定义为

$$q_n = \frac{n_i}{\sum n_i} \tag{1-8}$$

$$q_m = \frac{n_i d_{pi}^3}{\sum n_i d_{pi}^3} \tag{1-9}$$

式中　n_i——第 i 区间里观测到的粒子数目；

d_{pi}——第 i 区间里粉尘粒径。

频率分布计算结果见表 1-8。

1.3.2　密度分布

数量密度分布 f_n 和质量密度分布 f_m 分别定义为

$$f_n = \frac{q_n}{\Delta d_p} = \frac{dF_n}{dd_p} \tag{1-10}$$

$$f_m = \frac{q_m}{\Delta d_p} = \frac{dF_m}{dd_p} \tag{1-11}$$

式中　F_n——数量筛下累积分布；

F_m——质量筛下累计分布。

各区间的密度分布计算结果列于表 1-8 中。由此可绘出密度分布，如图 1-4 所示。

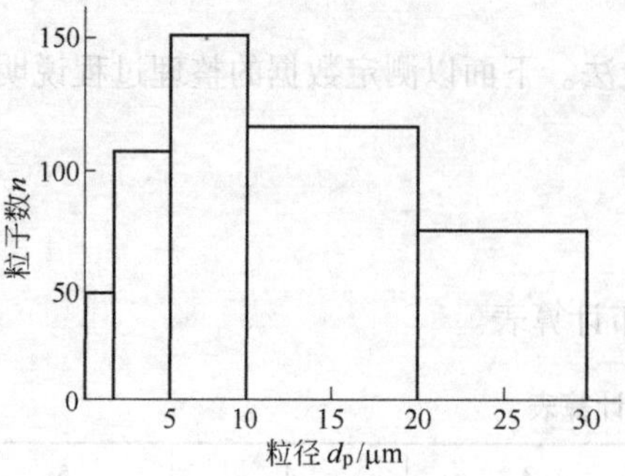

图 1-3　粒径分布直方图

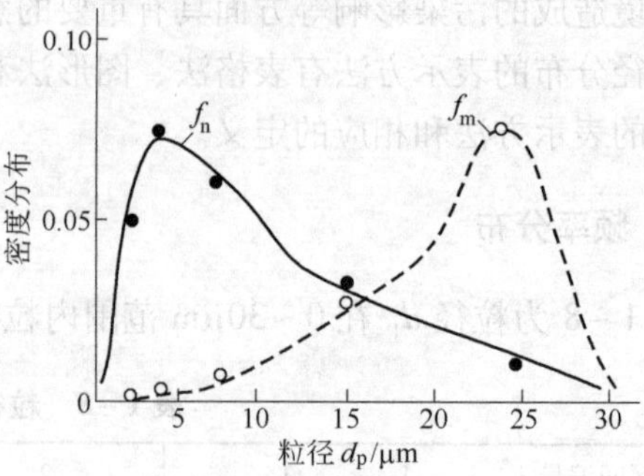

图 1-4　数量密度分布 f_n 和质量密度分布 f_m 图

1.3.3 累积分布

气溶胶粒子的粒径分布还可以用筛下累积分布或筛上累积分布表示。实际中常采用筛下累积分布来表示，筛下累积分布是指小于某一粒径 d_p 的所有粒子的质量(或数量)占总质量(或总数量)的分数。其定义为

$$F_{m,n} = \sum_{i=1}^{i} q_{m,n} = \int_0^{d_p} f_{m,n} \mathrm{d}d_p \tag{1-12}$$

根据已有数据，可得数量或质量筛下累积分布 F_n 和 F_m，结果见表1－8和图1－5。

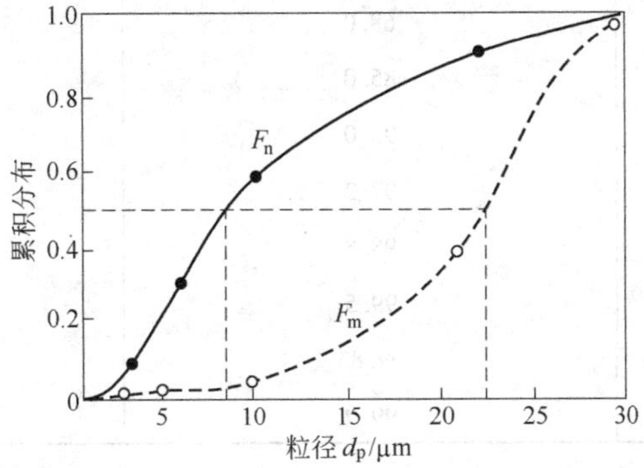

图1－5 数量筛下累积分布 F_n 和质量筛下累积分布 F_m 图

累积分布为50%的地方称为中位径 d_{p50}。由图1－5可近似读出数量中位径 *NMD* 为8.5μm，质量中位径 *MMD* 为22μm。

1.3.4 分布函数

尽管粒径分布可以用表格和图形表示，然而，在某些场合下用函数形式表示，对于数学分析要方便得多。根据实际测定和长期的实践总结，人们发现生产过程中随机产生的气溶胶粒子大都服从对数正态分布，无论是质量密度分布函数 f_m，还是数量密度分布函数 f_n 都可以写成

$$f_{m,n} = \frac{1}{d_p \ln\sigma_g \sqrt{2\pi}} \exp\left[-\frac{(\ln d_p - \ln d_g)^2}{2(\ln\sigma_g)^2} \right] \tag{1-13}$$

式中 d_g——几何平均径，可用中位径 d_{p50} 近似代替；

σ_g——几何标准偏差（GSD），可由式(1－14)确定：

$$\sigma_g = \frac{d_p(F=84.1\%)}{d_{p50}} = \frac{d_{p50}}{d_p(F=15.9\%)} \tag{1-14}$$

将式(1－13)代入式(1－12)，筛下累积分布还可写成

$$F = \frac{1}{\ln\sigma_g \sqrt{2\pi}} \int_0^{d_p} \exp\left[-\frac{(\ln d_p - \ln d_{p50})^2}{2(\ln\sigma_g)^2} \right] \mathrm{d}(\ln d_p) \tag{1-15}$$

如果粒子服从对数正态分布，其累积分布曲线在对数概率坐标纸上呈一条直线。

例 1－1 如玻璃微珠试样的粒径分布见表 1－9。试将表 1－9 的原始数据画到对数概率坐标纸上，并确定数量中位径、质量中位径和几何标准偏差。

表 1－9 玻璃微珠试样的粒径分布计算表

粒径 d_p/μm	数量筛下累积分布 F_n	质量筛下累计分布 F_m
5	0.0	0.0
10	1.0	0.1
15	13.8	0.6
20	42.0	10.5
25	68.0	28.5
30	85.0	50
35	93.0	67.9
40	97.2	80.8
45	98.8	89.2
50	99.5	94.0
55	99.85	97.0
60	99.9	98.1

解：把表 1－9 的数量筛下累积分布 F_n 和质量筛下累积分布 F_m 绘到对数概率坐标纸上（见图 1－6），得到两条直线，发现二者相互平行。

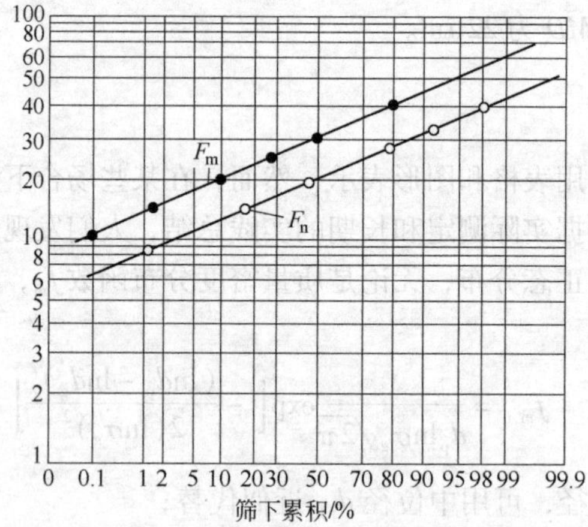

图 1－6 玻璃微珠筛下累积分布

从图 1－6 中直接看到：数量中位径 $d_{p50}=21.5\mu m$，质量中位径 $d_{p50}=30\mu m$。

由图 1－6 的数量筛下累积分布 F_n，可确定 $d_{p84.1}=29.7\mu m$，$d_{p15.9}=15.5\mu m$。由式(1－14)得数量几何标准偏差 $\sigma_g=29.7/21.5=21.5/15.5=1.39$。

同理，由图 1－6 的质量筛下累积分布 F_m，可确定 $d_{p84.1}=41.7\mu m$，$d_{p15.9}=21.7\mu m$。由式(1－14)得质量几何标准偏差 $\sigma_g=41.7/30=30/21.7=1.39$。

得到 d_p 和 σ_g 后，代入式(1－13)或式(1－15)，便可直接写出某种气溶胶粒子的分布函数。

如果某种粉尘的粒度分布负荷对数正态分布，则无论是质量分布、数量分布，还是表面积分布，它们的几何标准偏差 σ_g 相同，累积分布曲线在对数概率坐标纸上为相互平行的直线，只是沿粒径坐标平移一个常量距离。若用 *NMD*、*MMD*、*SMD* 分别表示数量中位径、质量中位径和表面积中位径，则三者的关系为

$$MMD = NMD\exp(3\ln^2\sigma_g) \tag{1-16}$$

$$MMD = SMD\exp(2\ln^2\sigma_g) \tag{1-17}$$

与对数正态分布的最高峰相对应的直径被称为模态直径，其值为

$$d_{mode} = NMD\exp(\ln^2\sigma_g) \tag{1-18}$$

1.4 粉尘的危害

大气污染物对人体健康、植物、器物和材料及大气能见度和气候皆有重要影响。

1.4.1 粉尘对人体健康的影响

颗粒物对人体健康的影响，取决于颗粒物的浓度和在其中暴露的时间。研究数据表明，因上呼吸道感染、心脏病、支气管炎、气喘、肺炎、肺气肿等疾病而到医院就诊人数的增加与大气中颗粒物浓度的增加是相关的。患呼吸道疾病和心脏病老人的死亡率也表明，在颗粒物浓度一连几天异常高的时期内就有所增加。暴露在合并有其他污染物（如 SO_2）的颗粒物中所造成的健康危害，要比分别暴露在单一污染物中严重得多。环境空气中颗粒物浓度及其影响见表 1-10。

表 1-10 环境空气中颗粒物浓度及其影响

颗粒物浓度/$mg\cdot m^{-3}$	测量时间及合并污染物	影响
0.06~0.18	年度几何平均，SO_2 和水分	加快钢和锌板的腐蚀
0.08	年平均相对湿度<70%	环境空气质量一级标准
0.15		能见度缩短到 8km
0.10~0.15		直射日光减少 1/3
0.08~0.10	硫酸盐水平 30mg/(cm^2·月)	50 岁以上的人死亡率增加
0.10~0.13	SO_2>0.12mg/m^3	儿童呼吸道发病率增加
0.20	24h 平均值，SO_2>0.25mg/m^3	工人因病未上班人数增加
0.30	24h 平均值，SO_2>0.63mg/m^3	慢性支气管炎病人可能出现急性恶化的症状
0.75	24h 平均值，SO_2>0.63mg/m^3	病人数量明显增多，可能发生大量死亡

粉尘的粒径大小是危害人体健康的另一重要因素。它主要表现在两个方面：

粒径越小，越不易沉积，长时间飘浮在大气中容易被吸入人体，且容易深入肺部。一般，粒径在 100μm 以上的尘粒会很快在大气中沉降；粒径在 10μm 以上的尘粒可以滞留

在呼吸道中；粒径为5～10μm的尘粒大部分会在呼吸道沉积，被分泌的黏液吸附，可以随痰排出；粒径小于5μm的微粒能深入肺部；粒径为0.01～0.1μm的尘粒，50%以上将沉积在肺腔中，引起各种尘肺病。

尘粒越小，粉尘比表面积越大，物理、化学活性越高，加剧了生理效应的发生与发展。此外，尘粒的表面可以吸附空气中的各种有害气体及其他污染物，并成为它们的载体，如可以承载强致癌物质苯并[a]芘及细菌等。

1.4.2　粉尘对建筑物、植物、动物的影响

大气污染对植物的伤害，通常发生在叶子结构中，因为叶子含有整棵植物的构造机理。最常遇到的毒害植物的气体是：二氧化硫、臭氧、过氧乙酰硝酸酯（PAN）、氟化氢、乙烯、氯化氢、氯、硫化氢和氨。

大气中含SO_2过高，对叶子的危害首先是对叶肉的海绵状软组织部分，其次是对栅栏细胞部分。侵蚀开始时，叶子出现水浸透现象，干燥后，受影响的叶面部分呈漂白色或乳白色。如果SO_2的浓度为（0.3～0.5）$\times 10^{-6}$L/L空气，持续几天后，就会对敏感性植物产生慢性损害。SO_2直接进入气孔，叶肉中的植物细胞使其转化为亚硫酸盐，再转化为硫酸盐。当过量的SO_2存在时，植物细胞就不能及时地把亚硫酸盐转化为硫酸盐，从而开始破坏细胞结构。

20世纪50年代后期，臭氧对植物的损害才引起人们的注意。臭氧首先侵袭叶肉中的栅栏细胞区。叶子的细胞结构瓦解，叶子表面出现浅黄色或棕红色的斑点。针叶树的叶尖变成棕色，而且坏死。臭氧对一些植物的损害阈值约为0.03×10^{-6}L/L空气，暴露时间为4h。有的甚至在更低的浓度中暴露1～8h，就会受到损害。

过氧乙酰硝酸酯侵害叶子气孔周围空间的海绵状薄壁细胞。有害的阈值估计为0.01×10^{-6}L/L空气，暴露时间为6h。从成熟状况看，幼叶是最敏感的。

氟化氢对植物是一种累计性毒物。即使暴露在极低的浓度中，植物也会最终把氟化氢累积到足以损害其叶子组织的程度。氟化氢的浓度接近1×10^{-9}L/L空气时，就值得重视了。

在普通碳氢化合物中，很多研究表明乙烯能使城市敏感的植物受到损害。乙烯对植物的影响如，使花朵凋落和叶子不能很好地舒展。

其他气体和蒸气，如氯化氢、氯、硫化氢和氨，比别的气体更能引起叶子组织的剧烈瓦解。人们关于颗粒物对植物的总影响还了解得很少，但是现在已观察到几种特定物质的损害作用。含氟化物的颗粒物使某些植物受损害。降落在农田中的氧化镁，会使农作物生长不良。动物吃了沾有有毒颗粒物的植物时，健康会受到损害。有些有毒化合物会被吸收进植物组织，或成为植物表面污染而存在下去。

1.4.3　粉尘对能见度的影响

大气污染最常见的效应是大气能见度降低。一般来说，对大气能见度或清晰度有影响的污染物，应是气溶胶粒子、能通过大气反应生成气溶胶粒子的气体或有色气体。因此，对能见度有潜在影响的污染物有：总悬浮颗粒物(TSP)；SO_2和其他气态含硫化合物；NO和NO_2以及光化学烟雾。SO_2及其他含硫气体能在大气中反应生成硫酸盐和硫酸气溶胶粒

子；NO、NO_2 在大气中反应生成硝酸盐和硝酸气溶胶粒子；光化学烟雾之类反应可生成亚微米的气溶胶粒子。这些微粒在大气中影响了光的折射和吸收作用，造成了能见度的降低。大气能见度的降低，不仅会使人感到不愉快，而且会造成极大的心理影响，还会产生交通安全方面的危害。

1.4.4 粉尘对设备、产品的影响

大气污染对金属制品、油漆涂料、皮革制品、纸制品、纺织品、橡胶制品和建筑物的损害也是很严重的。这种损害包括玷污性损害和化学性损害两个方面。玷污性损害主要是粉尘、烟等颗粒物落在器物上面造成的，有的可以通过清扫冲洗除去，有的很难除去，如煤、油中的焦油等。化学性损害是由于污染物的化学作用，使器物和材料腐蚀或损坏。

颗粒物因其固有的腐蚀性，或惰性颗粒物进入大气后因吸收或吸附了腐蚀性化学物质，而产生直接的化学性损害。空气中的吸湿性颗粒物能直接对金属表面产生腐蚀作用。

大气中的 SO_2、NO_x 及其生成的烟雾、酸雾等，能使金属表面产生严重的腐蚀，使纺织品、纸制品、皮革制品等腐蚀破损，使金属涂料变质，降低其保护效果。一般来说，造成金属腐蚀危害最大的污染物是 SO_2。温度和相对湿度都显著影响着腐蚀速度。铝对 SO_2 的腐蚀作用具有很好的抵抗力。但是，当相对湿度高于 70% 时，其腐蚀率就会明显上升。含硫物质和硫酸会侵蚀多种建筑材料，如石灰石、大理石、花岗岩、水泥砂浆等，这些建筑材料先形成较易溶解的硫酸盐，然后被雨水冲刷掉。SO_2 或硫酸气溶胶加速了尼龙织物，尤其是尼龙管道的老化。

光化学氧化剂中的臭氧，会使橡胶绝缘性能的寿命缩短，使橡胶制品迅速老化脆裂。臭氧还侵蚀纺织品的纤维素，使其强度减弱。所有氧化剂都能使纺织品发生程度不同的褪色。

习　题

1-1　已知空气分子的摩尔质量为 29g，气体常数为 1287J/(kg·K)，动力黏滞系数为 1.85×10^{-5} Pa·s，气体密度为 1.2kg/m^3，试计算在 50℃ 时空气分子的平均自由程。

1-2　利用习题 1-1 的结果，分别计算 0.1μm、1μm、10μm 粒子的努森数 Kn，并分别指出各粒径粒子属于哪一个气溶胶力学分类区域。

1-3　有一岩石在密实情况下的体积为 0.1m^3，其密度为 4×10^3kg/m^3，磨碎后的空隙率为 60%。求磨碎后的体积和堆积密度。

1-4　有一种粉尘层厚度为 0.01m，底面与水面接触，30s 后全部润湿，试判断其润湿性。

1-5　气流中有一群球形粒子的平均粒径为 30μm，以 30°、20m/s 的速度向普通 Q235 碳钢板冲刷，已知气流含尘质量浓度为 10g/m^3，试计算该粉尘群对钢板的平均磨损率。

1-6　某一球形粉尘颗粒的密度为 2×10^3kg/m^3，在空气中沉降，测出其沉降速度为 1mm/s，已知空气的密度为 1.2kg/m^3，动力黏滞系数为 1.85×10^{-5}Pa·s，试计算该颗粒的大小（分别计算斯托克斯径和空气动力学径）。

1－7 粉尘粒度分布的表示方法有哪些？

1－8 粒径 d_p 在 0～30μm 范围内的气溶胶粒子数量的实测值见表 1－11。

表 1－11 习题 1－8 表

区间编号 i	1	2	3	4	5	合计
粒径范围 Δd_p/μm	0～2	2～5	5～10	10～20	20～30	
平均粒径 d_p/μm	1	3.5	7.5	15	25	
粒子数目 n	35	125	150	130	60	500

(1) 求数量频数 q_n 和质量频数 q_m 的分布。

(2) 绘出数量密度分布 f_n 和质量密度分布 f_m 曲线。

(3) 绘出数量和质量筛下累积分布 F_n 和 F_m 曲线。

(4) 估计该气溶胶粒子群的中位径和几何标准偏差。

1－9 已知在气体中有数量浓度为 $10^6/m^3$ 的粒子服从对数正态分布，粒子的数量中位径为 5μm，几何标准偏差为 1.5，粒子密度为 2000kg/m³，试计算：

(1) 质量中位径。

(2) 粒子的质量浓度。

1－10 通过文献检索，简述粉尘对人类健康、大气环境的影响，并论述烟尘污染控制的意义。

2 粉尘粒子运动与捕集效率

本章研究除尘机理就是研究粒子的运动与捕集。研究粒子的运动需要分析粒子的受力，然后应用牛顿第二定律建立运动方程以确定粒子的运动速度。确定粒子运动速度后，就可根据分离空间中的流场、除尘设备的几何参数计算在给定捕集表面上的沉降量，从而确定除尘设备的分级效率。

2.1 气体对球形粒子的阻力

作用在气溶胶粒子上的力有重力、离心力、静电力以及介质的阻力等。在气固分离过程中，运动粒子所受到的介质阻力始终存在，该阻力的确定对分析粒子的运动行为是密不可分的。气体对粒子的阻力可表示为

$$f = C_s \frac{\pi d_p^2}{4} \frac{\rho v^2}{2} \tag{2-1}$$

式中 d_p——粒子直径，m；

ρ——气体密度，kg/m³；

v——粒子与气体的相对运动速度，m/s；

C_s——阻力系数。

因此，只要知道阻力系数，则可计算气体对球形粒子的阻力。通过无量纲分析后，阻力系数 C_s 只取决于流体相对于颗粒运动的雷诺数

$$Re = \frac{\rho d_p v}{\mu} \tag{2-2}$$

C_s 和 Re 的关系如图 2－1 所示。

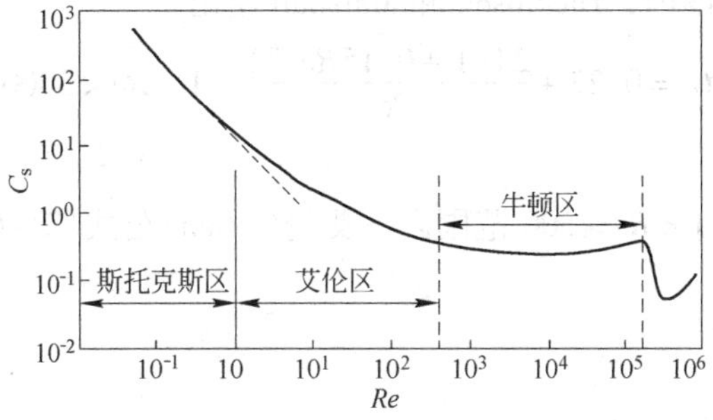

图 2－1　球形粒子的阻力系数和雷诺数的关系

式(2－1)是粒子受力阻力的计算通式，其精确程度取决于阻力系数 C_s 的准确性。因此，有许多学者提出了在不同雷诺数区间内的阻力系数 C_s 的计算式。根据 Re 的大小可近

似分为层流区、过渡区和紊流区3个区段。

2.1.1 层流区

层流区是指流体绕粒子运动的雷诺数 $Re<1$ 的区域。如果球形粒子在无界的黏性流体中作等速缓慢运动，流体的惯性影响比流体的黏性影响小很多，可忽略 Novier-Stokes 方程中的惯性项，通过计算球表面的压力差与黏性剪切力之和，就能导出著名的斯托克斯阻力公式

$$f=3\pi\mu d_{p}v \qquad Re<1 \tag{2-3}$$

因此，层流区又称斯托克斯（Stokes）区。令式(2－3)和式(2－1)相等，得阻力系数 C_s 和雷诺数 Re 存在如下关系

$$C_s=24/Re \tag{2-4}$$

式(2－4)就是图2－1所示的直线段，大致在 $Re>0.1$ 后发生偏离。在 $Re=1$，斯托克斯阻力公式计算值比实际值小13%。这是由于忽略了惯性作用引起的，于是奥森(Oseen) 引入了 Novier-Stokes 方程中比较重要的一些惯性项，得出阻力系数 C_s 为

$$C_s=\frac{24}{Re}\left(1+\frac{3}{16}Re+\frac{9}{160}Re^2\ln 2Re\right) \qquad 0.1<Re\leqslant 2 \tag{2-5}$$

奥森公式在理论上更严密，在计算上更精确。但斯托克斯公式(2－4)和奥森公式(2－5)相差并不大。作为近似计算，斯托克斯公式可拓展到 $Re\leqslant 1$。

2.1.2 过渡区

从层流到紊流之间的区域为过渡区，过渡区大致在 $1<Re<1000$。

在过渡区内，艾伦（Allen）得到

$$C_s=10.6/\sqrt{Re} \qquad 1<Re\leqslant 500 \tag{2-6}$$

对于 $0.5<Re\leqslant 800$，Klyachko 给出

$$C_s=\frac{24}{Re}+\frac{4}{\sqrt{Re}} \qquad 0.5<Re\leqslant 800 \tag{2-7}$$

其误差大致为3%～4%以内。

在 $1<Re<3000$ 范围内，Dickinson 和 Marshall 给出

$$C_s=0.22+\frac{24(1+0.15Re^{0.6})}{Re} \qquad 1<Re<3000 \tag{2-8}$$

其误差在7%以内。

实验研究证实，在 $1<Re\leqslant 500$ 范围内，艾伦(Allen)公式(2－6)更接近实测结果。于是，过渡区又称艾伦区。

2.1.3 紊流区

紊流区又称牛顿（Newton）区，由式(2－9)给出

$$C_s=0.44 \qquad 500<Re<2\times 10^5 \tag{2-9}$$

在研究粒子运动和实际烟尘净化中，斯托克斯阻力公式(2－4)适用于大部分情况。例如在常温时，为使 $Re\leqslant 1$，对于 1μm 粒子，速度 $v\leqslant 15$m/s；对于 10μm 粒子，要求速

度 $\nu \leq 1.5\text{m/s}$。对于较低风速或较低的粒子运动速度，如粒子的过滤分离、静电捕集等运动分析中，都能满足斯托克斯律。个别情况下，会落入艾伦区。通常，进入牛顿区的可能性很小，除非在对大颗粒的空气动力输送等特殊情况下才可能出现。

2.2 非连续性作用

2.2.1 滑移修正系数

前面的讨论对粒子不太小时是有效的，但对于很小的粒子，会发生滑动现象，导致实际阻力低于前面公式的计算值，于是，需要对斯托克斯阻力公式加以修正，即

$$f = 3\pi\mu d_p / C_u \tag{2-10}$$

式中 C_u——库宁汉（Cunningham）修正系数。

常温常压下，Strauss 和 Davis 均给出了相同的库宁汉修正系数

$$C_u = 1 + Kn\left[1.257 + 0.4\exp\left(-\frac{1.1}{Kn}\right)\right] \tag{2-11}$$

式中 Kn——努森数，由式(1-1)确定。

2.2.2 非球形粒子的阻力特征

固体粒子一般不是球形的。其阻力特征趋向于最大阻力面的位置。非球形粒子的阻力大于球形的阻力（运动速度相等时）。当雷诺数 $Re<1$ 时，非球形粒子的阻力可用动力形状系数 K 加以修正，即

$$f = 3\pi\mu d_p K / C_u \tag{2-12}$$

式中 K——动力形状系数，其为粒子的等效径与斯托克斯径之比的平方

$$K = \left(\frac{d_e}{d_{stk}}\right)^2 \tag{2-13}$$

式中 d_e——等效体积径，μm；

d_{stk}——斯托克斯径，μm。

2.3 外力作用下气溶胶粒子的运动

在外力作用下，如重力或静电力等，粒子与气流之间产生相对运动。只要气溶胶粒子与气流之间有速度差，就会有阻力存在。假定粒子所受阻力服从斯托克斯律，有式(2-14)成立

$$m_p \frac{d\vec{v}}{dt} = \frac{3\pi\mu d_p}{C_u}(\vec{u} - \vec{v}) + \sum_i \vec{F}_i \tag{2-14}$$

式中 m_p——粒子质量，kg；

$\vec{u}$——气流速度，m/s；

$\vec{v}$——粒子速度，m/s；

$\sum_i \vec{F}_i$——合外力，N。

2.3.1　重力作用下粒子的运动

在重力作用下，因粒子的密度远远大于气体的密度，忽略浮力作用，粒子的运动方程是

$$m_p \frac{d\vec{v}}{dt} = \frac{3\pi\mu d_p}{C_u}(\vec{u} - \vec{v}) + m_p g \tag{2-15}$$

如果方程两边同除以 $3\pi\mu d_p / C_u$，并注意到气溶胶粒子质量为 $m_p = (\pi/6) d_p^3 \rho_p$，引入张弛时间 τ 的定义

$$\tau = \frac{\rho_p d_p^2 C_u}{18\mu} \tag{2-16}$$

式(2-15)简化得

$$\tau \frac{d\vec{v}}{dt} + \vec{v} = \vec{u} + \tau g \tag{2-17}$$

定义张弛时间 τ 的目的是为了简化微分方程式(2-15)，但后来发现，在研究粒子的运动行为时张弛时间 τ 频繁出现。另外，对于气溶胶粒子，张弛时间 τ 很小，这对某些复杂运动问题的分析带来很大方便。τ 是气溶胶力学中的一个重要特征量和专业术语，是气溶胶科学和颗粒污染物控制的研究者应该掌握的基本概念。

2.3.1.1　粒子在重力场作用下的运动速度

考虑粒子在 x，z 平面运动，z 坐标正向朝下，如图 2-2 所示。式(2-17)可分解为

$$\tau \frac{dv_x}{dt} + v_x = u_x \tag{2-18}$$

$$\tau \frac{dv_z}{dt} + v_z = u_z + \tau g \tag{2-19}$$

以上两式还可写为

$$\tau \frac{d^2 x}{dt^2} + \frac{dx}{dt} = u_x \tag{2-20}$$

$$\tau \frac{d^2 z}{dt^2} + \frac{dz}{dt} = u_z + \tau g \tag{2-21}$$

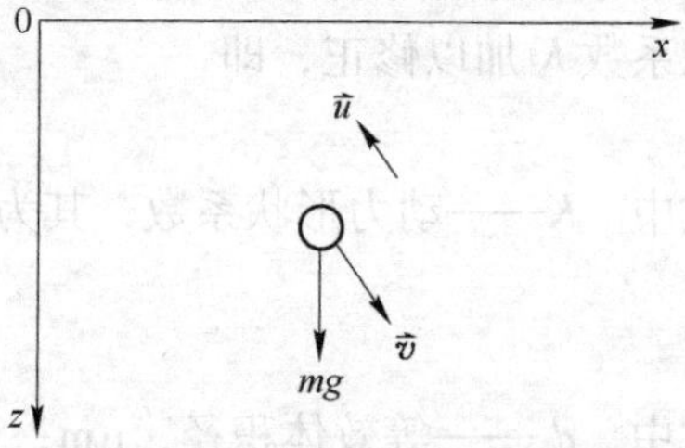

图 2-2　粒子在重力作用下的运动

如果在 $t=0$ 粒子在 x，y 的初始速度分量是 $v_x(0)=v_{x0}$ 和 $v_z(0)=v_{z0}$，假定气流的速度分量为常数，对式(2-18)和式(2-19)积分，得

$$v_x(t) = u_x + (v_{x0} - u_x)e^{-t/\tau} \tag{2-22}$$

$$v_z(t) = (u_z + \tau g) + (v_{z0} - u_z - \tau g)e^{-t/\tau} \tag{2-23}$$

2.3.1.2　粒子的最终沉降速度

如果粒子在 $t=0$ 时速度为零，且空气是静止的，因此只有在 z 方向上的速度分量，由式(2-23)

$$v_z(t) = \tau g(1 - e^{-t/\tau}) \tag{2-24}$$

对于 $t >> \tau$，沉降速度趋于常数，称其为最终沉降速度

$$v_t = \tau g = C_u \frac{\rho_p d_p^2}{18\mu} g \tag{2-25}$$

由此可见，τ是粒子达到恒定运动的特征时间。在标准状态下，单位密度的球形粒子的张弛时间和沉降速度见表2－1。

表2－1　不同球形粒子的张弛时间和最终沉降速度

粒子直径/μm	τ/s	v_t/cm·s^{-1}	粒子直径/μm	τ/s	v_t/cm·s^{-1}
0.1	4.0×10^{-8}	8.8×10^{-5}	5.0	8.0×10^{-5}	7.8×10^{-2}
0.5	9.0×10^{-8}	1.0×10^{-3}	10.0	3.1×10^{-4}	3.1×10^{-1}
1.0	3.6×10^{-6}	3.5×10^{-3}			

注：温度293K下，密度为1×10^3kg/m^3。

如果粒子以初始速度v_{x0}在静止气体中运动，其水平运动速度随时间变化为

$$v_x(t)=v_{x0}e^{-t/\tau} \tag{2-26}$$

由式(2－26)积分得粒子的运动距离

$$x(t)=\tau v_{x0}(1-e^{-t/\tau}) \tag{2-27}$$

粒子速度衰减为零的运动距离称为制动距离，由式(2－27)，当$t\to\infty$，易得粒子的停止距离

$$x_s=\tau v_{x0} \tag{2-28}$$

例2－1　有一粒径为10μm，密度为3×10^3kg/m^{3}的球形粒子在温度为20℃的静止空气中以5m/s的速度向上射出，试确定其向上运动的最高距离和所用时间。

解： 粒子只有垂直方向的运动，且气流速度为0，取向下运动为正向，因粒子远大于1μm，库宁汉修正系数$C_u\approx1$。因粒子密度远高于气体密度，忽略浮力作用。列运动方程：

$$m_p\frac{dv}{dt}=-3\pi\mu d_p v+m_p g \tag{a}$$

方程两边同除以$3\pi\mu d_p$，有

$$\tau\frac{dv}{dt}=-v+\tau g \tag{b}$$

解微分方程（b），有

$$v=\tau g+(v_0-\tau g)e^{-t/\tau} \tag{c}$$

张弛时间为

$$\tau=\frac{\rho_p d_p^2}{18\mu}=\frac{3\times10^3\times(10\times10^{-6})^2}{18\times1.85\times10^{-5}}=9\times10^{-4}\text{s}$$

当粒子达到最高点，必有$v=0$，当$t=0$，$v_0=-5$m/s（与坐标取向相反），于是由式(c)得粒子达到最高点的时间

$$t=-\tau\ln\frac{\tau g}{5+\tau g}=-9\times10^{-4}\ln\frac{9\times10^{-4}\times9.81}{5+9\times10^{-4}\times9.81}=0.0057\text{ s}$$

为求上升距离，式(c)可写成

$$\frac{dz}{dt}=\tau g+(v_0-\tau g)e^{-t/\tau} \tag{d}$$

对式(d)积分，有

$$z = \int_0^t \tau g\mathrm{d}t + \int_0^t (v_0 - \tau g)\mathrm{e}^{-t/\tau}\mathrm{d}t = \tau gt - \tau(v_0 - \tau g)\mathrm{e}^{-t/\tau} + \tau(v_0 - \tau g) \qquad (\mathrm{e})$$

经过 $t=0.0057\mathrm{s}$ 粒子的运动距离为

$$z \approx \tau gt + \tau(v_0 - \tau g) = 9\times10^{-4}\times9.81\times0.0057 + 9\times10^{-4}\times(-5-9\times10^{-4}\times9.81)$$

$$\approx -0.45\times10^{-2}\ \mathrm{m}$$

负号表示与坐标正向相反，即粒子向上运动 $0.45\times10^{-2}\mathrm{m}$（4.5mm）。

通过此例说明两点：

（1）列运动方程时，必须先假定粒子运动方向，一旦粒子运动，阻力始终存在，且取负值，如方程（a）；

（2）对于微细粒子，无论粒子向何方运动，其制动距离都近似等于 $v_0\tau$。

2.3.2 离心力作用下粒子的运动

悬浮粒子以半径为 r 做圆周运动时，其离心力为

$$F_c = \frac{\pi}{6}\rho_p d_p^3 \frac{u^2}{r} \qquad (2-29)$$

式中 u——旋转气流的切向速度，m/s，如图 2-3 所示。

如果把粒子运动看作稳态的，设粒子的离心沉降速度为 ω，设粒子所受流体阻力服从斯托克斯律，在粒子的径向方向上建立运动方程

$$F_c - f = m_p \frac{\mathrm{d}\omega}{\mathrm{d}t} \qquad (2-30)$$

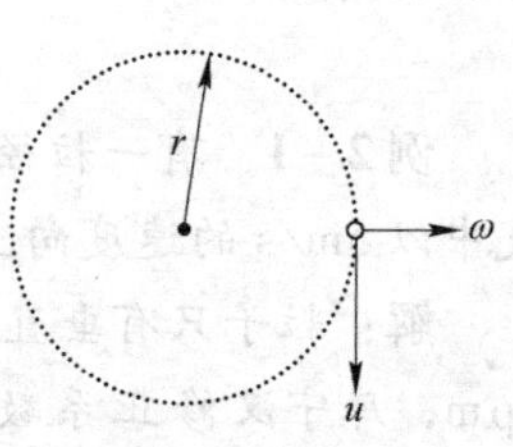
图 2-3 离心力作用下粒子的运动

由前面的讨论可知，在很短的时间内粒子的速度趋于常数，于是 $\mathrm{d}\omega/\mathrm{d}t=0$，将式(2-29)和式(2-10)代入(2-30)，有

$$\frac{\pi}{6}\rho_p d_p^3 \frac{u^2}{r} - 3\pi\mu d_p \omega / C_u = 0 \qquad (2-31)$$

得离心沉降速度为

$$\omega = C_u \tau \frac{u^2}{r} \qquad (2-32)$$

2.3.3 电场力作用下带电粒子的运动

带电粒子在电场中的运动在许多气体净化和气溶胶测量中是重要的。带电量为 q 的粒子在场强为 E 的均匀恒电场中的运动方程为

$$m_p \frac{\mathrm{d}\omega}{\mathrm{d}t} = Eq - \frac{3\pi\mu d_p}{C_u}\omega \qquad (2-33)$$

式中 q——粒子荷电量，C；

E——电场强度，V/m。

在定常流中，粒子运动可看作稳态的，得粒子在电场力作用下的运动速度，又称驱进速度为

$$\omega = EqC_u / 3\pi\mu d_p \qquad (2-34)$$

式中符号意义同前。

如果研究带电量 q 的粒子在交变电场中振动，可由牛顿运动方程讨论粒子的运动速度。在场强为 $E=E_0\sin\omega t$ 的交变电场中，带电尘粒所受电场力为

$$F=qE_0\sin\omega t=F_0\sin\omega t \tag{2-35}$$

式中 E_0——峰值场强，V/m；

q——粒的带电量，C；

ω——角频率，rad/s；

F_0——峰值电场力，N；

t——时间，t。

设运动尘粒所受阻力服从斯托克斯律，于是尘粒的运动方程为

$$\frac{\mathrm{d}v}{\mathrm{d}t}+\frac{v}{\tau}-\frac{F_0}{m_\mathrm{p}}\sin\omega t=0 \tag{2-36}$$

式中 m_p——尘粒的质量，kg；

v——尘粒运动速度，m/s；

τ——张弛时间，s，由式(2-16)确定。

微分方程(2-36) 满足初始条件 $t=0$，$v=0$ 的解为

$$v=\frac{\tau F_0}{m_\mathrm{p}\sqrt{1+\tau^2\omega^2}}[\sin(\omega t-\varphi)+\exp(-t/\tau)\sin\varphi] \tag{2-37}$$

式(2-37)中

$$\sin\varphi=\frac{\tau\omega}{\sqrt{1+\tau^2\omega^2}}，求得\ \cos\varphi=\frac{1}{\sqrt{1+\tau^2\omega^2}} \tag{2-38}$$

式(2-37)中右边 $\exp(-t/\tau)\sin\varphi$ 很快衰减为零，在稳定状态下，由式(2-37)所表示的粒子的振动速度变为

$$v=\frac{\tau qE_0}{m_\mathrm{p}}\cos\varphi\sin(\omega t-\varphi) \tag{2-39}$$

由式(2-38)得，$\tan\varphi=\omega\tau=2\pi\tau/T$（$T$ 为交变电场周期）。对于小尘粒，τ/T 很小，$\tan\varphi\to 0$，于是尘粒的振动速度式(2-39)变为

$$v=\frac{\tau qE_0}{m_\mathrm{p}}\sin\omega t \tag{2-40}$$

在交变电场中测量粒子的振幅可以方便地确定粒子的带电量。另外，利用交变电场力可有效地提高带电粒子群的凝聚速率。

2.4 平流中气溶胶粒子的悬浮

研究气溶胶粒子在平流中的悬浮行为对颗粒物料的空气动力输送、粒子收集作用、二次扬尘控制等具有重要的应用价值。

附着在水平边壁的粒子在气流的吹动下会被吹起而悬浮于气流中，如图 2-4 所示，导致靠近边壁处粒子悬浮的机理主要有紊流脉动、颗粒上下侧面压差和环流效应。

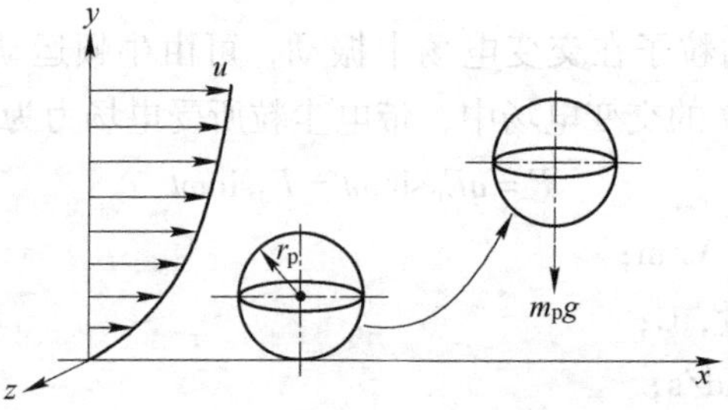

图 2－4 平流中气溶胶粒子的悬浮

2.4.1 紊流脉动

紊流脉动的悬浮作用与粒子离边壁的距离有关，当粒子进入主流区（紊流核心区），粒子的悬浮行为将完全由紊流脉动控制，其悬浮力与气流的动能成正比

$$L_{\mathrm{t}} = C_{\mathrm{t}} A_{\mathrm{p}} \frac{\rho \overline{u}^2}{2} \tag{2-41}$$

式中 L_{t}——紊流脉动升力，N；

A_{p}——粒子投影面积，m^2，$A_{\mathrm{p}} = \dfrac{\pi d_{\mathrm{p}}^2}{4} = \pi r_{\mathrm{p}}^2$；

ρ——气体密度，$\mathrm{kg/m^3}$；

$\overline{u}$——主流区气体的平均流速，m/s；

C_{t}——紊流脉动升力系数。

紊流脉动升力系数 C_{t} 的理论确定是困难的，经验地取细丝在紊流中的阻力系数为升力系数 $C_{\mathrm{t}} = C_{\mathrm{s}} = 0.44$，$C_{\mathrm{s}}$ 为牛顿阻力系数见式(2－9)。

如果在主流区（紊流核心区），要保持粒子悬浮，需满足：

$$L_{\mathrm{t}} \geqslant m_{\mathrm{p}} g \tag{2-42}$$

2.4.2 环流效应

对于停靠在边壁上的粒子，紊流脉动作用较小，可以忽略。实验观察发现，附着于边壁上的粒子在气流作用下，表现为又滚又滑的跳跃过程。其悬浮机理是：如果边壁处颗粒较大，在气流的吹动下，颗粒首先克服边壁摩擦阻力开始滚动，由此产生了与颗粒旋转相反的气体环流（见图 2－5），加之“直壁效应”，使粒子产生了升力，这个升力称之为“环流效应”。它不仅要克服球形颗粒的自重，而且要克服壁面与粒子间的范德华力（分子黏着力），颗粒才有可能离开壁面。一旦离开壁面，粒子的转动会逐渐消失，只有随气流的平动，环流效应消失，升力也会随之消失，当流速较小时，粒子会重新回到壁面。

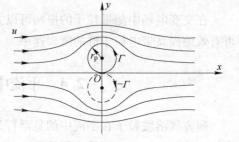

图 2－5 绕边壁圆柱体的环流

直接分析在有直壁干扰下的绕球体的环流是困难的。于是，先理论分析在无限大空间

内直匀流中绕半径为 a 的圆柱体的环流。基于空气动力学，对于在直匀流中绕圆柱体的环流，其流函数相当于直匀流加偶极子再加点涡。设坐标原点在圆心，x 轴为流向，则流函数为：

$$\psi = uy\left(1-\frac{a^2}{x^2+y^2}\right)+\frac{\Gamma}{2\pi}\ln\frac{\sqrt{x^2+y^2}}{a} \tag{2-43}$$

式中 a——单位长度圆柱体半径；

Γ——环量。

然而，在有直壁情况下，式(2-43)不成立。为此，采用镜像法，即在直壁的另一侧与原有柱体圆心对称的点再放一个偶极子和点涡。在如图 2-5 所示的直角坐标中，其流函数为

$$\psi = u(y-a)\left(1-\frac{a^2}{x^2+(y-a)^2}\right)+\frac{\Gamma}{2\pi}\ln\frac{\sqrt{x^2+(y-a)^2}}{a}+ u(y+a)\left(1-\frac{a^2}{x^2+(y+a)^2}\right)-\frac{\Gamma}{2\pi}\ln\frac{\sqrt{x^2+(y+a)^2}}{a} \tag{2-44}$$

在圆柱表面及壁面比为零流线，则有下式成立

$$\psi = 0 \qquad \begin{cases} y=0 \\ x^2+(y-a)^2=0 \\ x^2+(y+a)^2=0 \end{cases} \tag{2-45}$$

圆柱与壁面接触点速度为零（驻点），即

$$v_x\ (x=0,\ y=0)\ =0 \tag{2-46}$$

由式(2-44)，得

$$\begin{aligned} v_x &= \frac{\partial\psi}{\partial y} \\ &= u\left(1-\frac{a^2}{x^2+(y-a)^2}\right)+u\left(1-\frac{a^2}{x^2+(y+a)^2}\right)+u\frac{2a^2(y-a)^2}{[x^2+(y-a)^2]^2}+ \\ &\quad u\frac{2a^2(y+a)^2}{[x^2+(y+a)^2]^2}+\frac{\Gamma}{4\pi}\frac{2(y-a)[x^2+(y+a)^2]-2(y+a)[x^2+(y-a)^2]}{[x^2+(y-a)^2][x^2+(y+a)^2]} \end{aligned} \tag{2-47}$$

将条件式(2-45)代入式(2-47)，得直匀流中绕圆柱体的环量

$$\Gamma = 4\pi au \tag{2-48}$$

由库塔儒可夫斯基定理，得气流作用于壁面圆柱体的升力为

$$L_{\mathrm{a}} = \rho\,\vec{u}\times\vec{\Gamma} = 4\pi a\rho u^2 \tag{2-49}$$

下面推导气流对壁面球形颗粒的升力：

对于半径为 r_{p} 的圆球，取三维坐标如图 2-6 所示，x 轴为流向。把球体看作长为 dz、半径为 y 的许多微圆柱体的组合，那么，由式(2-49)，将 a 替换为 y，得微圆柱体的升力为 $\mathrm{d}L_y = 4\pi\rho u^2 y\mathrm{d}z$，整个球体的环流效应升力为

$$L_y = 4\pi\rho\int_{-r_{\mathrm{p}}}^{r_{\mathrm{p}}} u^2 y\mathrm{d}z \tag{2-50}$$

气溶胶粒子足够小（微米级），微细粒子全部处于紊流边界层中，现在需要确定紊流

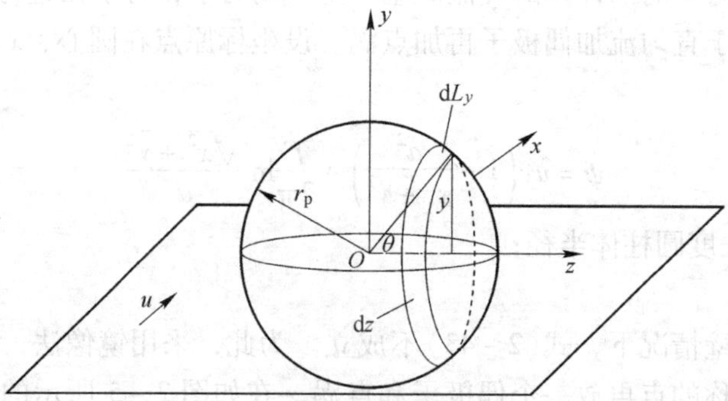

图 2－6 分析粒子悬浮环流效应的微圆柱体的取法

边界层中的速度 u，如果紊流充分发展，整个断面速度分布恒定（定常流），设最大流速（如管道中心）处离边壁表面的距离为 R，则整个断面的速度分布为

$$u=\left(\frac{r_p+y}{R}\right)^{1/7}u_{max} \tag{2-51}$$

于是，在离壁面至微圆柱体顶端范围内的速度分布为

$$u=\left(\frac{r_p+r_p\sin\theta}{R}\right)^{1/7}u_{max} \tag{2-52}$$

式中 θ——弧顶与 z 轴的夹角，$\theta=0\sim\pi$。

因 $y=r_p\sin\theta$，$z=r_p\cos\theta$，$dz=-r_p\sin\theta d\theta$，且 $z=-r_p$，$\theta=\pi$，$z=r_p$，$\theta=0$。考虑到对称性，只取积分范围 $\theta=0\sim\pi/2$，将积分结果乘 2 即可。

于是将式(2－52)代入式(2－50)，积分得作用于整个球体的环流效应升力为

$$L_y=-2\times4\pi\rho u_{max}^2\left(\frac{r_p}{R}\right)^{2/7}\int_{\pi/2}^{0}(1+\sin\theta)^{2/7}r_p^2(\sin\theta)^2d\theta \tag{2-53}$$

令 $t=\sin\theta$，则 $dt=\cos\theta d\theta=\sqrt{1-(\sin\theta)^2}d\theta=(1-t^2)^{1/2}d\theta$。式(2－53) 可写成

$$L_y=-2\times4\pi\rho u_{max}^2\left(\frac{r_p}{R}\right)^{2/7}\int_{1}^{0}(1+t)^{2/7}r_p^2t^2(1-t^2)^{-1/2}dt \tag{2-54}$$

式(2－54)的积分是困难的，注意到 $t\leqslant1$，将式(2－54)中的括弧项展开为泰勒级数，近似有

$$(t+1)^{2/7}=1+\frac{2}{7}t+\frac{\frac{2}{7}\left(\frac{2}{7}-1\right)}{2!}t^2+\cdots\approx1+\frac{2}{7}t-\frac{5}{49}t^2$$

$$(1-t^2)^{-1/2}=1-\left(-\frac{1}{2}\right)t^2+\frac{-\frac{1}{2}\left(-\frac{1}{2}-1\right)}{2!}t^4+\cdots\approx1+\frac{1}{2}t^2$$

$$(t+1)^{2/7}\times(1-t^2)^{-1/2}\approx1+\frac{2}{7}t+\frac{1}{2}t^2$$

于是，式(2－54)的解为

$$L_y=-2\times4\pi\rho u_{max}^2\left(\frac{r_p}{R}\right)^{2/7}r_p^2\int_{1}^{0}\left(1+\frac{2}{7}t+\frac{1}{2}t^2\right)t^2dt\approx4\pi\rho r_p^2\left(\frac{r_p}{R}\right)^{2/7}u_{max}^2 \tag{2-55}$$

2.4.3 压差升力

紊流边界层中流速不等导致颗粒上下两侧产生压力差，这种压差作用于颗粒表面使颗粒悬浮称为压差升力。

设圆形尘粒的表面静压为 p_s，离颗粒很远处具有流速为 u 的流体质点的压力为 p_∞，由伯努利方程，得

$$p_s - p_\infty = \frac{1}{2}\rho u^2 \qquad (2-56)$$

取微元如图 2－7 所示，在球形颗粒表面任意一点的速度为

$$u = \left(\frac{r_p + r_p\sin\beta}{R}\right)^{1/7} u_{max} \qquad (2-57)$$

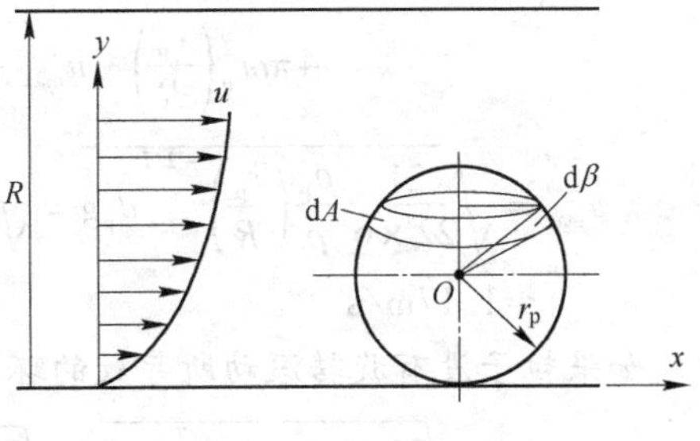

图 2－7 分析压差悬浮作用的微圆柱体的取法

其微面积 $dA = 2\pi r_p\cos\beta \times r_p d\beta$。于是，在圆球上由此压差产生的升力为

$$L_p = \int_A (p_s - p_\infty)\sin\beta dA = \int_{-\pi/2}^{\pi/2} \frac{1}{2}\rho u^2 (2\pi r_p^2 \cos\beta\sin\beta) d\beta \qquad (2-58)$$

将式(2－57)代入式(2－58)，有

$$L_p = \pi\rho r_p^2 u_{max}^2 \left(\frac{r_p}{R}\right)^{2/7} \int_{-\pi/2}^{\pi/2} (\sin\beta + 1)^{2/7} \sin\beta\cos\beta d\beta \qquad (2-59)$$

令 $t = \sin\beta$，式(2－59)写成

$$L_p = \pi\rho r_p^2 u_{max}^2 \left(\frac{r_p}{R}\right)^{2/7} \int_{-1}^{1} (t+1)^{2/7} t dt \approx \pi\rho r_p^2 u_{max}^2 \left(\frac{r_p}{R}\right)^{2/7} \int_{-1}^{1} \left(1 + \frac{2}{7}t - \frac{5}{49}t^2\right) t dt$$

$$= \frac{4}{21}\pi\rho r_p^2 \left(\frac{r_p}{R}\right)^{2/7} u_{max}^2 \qquad (2-60)$$

要使处于边壁的粒子悬浮，忽略粒子与壁面间的分子黏附力，需满足：

$$L_y + L_p \geqslant m_p g \qquad (2-61)$$

例 2－2 已知球形颗粒的直径 $d_p = 20\mu m$，密度 $\rho_p = 2 \times 10^3 kg/m^3$，空气密度 $\rho = 1kg/m^3$。如果颗粒位于主流区，试确定维持其悬浮的气流最低平均平流速度。如果该粒子位于光滑壁面，管道半径 $R = 0.5m$，试确定能使边壁粒子能被吹起时，管核心区的最大流速。如果不考虑环流效应，粒子能被吹起的管核心区最大流速又是多少？

解：（1）如果颗粒位于主流区，要保持直径为 20μm 的球形颗粒悬浮，需满足式(2－42)，将式(2－41)代入式(2－42)，有

$$C_t A_p \frac{\rho \overline{u}^2}{2} = mg$$

取 $C_t = C_s = 0.44$，有

$$0.44 \times \frac{\pi}{4} d_p^2 \frac{\rho \overline{u}^2}{2} = \frac{\pi}{6} d_p^3 \rho_p g$$

于是，要维持位于主流区的 20μm 颗粒悬浮的最低平均平流速度为

$$\overline{u} = \left(\frac{4\times 2}{0.44\times 6}\frac{\rho_p}{\rho} d_p g\right)^{1/2} = \left(\frac{4\times 2}{0.44\times 6} \times \frac{2\times 10^3}{1} \times 20\times 10^{-6} \times 9.8\right)^{1/2} \approx 1.09 m/s$$

(2) 如果该粒子位于光滑壁面，环流效应和压差悬浮作用同时存在，根据式(2-61)，需满足

$$L_y + L_p \geqslant m_p g$$

由式(2-55)和式(2-60)，有

$$4\pi\rho r_p^2\left(\frac{r_p}{R}\right)^{2/7}u_{max}^2 + \frac{4}{21}\pi\rho r_p^2\left(\frac{r_p}{R}\right)^{2/7}u_{max}^2 \geqslant \frac{\pi}{6}d_p^3\rho_p g$$

$$u_{max} = \sqrt{\frac{21}{22\times6}\frac{\rho_p}{\rho}\left(\frac{r_p}{R}\right)^{-2/7}d_p g} = \sqrt{\frac{21\times2\times10^3}{22\times6\times1}\left(\frac{10\times10^{-6}}{0.5}\right)^{-2/7}\times20\times10^{-6}\times9.8}$$

$\approx 1.17\text{m/s}$

如果粒子没有旋转滚动所导致的环流效应，要使粒子悬浮，中心最大风速为

$$u_{max} = \sqrt{\frac{21}{6}\frac{\rho_p}{\rho}\left(\frac{r_p}{R}\right)^{-2/7}d_p g} = \sqrt{\frac{21}{6}\times\frac{2\times10^3}{1}\left(\frac{10\times10^{-6}}{0.5}\right)^{-2/7}\times20\times10^{-6}\times9.8}$$

$\approx 5.48\text{m/s}$。

比较式(2-55)和式(2-60)发现，环流效应比压差悬浮作用大20倍。但条件是：(1)颗粒必须滚动；(2)颗粒必须与壁面接触，一旦离开壁面，环流作用消失或迅速减弱。实际上，环流效应对“很大”的球形粒子明显，如在光滑壁面被风吹的乒乓球极易悬浮，而对于微细粒子，通常不是滚动，而是“漂移”。加之微粒形状通常不是球形的，更不会有理想化的滚动。于是，对于小粒子，环流效应几乎不存在。所以，环流效应只有理论意义。

使处于边壁上的粒子悬浮要比维持粒子在气流中悬浮困难得多。除了壁面处的空气动力较弱外，还有粒子与壁面的黏附力（上述计算没有考虑黏附力，对于大颗粒可以忽略，但对于小粒子，黏附力是明显的）。从计算结果可知：要使20μm的颗粒从壁面悬浮，中心最大风速需高于5.48m/s，如果粒子已处在气流中，维持其悬浮的平均速度只需要1.09m/s。这一概念在粉体的空气动力输送工程的设计与应用中极为重要。如果粉体处于静止状态，鼓风速度要大，但一旦吹起，则气流速度可减小。这不仅节能，还可大幅度降低固体颗粒物对管壁的磨损。其设计理念如图2-8所示。

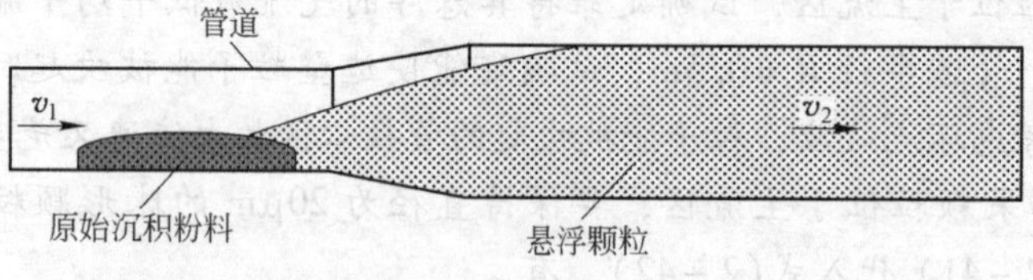

图2-8 粉体空气动力输送的气速分配（$v_1 > v_2$）

2.5 除尘效率

2.5.1 总效率

总效率的定义是被捕集的粉尘总量占进入除尘器的粉尘总量的百分比。

$$\eta_T = \frac{m_c}{m_t} \times 100\% = \frac{m_t - m_e}{m_t} \times 100\% = \left(1 - \frac{m_e}{m_t}\right) \times 100\% \tag{2-62}$$

式中 η_T——总效率；

m_t——进入除尘器的粉尘总质量，kg；

m_c——除尘器捕集的总粉尘质量，kg；

m_e——排出除尘器的总粉尘质量，kg。

气流中的粉尘质量是气体流量和含尘浓度的乘积：$m = Q \times c$。如果无漏风，除尘器进出口流量不变，于是，总效率还可以表示为

$$\eta_T = \left(1 - \frac{c_e}{c_t}\right) \times 100\% \tag{2-63}$$

式中 c_e——除尘器出口粉尘质量浓度，kg/m³；

c_t——除尘器入口粉尘质量浓度，kg/m³。

式(2-63)是最常用的总效率计算公式。

2.5.2 分级效率

分级效率的定义是指某一粒径或某一粒径范围(粒级)Δd_{pi}内的除尘效率，即

$$\eta_i = 1 - \frac{\Delta m_{ei}}{\Delta m_{ti}} \tag{2-64}$$

式中 Δm_{ti}，Δm_{ei}——分别为粒径 d_p 或在 Δd_{pi} 粒径范围内，除尘器进、出口粉尘质量，kg。

如果知道入口粉尘频率分布 q_t 和出口粉尘频率分布 q_e，则分级效率还可表示为

$$\eta_i = 1 - \frac{m_e \times q_e}{m_t \times q_t} = 1 - (1 - \eta_T)\frac{q_e}{q_t} \tag{2-65}$$

如果已知各分级效率，可用求和法计算总效率

$$\eta_T = \sum_{i=1}^{m} q_i \eta_i \tag{2-66}$$

如果知道粉尘质量密度分布函数f，总效率可用积分法计算

$$\eta_T = \int_0^{\infty} f\eta \mathrm{d}d_p \tag{2-67}$$

式中 η——分级效率理论表达式。

建立某种除尘设备分级效率的理论方法是气溶胶力学。分级效率表达式中包含了影响净化效果的物理参数和几何参数，分级效率指明了改进除尘性能的途径。由于分级效率含有几何参数，要达到预期的除尘效果，必须由分级效率设计除尘设备。所以，分级效率的确定对工程应用具有非常重要的意义。

评价一个除尘器是否是高效除尘器，不是根据总效率，而是分级效率。这是因为对于不同的烟尘，其粒度分布是不一样的。

2.5.3 串联系统的除尘效率

如果有 n 台除尘器串联，为表达简洁，令 $x = d_p$，则串联系统的分级效率为

$$\eta(x) = 1 - (1 - \eta_1)(1 - \eta_2)\cdots(1 - \eta_j)\cdots(1 - \eta_n) = 1 - \prod_{j=1}^{n}(1 - \eta_j) \tag{2-68}$$

如果要计算 n 台除尘器串联的总效率，其计算过程比较繁琐。有教科书将串联系统的总效率写成

$$\eta_T = 1 - \prod_{j=1}^{n}(1 - \eta_{Tj}) \tag{2-69}$$

式中　η_T——n 台除尘器串联的总效率。

若将式中的 η_{Tj} 称为第 j 台除尘器的总效率，很容易引起误会。应该理解成第 j 台除尘器对第 $j-1$ 台除尘器净化后的烟尘的总除尘效率，而不是第 j 台除尘器对原始粉尘的总效率。换句话说，如果用每台除尘器对原始粉尘的总效率按照式(2-69)计算系统的总除尘效率，其结果是错的。现在的问题是：由于每经过一次除尘，粉尘的粒度分布都发生了变化，于是，第 2 台及以后各台除尘器的总效率是未知的。因此，在实际中，我们无法根据式(2-69)计算串联除尘系统的总效率。

另外，在串联除尘系统的设计中，哪怕只有 2 台除尘器串联，为了满足达标排放的要求，如何根据其中一台除尘器的性能来设计另一台除尘器的问题到现在还没有得到很好的解决。

串联系统的总除尘效率只能由各台除尘器的分级效率确定。对于给定的污染源，原始粉尘的浓度 c_t 和粒径分布 $f(x)$ 总是可以测出的。假设在串联除尘系统中有 n 台除尘器，如图 2-9 所示，各台除尘器的分级效率 $\eta_j(x)$ $(j=1, 2, \cdots, n)$ 是已知的。对于串联系统，根据除尘系统总效率与分级效率的关系，有

$$\eta_T = \int_0^{\infty} \eta(x) f(x) \mathrm{d}x$$

将式(2-68)代入上式，有

$$\eta_T = \int_0^{\infty} \left\{1 - \prod_{j=1}^{n}[1 - \eta_j(x)]\right\} f(x) \mathrm{d}x \tag{2-70}$$

由于 $f(x)$ 粉尘质量密度分布函数，必有

$$\int_0^{\infty} f(x) \mathrm{d}x = 1 \tag{2-71}$$

因此，式(2-70)还可写为

$$\eta_T = 1 - \int_0^{\infty} f \prod_{j=1}^{n}(1 - \eta_j) \mathrm{d}x \tag{2-72}$$

式(2-72)即为串联除尘系统的总效率计算式。

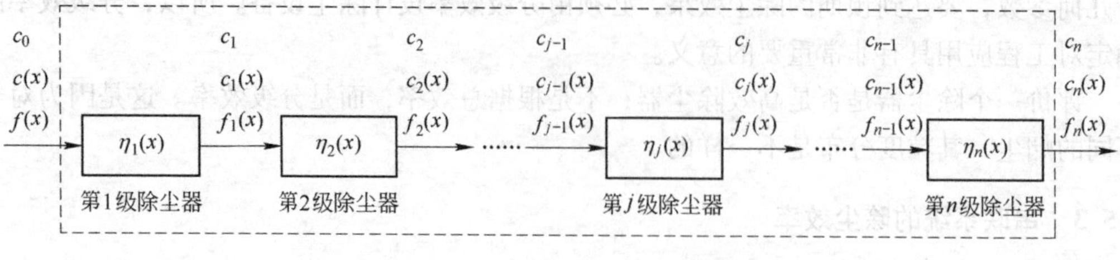

图 2-9　串联除尘系统示意图

若入口粉尘的粒径分布和各级除尘器的分级效率以粒级的形式给出，与上面的推导过程类似，串联除尘器的总效率可直接写出，即

$$\eta_T = 1 - \sum_{i=1}^{m} q_i \prod_{j=1}^{n} (1 - \eta_{ij}) \tag{2-73}$$

式中　η_{ij}——第 j 级除尘器对第 i 粒级粉尘的分级除尘效率。

显然，串联除尘系统的总效率只能应用式(2－72)或式(2－73)计算，而不能用式(2－69)计算串联除尘系统的总效率。

例 2－3　烟气中有粗尘、中尘、细尘三种粉尘，假定其质量比例相同。某一除尘器对粗尘的除尘效率为 99%，对中尘的除尘效率为 75%，对细尘的除尘效率为 30%，试计算除尘器对该烟气的总效率。如果再串联一台同样的除尘器，其串联除尘系统的总效率又是多少？

解：(1) 由式(2－66)，单台除尘器的总效率为

$$\eta_T = \sum_{i=1}^{m} q_i \eta_i = 0.333 \times 0.99 + 0.333 \times 0.75 + 0.333 \times 0.30 = 0.679 = 67.9\%$$

(2) 再串联一台同样的除尘器，由式(2－73)，串联除尘系统的总效率为

$$\eta_T = 1 - \sum_{i=1}^{m} q_i \prod_{j=1}^{n} (1 - \eta_{ij}) = 1 - (0.333 \times 0.01^2 + 0.333 \times 0.25^2 + 0.333 \times 0.70^2)$$

$$= 1 - 0.184 = 0.816 = 81.6\%$$

讨论：如果按式(2－69)计算，其串联除尘系统的总效率为

$$\eta_T = 1 - \prod_{j=1}^{n} (1 - \eta_{Tj}) = 1 - (1 - 0.679)(1 - 0.679) = 89.7\%$$

显然，这一结果是错误的，它与正确结果 81.6% 相差很大。所以，在串联系统设计时，对这一点要特别予以高度重视，否则会导致重大的工程失误。

习　题

2－1　有一直径为 20μm 的粒子以 20m/s 的初速度逆向射入流速为 5m/s 的常温气流中($\mu = 1.85 \times 10^{-5}$Pa·s)，已知粒子的密度为 2×10^3kg/m^3，试计算粒子速度衰减为 0 的距离。

2－2　一直径为 10μm 的粒子突然落入如图 2－10 所示的旋转流场 $r = 0.1$m，假定在通道 $r_1 \sim r_2$ 内流速均匀，$u = 20$m/s。设气体常温（20℃），空气密度 $\rho = 1$ kg/m^3。粒子密度为 $\rho_p = 2 \times 10^3$kg/m^3，试计算粒子碰到边壁 $r_2 = 0.4$m 所需时间和在此时间内粒子所转圈数。

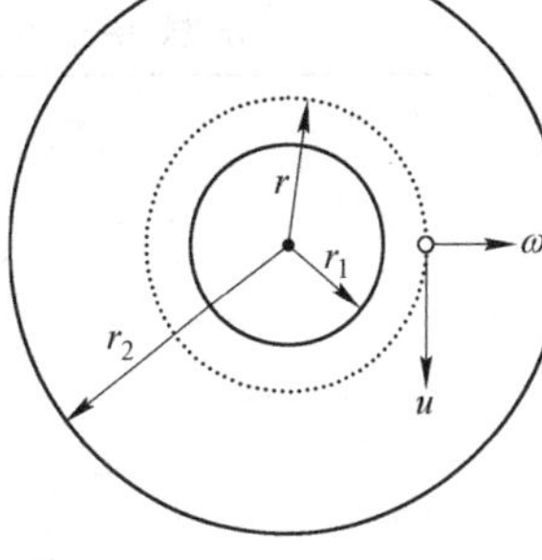

图 2－10　习题 2－2 图

2－3　已知一球形颗粒密度为 $\rho_p = 2 \times 10^3$kg/m^3，空气密度 $\rho = 1$kg/m^3。该颗粒位于主流区时其悬浮的气流最低平均平流速度为 5m/s，试求该球形颗粒的直径。如果该粒子位于光滑壁面，管道半径 $R = 0.5$m，试确定其管道中心最大悬浮速度（忽略环流效应）。

2－4　在交变电场 $E = 4 \times 10^5 \sin(\pi/5)t$ 中，有一带电量为 10^{-16}C 的 10μm 球形粒子，密

度为 $\rho_p = 2\times10^3 kg/m^3$。计算常温常压下粒子的最大振动速度和振幅，绘出一个周期内速度随时间的变化曲线。

2-5　如图2-11所示，有一载流螺旋线圈，其线长远大于线圈半径。线圈长 $L=1m$，半径 $R=0.1m$，线圈匝数 $N=100$，通过线圈的电流 $I=1A$，试分析在常温常压下位于线圈端部轴线上0.1m处1μm球形粒子的运动速度和方向。（已知：粒子带负电量为 $q=10^{-17}C$；真空磁导率 $\mu_0=4\pi\times10^{-7}$ T·m/A；$B=\frac{B_0}{1+x/R}$，B_0 为线圈内磁感应强度。忽略重力作用）

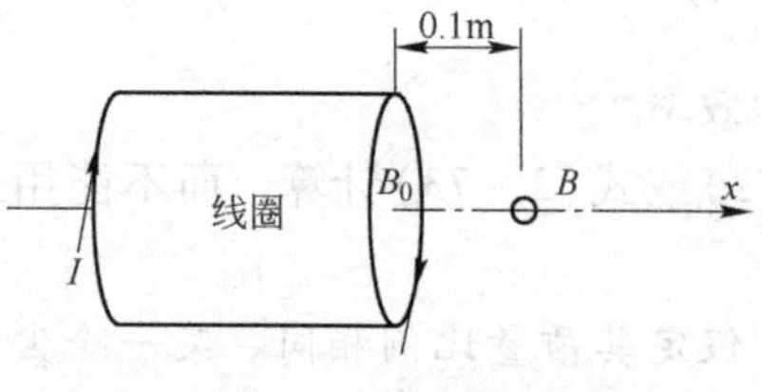

图2-11　习题2-5图

2-6　有一半径 $R=0.04m$ 冷管置于温度为 $T_0=400K$ 的“无限大”烟气中，如图2-12所示，管内通入 $T_1=280K$ 的水，设管外表面温度与管内水温相同，试计算0.1μm的粒子在 $r=0.05m$ 处的运动速度（气体与粒子的传热导系数比 $C_k=0.2$，管外温度分布为 $T=T_1+T_0[1-e^{-(r-R)/R}]$）。

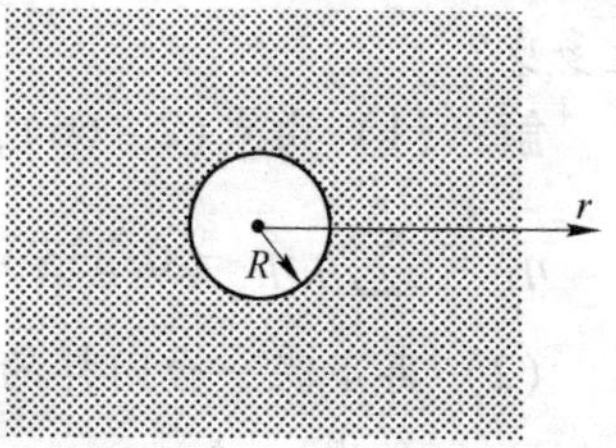

图2-12　习题2-6图

2-7　比较说明带电粒子和不带电的粒子在磁场中的运动。

2-8　在热泳力作用下，气溶胶粒子如何运动？

2-9　有一除尘器用于净化含尘烟气，其中大颗粒占60%，小颗粒占40%。除尘器对大颗粒的除尘效率为80%，对小颗粒的除尘效率为20%。

(1) 计算该除尘器的总效率；

(2) 如果再串联一台尺寸及性能完全相同的除尘器，计算整个串联系统的总效率。

2-10　一除尘器的总除尘效率 $\eta_T=80\%$，由表中已知参数写出分级效率表达式，并根据表中数据将计算结果填于表2-2中。

表2-2　习题2-10表

粉尘粒径 d_p/μm	10	20	30	40	50
入口粉尘频率分布 q_i/%	10	20	25	30	15
灰斗中粉尘频率分布 q_c/%	5	15	27	35	18
分级效率 η_i/%					

3　机械式除尘器

机械式除尘器是利用重力、空气动力、离心力的作用使颗粒物与气流分离并捕集的除尘设备。它包括重力沉降室、惯性除尘器和旋风除尘器。第2章关于外力作用下气溶胶粒子的运动是分析机械式除尘器分离机理的理论基础。

3.1　重力沉降室

图3-1所示为一简单的沉降室，含尘气体进入沉降室后，由于沉降室横断面扩大而使气体流动速度显著降低，在流经沉降室的过程中，大而重的尘粒便在重力的作用下，以其沉降速度缓慢地沉落至沉降室底部的灰斗之中，净化后的气体从出口风管流出。

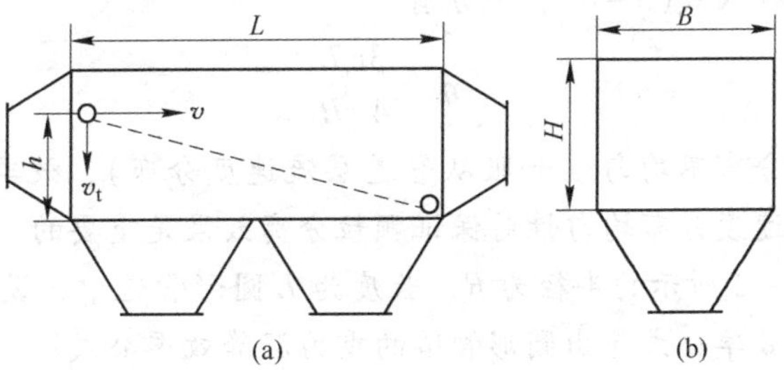

图3-1　重力沉降室工作原理示意图

3.1.1　层流情况下的粉尘重力沉降效率

设气溶胶粒子在高为H、宽度为B、长度为L中的矩形管中运动，粒子在层流中的重力沉降如图3-1所示，根据式(2-24)，粒子的垂直沉降速度为

$$v_y(t) = v_t(1 - e^{-t/\tau}) \tag{3-1}$$

如果粒子在矩形管中的停留时间$t >> \tau$，式(3-1)中的$e^{-t/\tau}$项可以略去，这时垂直沉降速度可以认为是常数

$$v_y(t) = v_t = \tau g \tag{3-2}$$

气溶胶粒子在层流中的重力沉降收集效率可以用“极限轨迹法”确定。在图3-1所示的某一粒径为d_p的粒子恰好落在出口下端被捕集，在此粒子轨迹线以下的所有粒径为d_p的粒子全都被捕集，此轨迹线称为“极限轨迹”。

于是，其捕集效率可用沉降距离h和通道高H的比值来表示

$$\eta_p = \frac{h}{H} \tag{3-3}$$

式中，粒子的沉降距离h为

$$h = v_t t = v_t \frac{L}{v} \tag{3-4}$$

将式(3－4)代入式(3－3)，得重力沉降室分级收集效率为

$$\eta_p = \frac{v_t L}{vH} \tag{3-5}$$

对于有速度分布的情况，有

$$\eta_p = \frac{v_t L}{\int_{-H/2}^{H/2} v \mathrm{d}y} \tag{3-6}$$

例3－1　如果在箱形重力沉降室的速度分布为

$$v = v_{\max}\left[1 - \frac{y^2}{(H/2)^2}\right] = 2\bar{v}\left[1 - \frac{y^2}{(H/2)^2}\right]$$

式中　$v_{\max}$——轴线上的速度，m/s；

$\bar{v}$——平均速度，m/s。

试确定长为 L，高为 H 的重力沉降室分级效率。

解：将速度分布代入式(3－6)，积分有

$$\eta_p = \frac{3v_t L}{4\bar{v}H}$$

可见，如果速度分布不均匀（如服从管道层流速度分布），效率会降低25%。因此，在分离空间中，提高速度分布均匀性对保证颗粒分离效果是重要的。

例3－2　在图3－2所示的半径为 R、长度为 L 圆形管道中，设断面流速均一。试利用矩形管道重力沉降效率公式导出圆形管道的重力沉降效率公式。

解：在图3－2中的圆形管道截面上取微元，宽度为 $\mathrm{d}r$，高度为 $2\sqrt{R^2+r^2}$，该微元近似为矩形，微元面积为

$$\mathrm{d}A = 2\sqrt{R^2+r^2}\mathrm{d}r \tag{a}$$

在此微元面积内，粒子的捕集量为

$$\mathrm{d}m = c_0 v \times \mathrm{d}A \times \eta_p \tag{b}$$

将式(3－5)和式(a)代入式(b)，将式(3－5)中的 H 用 $H = 2\sqrt{R^2+r^2}$ 替代，并对式(b)积分，得到被捕集粒子的总量 m 为

$$m = \int_{-R}^{R} c_0 v_t L \mathrm{d}r = 2c_0 v_t LR \tag{c}$$

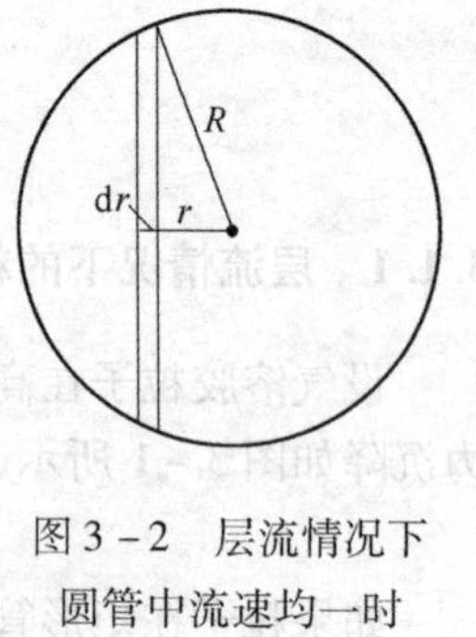

图3－2　层流情况下圆管中流速均一时的粒子收集效率分析

进入圆管中的粒子总量 M 为

$$M = c_0 v \pi R^2 \tag{d}$$

于是，在圆管中层流情况下，粒子的重力沉降捕集效率为

$$\eta_p = \frac{m}{M} = \frac{2v_t L}{\pi v R} \tag{e}$$

由式(3－5)看出，要提高沉降室的效率，应减小流速和沉降室高度，或增大长度和宽度。增加长度和宽度会使沉降室的造价提高和增大占地面积，实用的方法是降低沉降室

的高度。在总高度 H 不变的情况下，在沉降室内增设 n 块水平板，这样，对于每一格来说，沉降室的高度减少为 $H/(n+1)$，这时的分级效率 η 为

$$\eta = \frac{h}{H/(n+1)} = \frac{v_t L}{vH}(n+1) \tag{3-7}$$

式中 n——水平板层数。

其他符号物理意义同前。

3.1.2 紊流情况下的粉尘重力沉降效率

对于工业烟尘净化设备和通风除尘管道，很少会有层流的情况出现。例如，如果流速为1m/s，为满足层流条件，烟尘净化设备的断面当量直径需小于0.1m。所以，工业沉降室或者是其他净化设备内的流场大都是紊流的。另外，按上述的效率公式计算，可能会出现效率大于1（100%）的情况，这是不合理的。因此，讨论在紊流状态下重力沉降室的效率是必要的。

在重力沉降室中，假设：各断面的气流速度 u 处处相等；在临近底面有一边层，厚度为 dy，进入此边层的所有粒子被捕集；由于紊流作用，任意断面浓度均匀分布。

在图3-3所示的微元体中，流体经过 dx 所花时间为 $dt = dx/v$，此时间内在边层内粒子的沉降距离为

$$dy = v_t dt = \frac{v_t dt}{v} \tag{3-8}$$

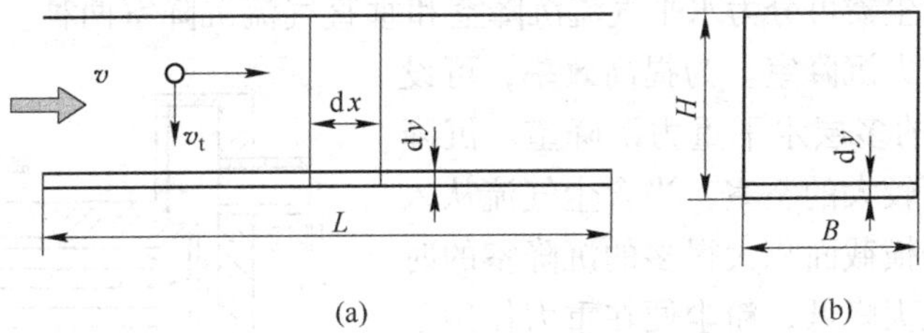

图3-3 紊流状态下重力沉降室的分离机理

考虑到各断面上的浓度均匀，在微元体内粒子的减少量应等于边层内的捕集量，即

$$\frac{-dc}{c} = \frac{dy}{H} = \frac{v_t dx}{vH} \tag{3-9}$$

浓度从 $c_i \to c$，长度从 $0 \to L$，对上式进行积分，有

$$\frac{c}{c_i} = \exp\left(-\frac{v_t L}{vH}\right) \tag{3-10}$$

由效率定义，得

$$\eta = 1 - \frac{c}{c_i} = 1 - \exp\left(-\frac{v_t L}{vH}\right) \tag{3-11}$$

注意到紊流沉降效率式(3-11)的指数部分 $\frac{v_t L}{vH}$ 恰是层流沉降效率式(3-5)。对于例3-2，可以推断，在圆管中的紊流沉降效率为

$$\eta = 1 - \frac{c}{c_i} = 1 - \exp\left(-\frac{2v_t L}{\pi v R}\right) \tag{3-12}$$

在此，需要特别重申：对于工程应用，研究粒子的层流分离效率意义不大，因为在粒子的空气动力分离的工程实践中，几乎都是紊流。但是，直接用紊流数理模型推导粒子的紊流分离效率有时是非常困难的。而用层流模型推导粒子的层流分离效率却比较容易。如果能得到层流条件下的粒子捕集效率公式，紊流条件下的粒子捕集效率可直接写出。这一发现，为研究粒子的空气动力分离作用带来极大的方便。因此，从这一点来看，研究粒子的层流分离效率十分必要。

例 3－3 已知重力沉降室 1m，室内流速 1m/s。颗粒密度 $\rho_p = 2\times10^3 kg/m^3$，空气密度 $\rho = 1.2kg/m^3$。试计算常温下，收集 50μm 粒子的效率达到 80% 时沉降室的长度。

解： 由式(2－25)，由于颗粒远大于 1μm，库宁汉修正系数近似为 1，得颗粒沉降速度

$$v_t = \tau g = \frac{\rho_p d_p^2}{18\mu} g = \frac{2\times10^3\times5^2\times10^{-10}}{18\times1.85\times10^{-5}}\times9.8 = 0.147m/s$$

由式(3－11)得

$$L = -\frac{vH}{v_t}\ln(1-\eta) = -\frac{1\times1}{0.147}\ln(1-0.8) = 10.95m$$

3.1.3 重力沉降室的种类

常见的重力除尘器可分为水平气流沉降室和垂直气流沉降室两种。图 3－1 是一种最简单的水平气流重力沉降室。为提高效率，可设计成图 3－4 所示的多层水平重力沉降室。沉降室通常是一个断面较大的空室，当含尘气流从入口管道进入比管道横截面积大得多的沉降室的时候，气体的流速大大降低，粉尘便在重力作用下向灰斗沉降。在气流缓慢地通过沉降室时，较大的尘粒在沉降室内有足够的时间沉降下来并进入灰斗中，净化气体从沉降室的另一端排出。其组成一般由气体进口管、沉降室、灰斗和出口管四大部分组成。

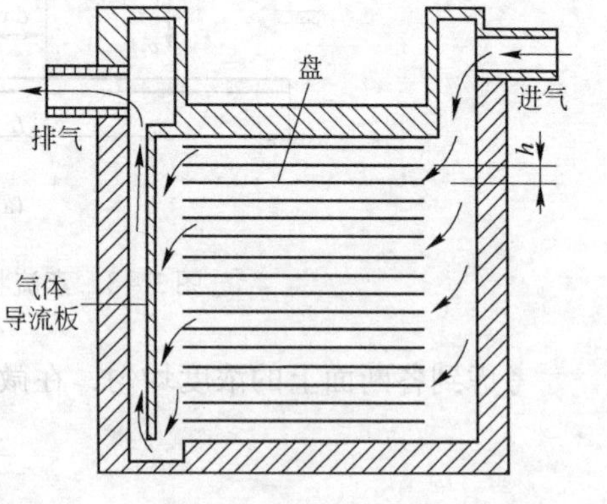

图 3－4 多层重力除尘器

垂直气流沉降室中含尘气流从管道进入沉降室后，一般向上运动，由于横截面积的扩大，气体的流速降低，其中沉降速度大于气体速度的尘粒就沉降下来，如图 3－5 所示。

重力沉降室的主要特点是：

(1) 结构简单、造价低、维护管理容易；

(2) 压力损失小(50～100Pa)；

(3) 体积庞大；

(4) 除尘效率低。

鉴于以上特点，重力沉降室主要用以捕集那些密度大、粒径大于 50μm 的粗粉尘。在

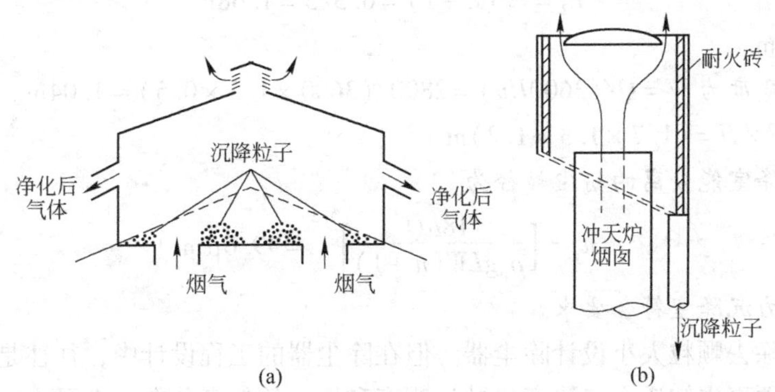

图 3-5 垂直气流沉降室

(a) 屋顶式沉降室；(b) 扩大烟管式沉降室

多级除尘系统中常作为高效除尘器的预除尘。

3.1.4 重力沉降室的设计

重力沉降室的设计步骤：

(1) 根据要求来确定该沉降室应能100%捕集的最小尘粒的粒径 $d_{\min}$；

(2) 根据粉尘的密度计算最小尘粒的沉降速度 v_t；

(3) 选取沉降室内气体流速 v；

(3) 根据现场的情况确定沉降室的高度 H（或宽度 W）；

(4) 按照公式计算沉降室的长度 L 和宽度 W（或高度 H）。

在设计沉降室时应注意的问题：

(1) 沉降室内的气体流速一般取 0.4 ~ 1m/s，应尽可能选低一些，以保持接近层流状态；

(2) 沉降室的高度 H 应根据实际情况确定，H 应尽量小一些，因为 H 越大，所需的沉降时间就越长，势必加长沉降室的长度；

(3) 为保证沉降室横截面上气流分布均匀，一般将进气管设计成渐宽管形，若受场地限制，可装设导流板、扩散板等气流分布装置。

例3-4 某锅炉房拟采用重力沉降室来处理烟气，已知烟气量 $Q=2800\text{m}^3/\text{h}$，烟气温度 $T=150℃$，气体的黏度 $\mu=2.4\times10^{-5}\text{Pa}\cdot\text{s}$，烟尘的真密度 $\rho_p=2100\text{kg/m}^3$，要求能够去除 $d_p\geqslant50\mu\text{m}$ 的烟尘。

解： 计算粒径 $d_p=50\mu\text{m}$ 的烟尘的沉降速度 v_t

$$v_t=\tau g=\frac{\rho_p d_p^2 g}{18\mu}=\frac{2100\times(50\times10^{-6})\times9.8}{18\times2.4\times10^{-5}}=0.119\text{m/s}$$

取沉降室内气流速度 $v=0.5\text{m/s}$，沉降室的高度 $H=1.5\text{m}$，由层流效率公式(3-5)，可求得沉降室的最小长度

$$L=Hv/v_t=1.5\times0.5/0.119=6.3\text{m}$$

显然，沉降室长度太大。若采用二层水平隔板（三层沉降室），此时所需沉降室长度则为

$$L_2 = L/(n+1) = 6.3/3 = 1.68\text{m}$$

取 $L = 1.7\text{m}$。

沉降室的宽度为 $W = Q/(3600Hu) = 2800/(3600 \times 1.5 \times 0.5) \approx 1.04\text{m}$。因此，沉降室的尺寸为 $L \times W \times H = (1.7 \times 1.3 \times 1.2)\text{m}$。

该重力沉降室能分离的粉尘粒径为

$$d_p = \left[\frac{18\mu Q}{\rho_p g L W(n+1)}\right]^{1/2} = 49.6\mu\text{m}$$

设计的重力沉降室符合要求。

上面是按除去颗粒大小设计除尘器。但在除尘器的工程设计中，往往是按排放浓度设计的，于是必须事先知道入口浓度、排放浓度和烟尘的粒度分布。有了入口浓度和排放浓度，就可以确定所要求设计的总效率。总效率和分级效率的关系是

$$\eta_T = 1 - \frac{c_e}{c_i} = \sum_{d_{pmin}}^{d_{pmax}} \eta_p q_i \tag{3-13}$$

式中 η_T——总效率；

c_i——烟尘原始浓度，g/m^3；

c_e——除尘器出口质量浓度（即要求的净化浓度），g/m^3。

只要根据实际情况给出沉降室的长度 L，便可确定高度 H。

例 3-5 沉降室设计烟气处理量 $Q = 18000\text{m}^3/\text{h}$，流速 $v = 1\text{m/s}$。要求其总除尘效率 $\eta_T = 40\%$。气体的黏度 $\mu = 1.8 \times 10^{-5}\text{Pa}\cdot\text{s}$。粉尘密度 $\rho_p = 2.6 \times 10^3\text{kg/m}^3$，粉尘质量频率分布见表 3-1。试设计沉降室的尺寸。

表 3-1 粉尘质量频率分布表

区间 i	1	2	3	4	5
粒径范围 $\Delta d_p/\mu\text{m}$	<10	10~20	20~40	40~60	60~100
平均粒径 $d_p/\mu\text{m}$	5	15	30	50	80
质量频率分布 $q_i/\%$	31	14	26	20	9

解： 将式(3-5)代入式(3-13)得

$$\frac{L}{H} = v\eta_T \Big/ \sum_{d_{pmin}}^{d_{pmax}} v_t q_i = 18\mu v \eta_T \Big/ \left(\rho_p g \sum_{d_{pmin}}^{d_{pmax}} d_p^2 q_i\right)$$

$$= (18 \times 1.8 \times 10^{-5} \times 1 \times 0.4)/[2.6 \times 10^3 \times 9.8 \times (5^2 \times 3.1 + 15^2 \times 0.14 + 30^2 \times 0.26 + 50^2 \times 0.2 + 80^2 \times 0.09) \times 10^{-12}] = 3.7$$

取 $L = 6\text{m}$。

沉降室的高度为 $H = L/3.77 = 6/3.77 = 1.6\text{m}$，

宽度为 $B = Q/3600Hv = 18000/(2600 \times 1.6 \times 1) = 3.125\text{m}$

取 $B = 3.2\text{m}$。

实际流速为 $v = Q/3600HB = 0.98\text{m/s}$。

上面用层流模型作设计计算的结果误差很大，用紊流模型会更精确些，计算方法相同。

3.2 惯性除尘器

利用重力能使含尘气流中的尘粒分离出来。若气流遇到障碍物时，会改变流向。而远大于气体密度的粒子则仍要保持原来的运动方向，于是粒子可从主气流中分离出来。利用这一原理净化气体的设备称为惯性除尘器。由于惯性加速度远大于重力加速度，所以，惯性除尘器的效率高于重力沉降室。

3.2.1 粉尘在绕弧形通道中的惯性沉降

如果在如图 3－6 所示的弧形通道内的流态为层流，可忽略重力作用。设断面为矩形的圆弧形通道中的流速均一；各截面上粒子浓度均匀分布。

在气流绕圆弧形通道的流动中，如果当旋转角为 θ 时，有某一粒径为 d_p 的粒子恰好落在 $r=r_2$ 的外弧面上被捕集。那么在图 3－6 所示的极限轨迹以下同样大小的粒子均被捕集。显然，其捕集效率为

$$\eta_1=\frac{r_2-r_\theta}{r_2-r_1} \tag{3-14}$$

式中符号意义如图 3－6 所示。

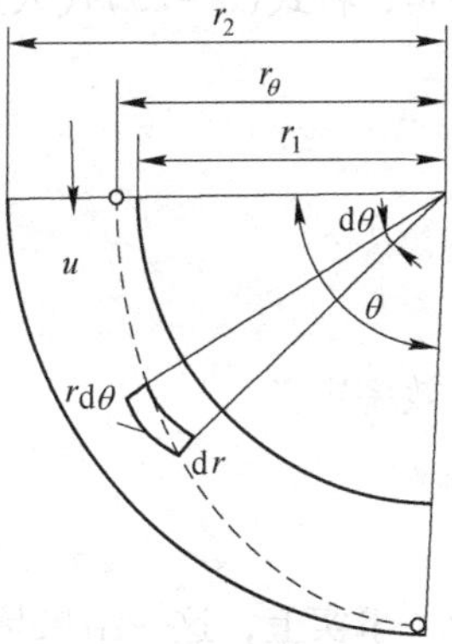

图 3－6 绕弧形通道中流动的粒子惯性沉降

在 dt 时间内，粒子在切向和径向上的移动距离分别为

$$\mathrm{d}r=\omega \mathrm{d}t,\ r\mathrm{d}\theta=u\mathrm{d}t \tag{3-15}$$

消去 dt，有

$$\frac{\mathrm{d}r}{\mathrm{d}\theta}=r\frac{\omega}{u} \tag{3-16}$$

式中，粒子的离心速度由式(2－32)给出。于是，式(3－16) 为

$$\mathrm{d}r=\tau u\mathrm{d}\theta \tag{3-17}$$

积分有

$$\int_{r_\theta}^{r_2}\mathrm{d}r=\int_0^{\theta}\tau u\mathrm{d}\theta \tag{3-18}$$

于是

$$r_2-r_\theta=\tau u\theta \tag{3-19}$$

将式(3－19)代入式(3－14)，得出粒子在绕弧形通道中的惯性沉降效率为

$$\eta_1=\frac{\tau u\theta}{r_2-r_1} \tag{3-20}$$

如果圆弧形通道的流动服从自由涡，则单位厚度上的速度分布为

$$u=\frac{Q}{r\ln(r_2/r_1)} \tag{3-21}$$

将式(3－21)代入式(3－18)，积分得

$$r_2^2-r_\theta^2=\frac{2Q}{\ln(r_2-r_1)}\tau\theta \tag{3-22}$$

解出 r_θ，代入式(3－14)，有

$$\eta_1 = \frac{1 - \sqrt{1 - 2Q\tau\theta/r_2\ln(r_2/r_1)}}{1 - r_1/r_2} \tag{3-23}$$

如果流动为紊流，设各断面的气流速度 u 处处相等，任意截面上粒子浓度均匀分布。采用推导紊流状态下重力沉降室的效率分析方法，设临近底弧面有一边层，厚度 dr，进入此边层的所有粒子均被捕集，有式(3-24)成立

$$\frac{-\mathrm{d}c}{c} = \frac{\mathrm{d}r}{r_2 - r_1} \tag{3-24}$$

求边层厚度

$$\mathrm{d}r = \omega \mathrm{d}t = \omega \frac{r_2 - \mathrm{d}r}{u}\mathrm{d}\theta \approx \omega \frac{r_2}{u}\mathrm{d}\theta = \tau u \mathrm{d}\theta \tag{3-25}$$

于是，将式(3-25)代入式(3-24)，积分

$$\int_{c_i}^{c} \frac{\mathrm{d}c}{c} = -\int_0^{\theta} \frac{\tau u}{r_2 - r_1}\mathrm{d}\theta \tag{3-26}$$

得

$$\frac{c}{c_i} = \exp\left(-\frac{\tau u\theta}{r_2 - r_1}\right) \tag{3-27}$$

由效率定义

$$\eta = 1 - \frac{c}{c_i} = 1 - \exp\left(-\frac{\tau u\theta}{r_2 - r_1}\right) \tag{3-28}$$

事实上，这一结果是可以直接推断的，不需推导。因式(3-28)的指数部分 $\frac{\tau u\theta}{r_2 - r_1}$ 必定是层流效率公式(3-20)。对这一规律的认识是非常有用的，例如，根据层流效率公式(3-20)，直接写出服从自由涡流速分布的圆弧形通道的粒子离心沉降紊流效率计算式

$$\eta = 1 - \exp\left[-\frac{1 - \sqrt{1 - 2Q\tau\theta/r_2\ln(r_2/r_1)}}{1 - r_1/r_2}\right] \tag{3-29}$$

这一结果和马丁（Martin）用紊流理论导出的结果完全相同。

3.2.2 惯性冲击分级器的分离效率

粒子绕直角通道流动的惯性沉降的典型应用是粒子惯性冲击式粒径分级器。粒子惯性分级器的原理相当简单，如果粒子的惯性大到足以使其穿过气流流线并撞击到冲击板上，那么粒子将被俘获，惯性较小的粒子将留在气流中。

最常用的粒径分级器有多层，上层分离大颗粒，越靠下层，喷孔宽度（或直径）越小，所分离的粒子也越小。取其中任意一层，其结构如图3-7所示。

直到目前为止，关于惯性冲击分级器分级效率仍没有理论计算式，很大程度上是因为难以推导出在紊流情况下的分级效率公式。目前只知道惯性冲击分级器分级效率是斯托克斯数 S_{tk} 的函数。

斯托克斯数的定义式为

$$S_{tk} = \frac{x_s}{d_{sp}/2} = \frac{2\tau v_0}{d_{sp}} = \frac{\rho_p d_p^2 v_0 C_u}{9\mu d_{sp}} \tag{3-30}$$

式中 d_{sp}——喷射口的直径，m。

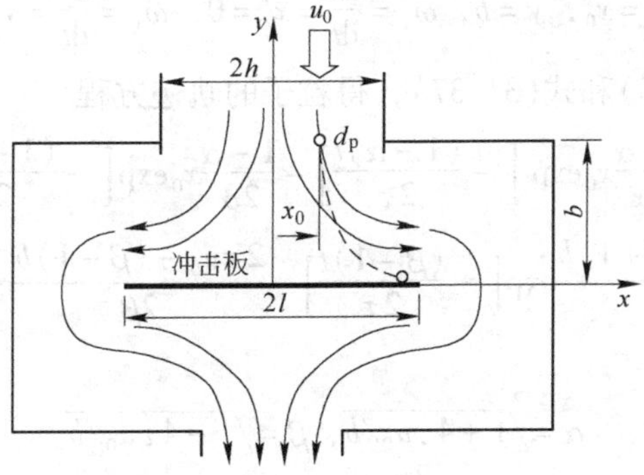

图3-7 惯性冲击式粒径分级器中的流动和粒子轨迹

其他符号意义同前。

下面基于层流分离理论确定紊流分级效率计算式。

在图3-7所示的坐标系中，因为左右是对称的，所以分析时只考虑第一象限内的惯性分离作用即可。由气体对垂直壁的绕流可知，其流函数为 $\psi(x,y)=-axy$，其速度分量是

$$u_x=\frac{\partial\psi}{\partial y}=-ax,\ u_y=-\frac{\partial\psi}{\partial x}=ay \tag{3-31}$$

式中 a——待定常数。

根据条件 $y=b$，$u_y=-u_0$，由式(3-31)易确定常数 a 为

$$a=-\frac{u_0}{b} \tag{3-32}$$

将式(3-32)代入式(3-31)，在第一象限的速度分量是

$$u_x=\frac{u_0}{b}x,\ \ u_y=-\frac{u_0}{b}y \tag{3-33}$$

下面设流动为层流，用粒子极限轨迹分析法建立绕直角通道流动的惯性分离效率。在直角坐标下，粒子的运动方程是

$$-3\pi\mu d_p(\omega_x-u_x)=m\frac{\mathrm{d}\omega_x}{\mathrm{d}t} \tag{3-34}$$

$$-3\pi\mu d_p(\omega_y-u_y)=m\frac{\mathrm{d}\omega_y}{\mathrm{d}t} \tag{3-35}$$

式中 m——粒子质量，kg；

ω_x，ω_y——粒子在 x 和 y 方向的速度分量，m/s。

将 $m=\pi d_p^3\rho_p/6$ 和式(3-33)代入运动方程，并引入张弛时间 $\tau=\rho_p d_p^2/18\mu$，有

$$x''+\frac{1}{\tau}x'-\frac{u_0}{\tau b}x=0 \tag{3-36}$$

$$y''+\frac{1}{\tau}y'+\frac{u_0}{\tau b}y=0 \tag{3-37}$$

上述微分方程满足以下初始条件

$$t=0,\ x=x_0,\ y=b,\ \omega_x=\frac{dx}{dt}=x'=0,\ \omega_y=\frac{dy}{dt}=y'=-u_0 \tag{3-38}$$

解微分方程式(3－36)和式(3－37)，得粒子的轨迹方程

$$x=\frac{1+\alpha}{2\alpha}x_0\exp\left[-\frac{(1-\alpha)t}{2\tau}\right]-\frac{1-\alpha}{2\alpha}x_0\exp\left[-\frac{(1+\alpha)t}{2\tau}\right] \tag{3-39}$$

$$y=\frac{-2\tau u_0+(\beta+1)b}{2\beta}\exp\left[-\frac{(\beta-1)t}{2\tau}\right]-\frac{2\tau u_0-(\beta-1)b}{2\beta}\exp\left[-\frac{(\beta+1)t}{2\tau}\right] \tag{3-40}$$

其中：

$$\alpha=\sqrt{1+4\tau u_0/b},\ \beta=\sqrt{1-4\tau u_0/b} \tag{3-41}$$

因式(3－39)中，$(1+\alpha)\exp\left[-\frac{(1-\alpha)t}{2\tau}\right]>>(1-\alpha)\exp\left[-\frac{(1+\alpha)t}{2\tau}\right]$，式(3－40)中，$\frac{-2\tau u_0+(\beta+1)b}{2\beta}\exp\left[-\frac{(\beta-1)t}{2\tau}\right]>>\frac{2\tau u_0-(\beta-1)b}{2\beta}\exp\left[-\frac{(\beta+1)t}{2\tau}\right]$，且因张弛时间 τ 很小，$\frac{\tau u_0}{\beta}\to 0$。所以，式(3－39)和式(3－40)简化为

$$x=\frac{1+\alpha}{2\alpha}x_0\exp\left[-\frac{(1-\alpha)t}{2\tau}\right] \tag{3-42}$$

$$y=\frac{1+\beta}{2\beta}b\exp\left[-\frac{(1-\beta)t}{2\tau}\right] \tag{3-43}$$

假定粒子一旦与冲击板接触即被捕集。也就是说在最远端 $x=l$ 处的粒子被捕集，其极限轨迹线（如图3－7中虚线所示）和 $x\geqslant 0$，$y\geqslant 0$ 所包围的区域内，所有的粒径为 d_p 的粒子全部被捕集，其分离宽度为 x_0。于是，分离效率是

$$\eta=x_0/h \tag{3-44}$$

由沉降条件，$y=0$，$x=l$，在式(3－42) 中，令 $x=l$，$t=t_0$，可求出 x_0

$$x_0=\frac{2\alpha}{1+\alpha}l\exp\left[\frac{(1-\alpha)t_0}{2\tau}\right] \tag{3-45}$$

式中 t_0——粒子由 $y=b$ 到 $y=0$ 处的运动时间。

由式(3－40)，令 $y=0$，即可求得 t_0，但求解非常困难。注意到在距离 b 内的流动，速度虽有衰减，但不会下降50%，有 $b/2u_0<t_0<b/u_0$。作为保守计算，取 $t_0\approx b/u_0$。于是，层流情况下，绕直角通道流动的惯性沉降效率为

$$\eta=\frac{2\alpha}{1+\alpha}\frac{l}{h}\exp\left[\frac{(1-\alpha)b}{2\tau u_0}\right] \tag{3-46}$$

冲击器内的流态是紊流，用紊流理论推导紊流情况下的分级效率公式几乎是不可能的，但根据层流效率和紊流效率之间的关系，可直接写出紊流状态下的效率公式

$$\eta=1-\exp\left\{-\frac{2\alpha}{1+\alpha}\frac{l}{h}\exp\left[\frac{(1-\alpha)b}{2\tau u_0}\right]\right\} \tag{3-47}$$

由式(3－30)，图3－7所示的冲击器斯托克斯数 S_{tk} 为

$$S_{tk}=\frac{\tau u_0}{h} \tag{3-48}$$

于是式(3－47)还可写成

$$\eta = 1 - \exp\left\{-\frac{2\alpha}{1+\alpha}\frac{l}{h}\exp\left[\frac{(1-\alpha)b}{2S_{tk}h}\right]\right\} \tag{3-49}$$

由此，从理论上证明了惯性冲击分级器分级效率是斯托克斯数 S_{tk} 的函数。S_{tk} 越大，效率越高。

对于绕其他边壁形式流动的惯性分离捕集效率计算式的建立与上述方法类似，即根据流函数的速度分布，然后建立运动方程以确定极限轨迹，从而可得惯性分离在层流情况下的分级效率。

例 3-6 如图 3-7 所示，已知喷孔宽 $2h = 0.02$m，喷孔到冲击板距离 $b = 0.1$m，冲击板宽 $2l = 0.2$m，喷孔气流速度 5m/s，试计算常温常压下密度为 $\rho_p = 2\times10^3$kg/m^3，$d_p = 10\mu$m 粒子的层流和紊流捕集效率。

解： 10μm 粒子的张弛时间为

$$\tau = \frac{\rho_p d_p^2}{18\mu} = \frac{2\times10^3\times1^2\times10^{-10}}{18\times1.85\times10^{-5}} = 6\times10^{-4}\text{s}$$

由式(3-41)求参数 α

$$\alpha = \sqrt{1+4\tau u_0/b} = \sqrt{1+4\times6\times10^{-4}\times5/0.1} = 1.06$$

应用式(3-46)，层流情况下绕直角通道流动的惯性沉降效率为

$$\eta = \frac{2\alpha}{1+\alpha}\frac{l}{h}\exp\left[\frac{(1-\alpha)b}{2\tau u_0}\right] = \frac{2\times1.06}{1+1.06}\times\frac{0.1}{0.01}\exp\left[\frac{(1-1.06)\times0.1}{2\times6\times10^{-4}\times5}\right] = 3.786$$

在层流情况下，分离效率已超过 100%，显然不合理。这再次证明，对于紊流流动，层流效率公式是不适用的。

由紊流分离效率计算式(3-47)，得

$$\eta = 1 - \exp(-3.786) = 97.7\%$$

3.2.3 惯性除尘器的结构形式

惯性除尘器的形式有很多，主要有挡板式、气流折转式、百叶式和浓缩器 4 种形式，如图 3-8 ~ 图 3-12 所示。概括地说，实际上都是“气流折转”式。

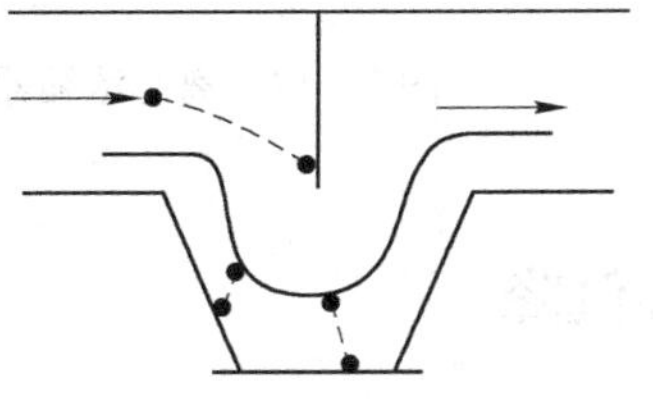

图 3-8 挡板式惯性除尘器

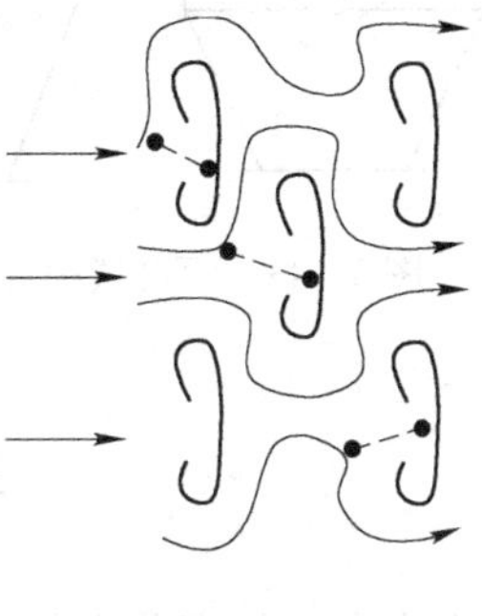

图 3-9 槽型挡板式惯性除尘器

图 3-9 所示为采用槽型挡板所组成的惯性除尘器，可以有效地防止被捕集的粒子因气流冲刷而再次飞扬。清灰可采用振打或水洗。沿气流方向一般设置 3 ~ 6 排，有时可设

更多排。这种惯性除尘器阻力一般不超过 200Pa，对于收集 50μm 以上的尘粒，效率可达 80% 以上。挡板的惯性分离作用在烟尘净化领域得到广泛应用，如颗粒物的分级、高效除尘器入口端初级除尘、横向极板电除尘器等。

折转式惯性除尘器主要依靠气流作较急剧的折转，使粒子在惯性作用下分离。图 3－10 所示的几种形式的选取主要从管道连接是否方便来考虑。

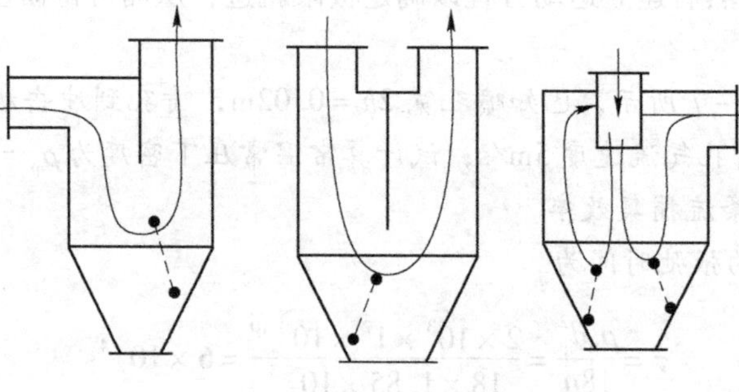

图 3－10　折转式惯性除尘器

图 3－11 所示为百叶式惯性除尘器。提高冲向百叶板的流速可以提高除尘效率。开始时效率增加很快，当流速超过 10m/s，效率增加缓慢；当流速超过 15m/s，二次扬尘作用将使效率下降。因此，百叶式惯性除尘器中的流速不宜太高，通常取 10～15m/s。

图 3－12 所示为离心浓缩器。靠近外壁的挡板用于防止已经甩到外侧的颗粒再进入主流区。浓缩后的气流进入其他除尘器再次净化。

通过关于惯性除尘器净化机理的分析，我们知道提高除尘效率的途径是缩小气流转弯半径和提高流速。理论上讲，惯性分离效率可以达到极高的效率。然而，对于 20μm 的粒子，实际惯性除尘器的效率很少超过 90%。制约其效率提高的主要原因是“二次扬尘”现象。因此，现有惯性除尘器的设计流速通常不超过 15m/s。

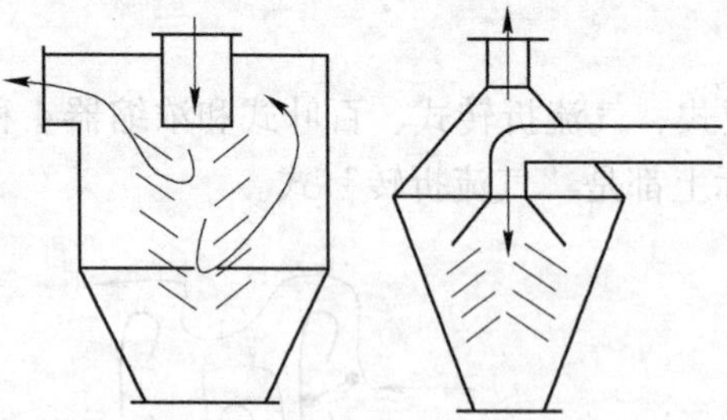

图 3－11　百叶式惯性除尘器

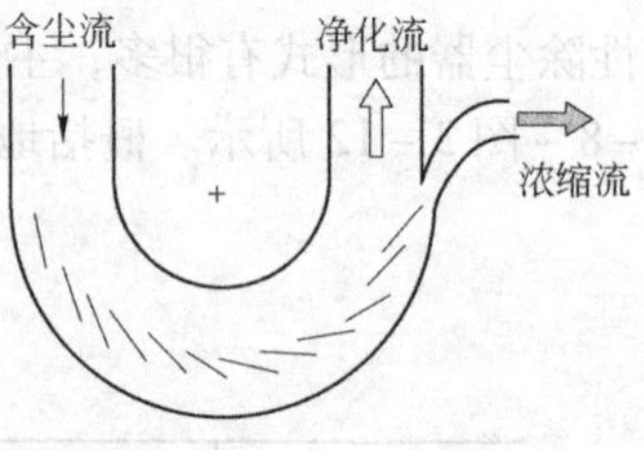

图 3－12　离心浓缩器

3.3　旋流离心沉降

以离心力为主要机理分离气溶胶粒子的设备是旋风除尘器。旋风除尘器本体主要由 5 部分组成：进气管、筒体部分、锥体部分、出气管和灰斗。旋风除尘器结构简单，没有传动部分，所分离的粒径可小到几微米，是迄今为止普遍使用的颗粒污染物净化装置之一。其基本结构如图 3－13 所示。

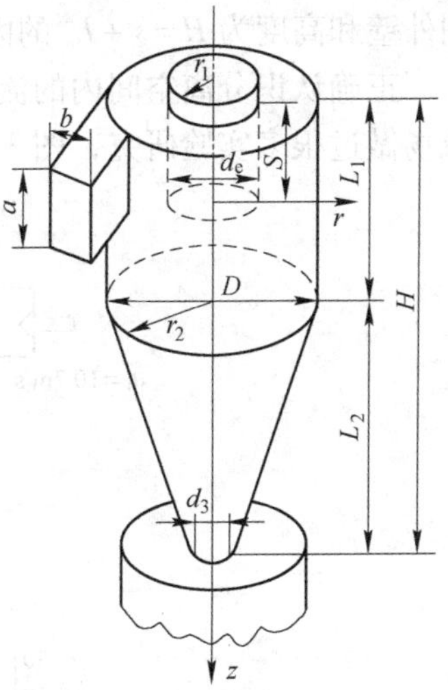

图 3－13 切向式入口旋风除尘器基本结构

在惯性分离器中，气流只是简单地改变原始气流的方向。而在旋风除尘器中，气流要完成一系列的旋转运动，因而所产生的离心作用较大。同惯性分离器相比，在同样处理风量时，旋风除尘器的占地面积小，设备结构紧凑，分离效率高，但阻力也较大。

3.3.1 旋风除尘器的流场

含尘气体由除尘器入口以较高的速度（13～27m/s）沿切向方向进入圆筒体内，在筒体与排气管之间的环形区域内作向下旋转运动，这股向下旋转的气流称为外旋涡。外旋涡到达锥体底部后折返向上，沿轴心向上旋转，最后从出口管排出，这股向上旋转的气流称为内旋涡。向下的外旋涡和向上的内旋涡旋转方向是相同的。气流作旋转运动时，尘粒在离心力的作用下向外壁面移动。到达外壁的粉尘在下旋气流和重力的共同作用下沿壁面落入灰斗。

旋风除尘器内实际的气流运动是很复杂的。除了切向和轴向运动外，还有径向运动。通常把内外涡旋气体的运动分解成三个速度分量：切向速度 u、轴向速度 v、径向速度 w。切向速度是决定气流速度大小的主要速度分量，也是决定气流质点离心力大小的主要因素。

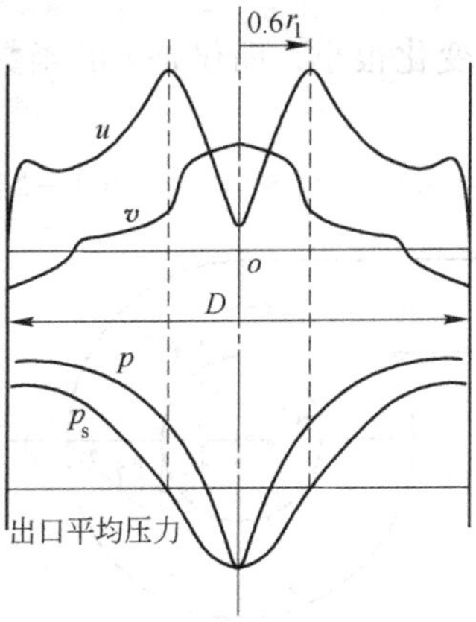

图 3－14 旋风除尘器的切向速度、轴向速度和压力分布

根据对流场的了解，对粒子分离作用有影响的是切向速度 u 和径向速度 w。前者使粒子产生径向离心加速度，形成粒子的离心沉降速度 ω_p，把粒子推向器壁而被分离，后者是把粒子由外向内推向中心涡核区而随上升气流从排气管逃逸。

依照图 3－14 所示的坐标及几何参数，旋风除尘器的流场可分为外环的准自由涡区和内环的准强制涡区，其交界面大致位于 $r=\frac{2}{3}r_1$ 的圆柱面上。在 $r\leqslant\frac{2}{3}r_1$ 的准强制涡区内，向内的径向速度使颗粒向内漂移，加之涡核区内的上行轴向流速很大，将会把在中心涡核区中的粒子排出旋风除尘器。在 $r>\frac{2}{3}r_1$ 的准自由涡区的粒子才有可能被分离。Strauss、Leith 和 Licht 等也曾假定在 $r<r_1$ 无分离作用。这一偏保守的假定是比较合理的，因为只有当颗粒较大时，在 $r<r_1$ 才有一定的分离作用。

至于旋风除尘器的有效分离高度，Alexander 建议用式(3－50)计算

$$L_e=7.3r_1(r_2^2/ab)^{1/3} \tag{3-50}$$

式中 L_e——自然返回长度，简称“自然长”。即气流从 $z=0$ 断面旋转到某一最低部位而折返的长度。

其他几何参数如图 3－13 所示。因此，旋风器的有效分离空间是半径为 r_1 的圆柱面

到外壁和高度为 $H = s + L_e$ 的区域。

正确认识分离空间内的流场是分析颗粒运动沉降行为的前提，人们对旋风除尘器内的流场做过很多实验研究，图 3－15 是旋风除尘器的切向与轴向速度分布。

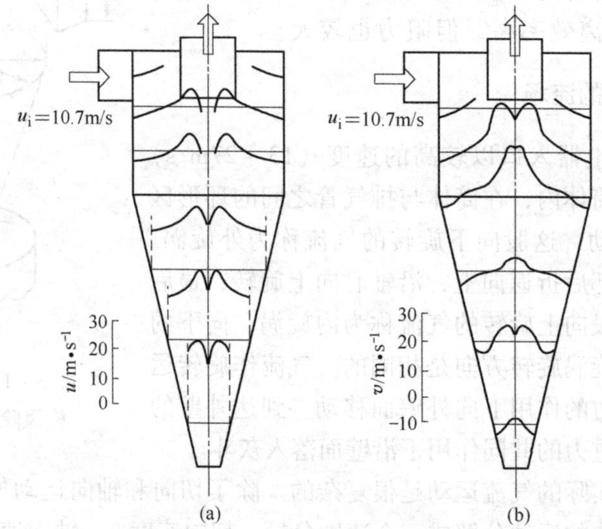

图 3－15 旋风除尘器的切向与轴向速度分布

（a）切向速度分布；（b）轴向速度分布

关于切向速度分布的研究较成熟，切向速度 u 随高度的变化很小，而仅是 r 的函数，切向速度可近似表示为

$$u = u_i (r_i / r)^n \tag{3-51}$$

式中 u_i——入口流速，m/s；

r_i——与入口中心线相切的圆半径，m，$r_i = r_2 - b/2$，如图 3－16 所示；

n——常数，$n = 0.4 \sim 0.8$，Cheremisinoff 等认为 n 取 0.5 是合理的。

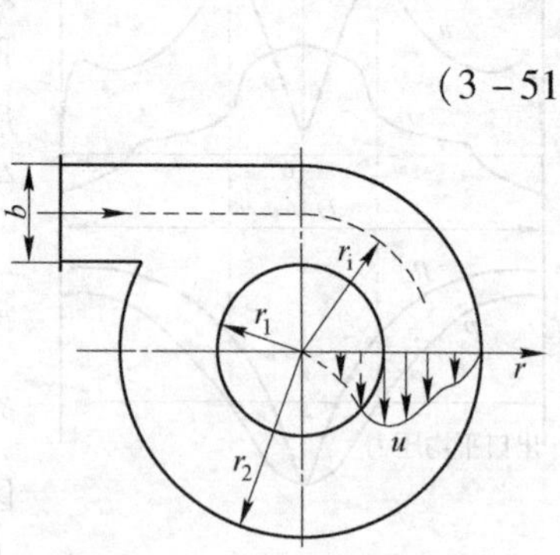

图 3－16 r_i 的定义与切向速度分布形态示意图

根据图 3－15 的轴向速度分布特征，可将流场分为外侧的下行流区和中心部分的上行流区。关于轴向速度分布，至今尚无较确切的数学表达式。轴向速度与切向速度属同一量级，它对粒子输运过程起着重要作用。由图 3－15 看出，轴向速度既是 r 的函数，又是 z 的函数，假定轴向速度随 r 和 z 的变化都可近似为线性次的，于是，轴向速度可写成

$$v = f_1(z) + f_2(z)/r \tag{3-52}$$

式中变系数由以下两个约束条件确定，其一是

$$\text{当 } r = r_0, v = 0 \tag{3-53}$$

r_0 是上行流和下行流的交界面半径。对于长锥形旋风除尘器，r_0 在分离空间内近似为常数。

在 $z=0$ 断面上，进入分离空间的流量等于旋风除尘器的总流量 Q_0，由自然长的概念，通过 $z=L_e$，水平断面的流量 $Q=0$，假定 Q 随高度 z 的变化是一次线性的，从而得另一约束条件

$$Q = \int_{r_1}^{r_2} 2\pi r v \mathrm{d}r = Q_0\left(1 - \frac{z}{L_e}\right) \tag{3-54}$$

将式(3－53)和式(3－54)分别代入式(3－52)得

$$\begin{cases} f_1 + f_2/r_0 = 0 \\ f_1(r_2^2 - r_1^2) + 2f_2(r_2 - r_1) = \dfrac{Q_0}{\pi}\left(1 - \dfrac{z}{L_e}\right) \end{cases} \tag{3-55}$$

解方程组式(3－55)得 f_1 和 f_2，代入式(3－52)，整理得

$$v(r,z) = K\left(1 - \frac{r_0}{r}\right)\left(1 - \frac{z}{L_e}z\right) \tag{3-56}$$

$$K = -\frac{Q_0}{\pi r_1^2}\left[\left(1 - \frac{r_2}{r_1}\right)\left(1 - \frac{2r_0 - r_2}{r_1}\right)\right]^{-1} \tag{3-57}$$

关于径向速度 w,它比切向速度小一个数量级,且有明显的非对称性,为描述其分布特征,只考虑它的平均效果。因不可压缩流体的连续性方程为

$$\frac{1}{r}\frac{\partial}{\partial r}(rw) + \frac{\partial v}{\partial z} = 0 \tag{3-58}$$

将式(3－56)代入式(3－58)积分，有

$$rw = \frac{K}{L}\left(\frac{r^2}{2} - r_0 r\right) + g(z) \tag{3-59}$$

利用边界条件 $r=r_2$，$w=0$，得任意函数 $g(z)$ 为

$$g(z) = -\frac{K}{L}\left(\frac{r_2^2}{2} - r_0 r_2\right) \tag{3-60}$$

将式(3－60)代入式(3－59)中，经整理得径向速度为

$$w = \frac{K}{2L}r\left[\left(1 - \frac{r_2}{r}\right)\left(1 - \frac{2r_0 - r_2}{r}\right)\right] \tag{3-61}$$

当 $r=r_1$ 时，将式(3－57)代入式(3－61)，有

$$w = -\frac{Q}{2\pi r_1 L} \tag{3-62}$$

这恰好是流过半径为 r_1、高为 L 圆柱面上的平均流速。负号表示流向与半径 r 的方向相反。

3.3.2 旋风除尘器的分级效率

旋风除尘器从 1885 年获发明专利投入工业应用到今天已有 100 多年的历史了。多少年来，人们对旋风除尘器的分离机理进行过大量的理论与实验研究，概括起来主要可分为 5 种分离理论：转圈理论、筛分理论、边界层分离理论、紊流扩散理论和传质理论。紊流扩散理论虽然分析方法较严格，但由于对旋风除尘器中粒子浓度分布和扩散过程的认识还不充分，特别是紊流扩散系数的确定相当困难，因而离实际应用还有一段距离。边界层分离理论的效率计算式与实际比较吻合，因而得到较普遍的承认。该理论是基于径向紊流返

混使旋风除尘器各截面上的粒子浓度均一的假设提出的，同时考虑了涡流分布，其推导过程与绕弧形通道中的惯性沉降效率计算式(3－28)类似。下面仅讨论较为简单，且目前最常用的转圈理论、边界层分离理论和筛分理论。

3.3.2.1 转圈理论

转圈理论只考虑旋涡的离心分离作用，而忽视了汇流的影响。由于在旋风除尘器中的流速较高（15～25m/s），必须用紊流模型进行分析。

Martin 把旋风除尘器内的流动看成是在圆弧形通道中的转圈流动，故称之为转圈理论。在 Martin 的著作中详细介绍了紊流情况下旋风除尘器分级效率的推导方法，其过程非常复杂。从前面的讨论我们知道，紊流分级效率表达式的指数部分必定是层流分级效率前添加一个负号，于是紊流分级效率问题变得空前简单。

在旋风除尘器中 $r \geqslant r_1$ 的分离空间内，如果假定流速均匀分布(虽然不均匀，用平均速度 $\bar{u}$ 作近似计算有时也是可以接受的)，其效率可用式(3－28)计算

$$\eta = 1 - \exp\left(-\frac{\tau \bar{u} \theta}{r_2 - r_1}\right)$$

如果设在 $r \geqslant r_1$ 的流速服从自由涡式(3－21)，则效率可直接用(3－29) 计算

$$\eta = 1 - \exp\left[-\frac{1 - \sqrt{1 - 2Q\tau\theta / r_2 \ln(r_2/r_1)}}{1 - r_1/r_2}\right]$$

式中 θ——气流在旋风除尘器内的总旋转角度。

关于旋风除尘器的总旋转角度，Martin 给出

$$\theta = \frac{2L_1 + L_2}{a}\pi \tag{3-63}$$

Martin 还给出了一些较复杂的流场分布情况下的紊流分级效率推导过程，在此不做赘述。实际上，无论在 $r_2 \geqslant r \geqslant r_1$ 的分离空间内流速分布多么复杂，其紊流分级效率的推导都很简单。其方法是：将速度分布 u 代入式(3－18)，积分求出 r_θ（即粒子分离的“极限轨迹”），然后将 r_θ 代入式(3－14)得层流分级效率 η_1。最后，由层流效率 η_1 直接写出紊流分级效率表达式

$$\eta = 1 - \exp(-\eta_l) \tag{3-64}$$

3.3.2.2 边界层分离理论

Leith 和 Licht 按切向速度服从准自由涡式(3－51)，推导出旋风除尘器分离效率表达式，由于速度分布较复杂，Leith 和 Licht 用较冗长的篇幅描述了建模过程。在此，仅作为例子进一步说明用层流法得紊流条件下的分离效率。推导过程如下：

将式(3－51)代入式(3－18)积分，有

$$\int_{r_\theta}^{r_2} r^n \mathrm{d}r = \int_0^\theta \tau u_i r_i^n \mathrm{d}\theta \tag{3-65}$$

解得

$$r_\theta = \left[r_2^{n+1} - (n+1)\tau u_i r_i^n \theta\right]^{-(n+1)} \tag{3-66}$$

在层流下的捕集效率为

$$\eta = \frac{r_2 - r_\theta}{r_2 - r_1} = \frac{r_2 - \left[r_2^{n+1} - (n+1)\tau u_i r_i^n \theta\right]^{-(n+1)}}{r_2 - r_1} \tag{3-67}$$

其在紊流情况下的除尘效率可直接写出

$$\eta = 1 - \exp\left\{ -\frac{r_2 - [r_2^{n+1} - (n+1)\tau u_i r_i^n \theta]^{-(n+1)}}{r_2 - r_1} \right\} \tag{3-68}$$

式中，$n = 0.4 \sim 0.8$。这就是 Leith 边界层分离理论推导结果。

3.3.2.3 筛分理论

筛分理论是一个更为简化的分析模型。假设在排气管下方有一圆柱面，含尘气流做螺旋运动时，处在该假想面上的粒子由于离心作用而产生的向外径向速度与汇流产生的气流向内径向速度相等，此时，粒子有50%的可能性被捕集，而另外50%的粒子可能通过该圆柱面进入排气管而流出。即有以下等式成立

$$w_p + w = 0 \tag{3-69}$$

式中 w_p——粒子离心沉降速度，m/s；

w——气流径向速度，由式(3-62) 确定。

在假想筛分圆柱面上，粒子的沉降速度为

$$w_p = \tau \frac{u^2}{r_c} = \frac{\rho_p d_c^2}{18\mu} \frac{u^2}{r_c} \tag{3-70}$$

式中 d_c——分割粒径，即有50%的可能性被捕集的颗粒直径，m；

r_c——假想筛分圆柱面半径，m。

Barth 取假想筛分圆柱面半径 r_c 等于排气管半径 r_1。将式(3-70)和式(3-62)代入式(3-69)，有

$$\frac{\rho_p d_c^2}{18\mu} \frac{u^2}{r_1} - \frac{Q}{2\pi r_1 L} = 0 \tag{3-71}$$

由式(3-71)得分割粒径

$$d_c = \sqrt{\frac{9\mu Q}{\pi \rho_p L u^2}} \tag{3-72}$$

在紊流情况下，除尘器的效率与粒径之间的关系服从指数律，即

$$\eta = 1 - \exp(-k d_p^m) \tag{3-73}$$

式中 k——待定常数。

显然，当 $d_p = d_c$ 时，效率为50%，即

$$1 - \exp(-k d_c^m) = 50\% \tag{3-74}$$

解式(3-74)，得

$$k = \frac{0.693}{d_c^m} \tag{3-75}$$

于是，得筛分理论效率公式为

$$\eta = 1 - \exp[-0.693(d_p/d_c)^m] \tag{3-76}$$

在旋风除尘器筛分理论中，效率与粒径的关系还不明确，通常认为 m 在1~2之间，当 $m = 1$，有

$$\eta = 1 - \exp(-0.693 d_p/d_c) \tag{3-77}$$

式(3-77)是筛分理论常用的效率计算式。然而，根据前面绕弧形通道流动的分离效率分析，见式(3-28)，因为张弛时间 τ 与粒径 d_p 是平方关系，所以，式(3-76)中取

$m=2$ 更合理，即

$$\eta = 1 - \exp[-0.693(d_p/d_c)^2] \tag{3-78}$$

3.3.3 旋风除尘器的压力损失

旋风除尘器的压力损失是评价旋风除尘器性能的重要指标之一，它关系到能耗和风机的选择。旋风除尘器的压力损失是由进出气口局部阻力和除尘器本体摩擦阻力之和组成的。但要精确计算旋风除尘器的压力损失是困难的。因此，常采用一些经验公式计算，例如 Louis Theodore 公式进行计算

$$\Delta p = 14.75 \frac{Q^2}{d_1^2 ab(L_1 L_2/D^2)^{1/3}} \tag{3-79}$$

式中符号意义如图 3-13 所示。

在实际应用中，压力损失往往通过实测，用阻力系数表示

$$\Delta p = \zeta \frac{\rho u_i^2}{2} \tag{3-80}$$

实践表明，对于结构确定的旋风除尘器，阻力系数 ζ 是常数，$\zeta = 6 \sim 9$。对于切流式入口旋风除尘器，其压力损失通常超过 1200Pa。对于工业除尘器和其他局部通风构件，由于流态大都是紊流，所以都可以用式(3-80)表示。

3.3.4 旋风除尘器的分类与特点

3.3.4.1 旋风除尘器的分类

按进气方式可将旋风除尘器分为切向进入式(包括顶部切向进入和底部切向进入)和轴向进入式两类，如图 3-17 所示。

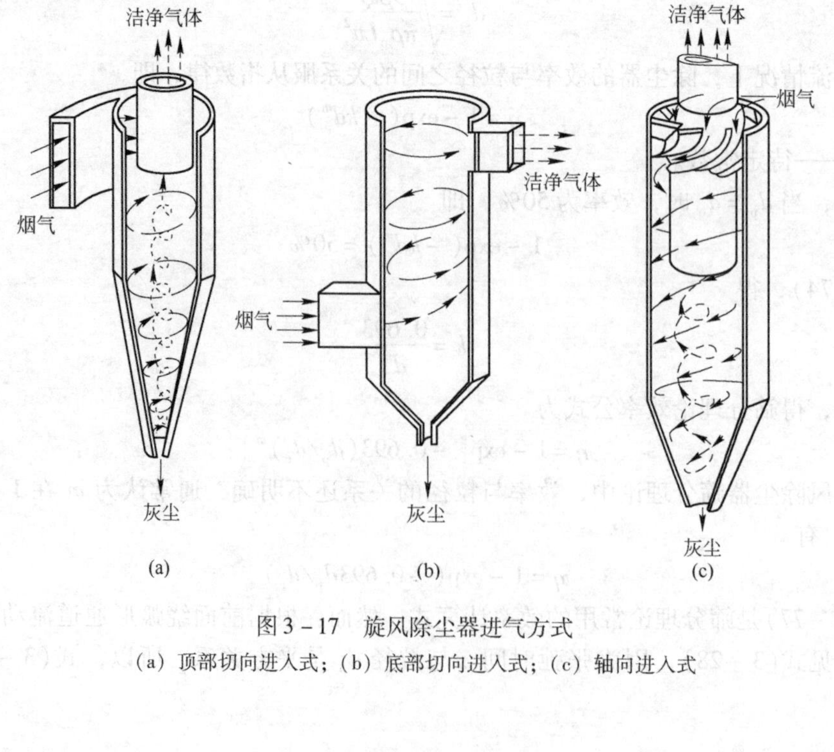

图 3-17 旋风除尘器进气方式

(a) 顶部切向进入式；(b) 底部切向进入式；(c) 轴向进入式

图 3-17(a) 是典型顶部切向入口旋风装置。图 3-17(b) 是一种底部切向进入式大型旋风除尘器，其经常用于湿式洗涤器之后，清除夹带在水滴之中的颗粒物。图 3-17(c) 是轴向进入式旋风器，气体进口平行于旋风器轴。烟气在顶部进入，经一安装在中心管上的叶片变成绕管道旋转的气流。轴向进入式气流分布均匀，主要用于多管旋风除尘器和处理气体量大的场合。按结构形式可将其分为多管组合式、旁路式、扩散式、直流式、平旋式、旋流式等。

3.3.4.2 旋风除尘器的特点

旋风除尘器是工业应用比较广泛的除尘设备之一，其主要优点是：

(1) 设备结构简单、体积小、占地面积少、造价低；

(2) 没有转动机构和运动部件，维护、管理方便；

(3) 可用于高温含尘烟气的净化，一般碳钢制造的旋风除尘器可用于 350℃ 烟气净化，内壁衬以耐火材料的旋风除尘器可用于 500℃ 烟气；

(4) 干法清灰，有利于回收有价值的粉尘；

(5) 除尘器内易敷设耐磨、耐腐蚀的内衬，可用来净化含高腐蚀性粉尘的烟气。

但旋风除尘器的压力损失一般比重力沉降室和惯性除尘器高，在选用时应注意以下几点：

(1) 旋风除尘器适合于分离密度较大、粒度较粗的粉尘，对于粒径小于 5μm 的尘粒和纤维性粉尘，捕集效率很低；

(2) 单台旋风除尘器的处理风量是有限的，当处理风量较大时，需多台并联；

(3) 不适合于净化黏结性粉尘；

(4) 设计和运行时，应特别注意防止除尘器底部漏风，以免造成除尘效率下降；

(5) 在并联使用时，要尽量使每台旋风除尘器的处理风量相同；

(6) 在多级除尘系统中，旋风除尘器一般作为预除尘装置或火花捕集装置，有时也起粉料分级的作用。

3.3.5 旋风除尘器的选型原则与设计计算

旋风器的设计步骤如下：

首先收集原始资料，主要包括：气体性质（流量及波动范围、成分、温度、压力、腐蚀性等）；粉尘特性（浓度、粒度分布、黏附性、纤维性和爆炸性）；净化要求（除尘效率和压力损失等）；粉尘的回收价值；空间场地、水源电源和管道布置等。然后，根据上述已知条件做如下设计或选型计算：

(1) 由烟尘原始浓度 c_i 和要求的净化浓度 c_e（即除尘器出口质量浓度）计算出要求达到的总除尘效率 η_{TR}，如果 η_{TR} 很高，旋风器可能无法达到净化要求，应考虑选择其他种类的除尘器（如过滤、静电等），或把旋风器作为初级除尘器。

(2) 在 16～22m/s 范围内初定入口风速 u_i，由处理烟气量 Q 和入口风速 u_i，计算出旋风器进气管的断面 A，因入口面积 $A = ab$，故由尺寸比 a/b，可分别确定 a 和 b，通常取 $a/b = 2.5$ 左右，较大的尺寸比 a/b 会获得较高的除尘效率。

(3) 根据入口尺寸大致为 $a = 0.5D$，$b = 0.2D$，可确定筒体直径 D。若 $D > 1100\text{mm}$，可考虑旋风器并联方式，重新确定单一旋风器的烟气处理量，再按步骤计算。

(4) 根据筒体直径 D，从有关手册中查到有关的型号规格及结构尺寸，这就是选型，也可根据 D 和相关尺寸比例，确定旋风器的结构尺寸，自行设计旋风除尘器，旋风除尘器的加工制作是简单的。

(5) 由旋风器的结构尺寸和粒度分布求各粒级的分级效率 η，并由式(3－13)求总除尘效率的理论值 η_T，若 $\eta_T \geqslant \eta_{TR}$，说明设计满足要求。否则，需要重新选择较高性能的旋风器或者改变运行参数、减小筒径等几何尺寸后，再重新验算。

例 3－7 有一台锅炉，处理风量 $Q = 5000\text{m}^3/\text{h}$，排烟温度 $t = 180℃$，烟尘密度 $\rho_p = 2\times10^3\text{kg/m}^3$，粒度分布见表 3－2，要求除尘效率 $\eta_{TR} > 85\%$，试确定旋风器的设计尺寸。

表 3－2 粒度分布与各理论计算结果

区间 i	1	2	3	4	5	6
粒径范围 $\Delta d_p/\mu\text{m}$	1～5	5～10	10～30	30～60	60～80	>80
平均粒径 $d_p/\mu\text{m}$	3	7.5	20	45	70	90
质量频率分布 $q_{mi}/\%$	6	12	22	29	18	13
张弛时间 τ/s	0.4×10^{-4}	0.25×10^{-3}	1.78×10^{-3}	4.5×10^{-3}	10.9×10^{-3}	18×10^{-3}
转圈理论分级效率	0.079	0.402	0.974	0.999	1	1
筛分理论分级效率	0.268	0.542	0.876	0.991	0.999	1

解：设计步骤如下：

(1) 确定旋风器进气管的断面积 A 及入口尺寸 a 和 b。

初取入口风速 18m/s，于是入口断面积为

$$A = \frac{Q}{3600u_i} = \frac{5000}{3600\times18} = 0.077\text{m}^2$$

取 $a/b = 2.5$，因 $A = ab$，故 a 和 b 分别为：$a = 0.42\text{m}$，$b = 0.18\text{m}$。

实际入口风速为

$$u_i = \frac{Q}{3600ab} = \frac{5000}{3600\times0.42\times0.18} \approx 19.5\text{m/s}$$

(2) 根据入口尺寸确定筒体直径 D 和其他几何尺寸。

取比例关系：$a = 0.5D$，$d_1 = 0.5D$，$s \geqslant a$，$L_1 = D$，$L_2 = 2D$，$L_3 = 0.3D$，得 $D = 0.84\text{m}, d_1 = 0.42\text{m}, s = 0.42\text{m}, d_3 = 0.25\text{m}, L_1 = 0.84\text{m}, L_2 = 1.68\text{m}, H = L_1 + L_2 = 2.52\text{m}$。

(3) 计算分级效率 η 和总除尘效率的理论值 η_T，并与要求的总效率 η_{TR} 作比较。

根据烟气温度 $t = 180℃$，第一章关于气体基本性质的计算，易得常压下烟气的密度 $\rho = 0.8\text{kg/m}^3$，动力黏度 $\mu = 2.5\times10^{-5}\text{Pa}\cdot\text{s}$。为了有一个较全面的认识，下面用转圈理论和筛分理论分别进行旋风器的设计计算。

1) 由转圈理论，设流速服从准自由涡较合理，由式(3－28)，取 $n = 0.5$

$$\eta = 1 - \exp\left[-\frac{u_i(r_i/r_2)^{0.5}\tau\theta}{r_2 - r_1}\right]$$

旋风器的总回转角为

$$\theta = \frac{2L_1 + L_2}{a}\pi = \frac{2\times0.84 + 1.68}{0.5\times0.84}\pi \approx 25\text{rad}$$

与入口中心线相切的圆半径为

$$r_i = r_2 - \frac{b}{2} = \frac{D-b}{2} = \frac{0.84-0.18}{2} = 0.33\text{m}$$

张弛时间

$$\tau = \frac{\rho_p d_p^2}{18\mu}$$

张弛时间的计算结果列入表3-2中，于是，分级效率为

$$\eta = 1 - \exp\left[-\frac{u_i(r_i/r_2)^{0.5}\tau\theta}{r_2 - r_1}\right] = 1 - \exp\left[-\frac{19.5\times(0.33/0.42)^{0.5}\times 25\tau}{0.42-0.21}\right] = 1 - e^{-2058\tau}$$

将张弛时间分别代入上式的转圈理论的分级效率，其计算结果也列入表3-2中。于是，由转圈理论得到的总效率为

$$\begin{aligned}\eta_T &= \sum \Delta q_i \eta_i \\ &= 0.06\times0.079 + 0.12\times0.402 + 0.22\times0.974 + 0.29\times0.999 + 0.18\times1 + 0.13\times1 \\ &= 0.867 = 86.7\%\end{aligned}$$

2) 根据筛分理论，由式(3-77)，有

$$\eta = 1 - \exp(-0.693 d_p/d_c)$$

旋风器的自然返回长度为

$$L = 7.3 r_1 (r_2^2/ab)^{1/3} = 7.3\times0.21\times\left(\frac{0.42^2}{0.42\times0.18}\right)^{1/3} \approx 2\text{m}$$

分割粒径为

$$d_c = \sqrt{\frac{9\mu a b r_1}{\pi\rho_p L u_i r_i}} = \sqrt{\frac{9\times2.5\times10^{-5}\times0.42\times0.18\times0.21}{2\times10^3\times2\times19.5\times0.33\pi}} = 6.65\times10^{-6}\text{m} = 6.65\mu\text{m}$$

将分割粒径代入筛分理论的分级效率公式，得分级效率的计算结果列入表3-2中。由筛分理论得到的总效率为

$$\begin{aligned}\eta_T &= \sum \Delta q_i \eta_i \\ &= 0.06\times0.268 + 0.12\times0.542 + 0.22\times0.876 + 0.29\times0.991 + 0.18\times0.999 + 0.13\times1 \\ &= 0.871 = 87.1\%\end{aligned}$$

因此 $\eta_T \geqslant \eta_{TR} = 85\%$，故满足实际要求。

(4) 估算旋风器的阻力。

由式(3-79)得

$$\Delta p = 14.75\frac{Q^2}{d_1^2 ab(L_1L_2/D^2)^{1/3}} = \frac{14.75\times1.4^2}{0.42^2\times0.42\times0.18\left(\frac{0.84\times1.68}{0.84^2}\right)^{1/3}} \approx 1730\text{Pa}$$

上述计算未考虑二次扬尘对效率的影响，读者可根据前面关于二次扬尘的讨论，重新验算。造型比设计要简单，如根据筒径可直接查有关手册拟选 XLP/B-8.0 型旋风器。

3.3.6 旋风除尘器使用注意事项

(1) 旋风器适用于净化密度较大、粒度较粗的粒子，其中，细筒长锥形高效旋风器对细尘也有一定的净化效果。旋风器对入口含尘质量浓度变化适应性较好，可处理高含尘

质量浓度的气体。

（2）旋风器一般只适用于净化非纤维性粉尘及温度在400℃以下的非腐蚀性气体。用于处理腐蚀性的含尘气体时，需采取防腐措施。

（3）旋风器对流量的波动有较好的适应性，入口速度一般为12～25m/s，个别情况下（如湿润时）可达30m/s以上，但阻力却随速度的呈平方增长。从效率和阻力综合考虑，最佳范围大致在16～2230m/s之间。

（4）在旋风器中，由于旋转气流速度很高，固体颗粒物对器壁的磨损较快，应采取防磨措施。

（5）对于非湿性旋风器，不宜净化黏性粉尘，处理相对湿度较高的含尘气体时，应注意避免因结露而造成的黏结。

（6）设计时，在空间高度允许的条件下，应优先考虑长锥形旋风器，即H（总高）-S（排气管插入深度）$\geqslant L$（自然返回长）。

（7）设计和运行中应特别注意防止旋风器底部漏风，因旋风器通常是负压运行。实践证明：旋风器漏风5%，效率降低50%；旋风器漏风15%，效率接近零。因此，必须采用气密性好的卸灰装置。当无需收干灰且无二次污染时，可考虑湿式水封法，此法可使漏风率为零。

（8）当旋风器并联使用时，应合理设计连接除尘器的分风管和汇风管，尽可能使避免各旋风器之间窜风，使效率下降，可考虑对各旋风器单设灰斗。

3.3.7 除尘器的卸灰装置

除尘器的卸灰装置可分为干式和湿式两类。干式有：翻板式、圆锥式闪动阀、重锤式锁气器、星形卸尘阀、螺旋卸尘机、舌板式锁气器、双极插板阀等。湿式有：水力冲灰器、水封排浆阀、水封沉淀池等。关于卸灰装置的构造、性能可参看文献[2]《除尘技术的基本理论与应用》。

干式旋风器多采用干式卸灰装置，干式卸灰装置的上方必须留有一定高度的灰柱，用以形成灰封。灰柱高度为0.1～0.2m。湿式排尘是将尘排入水中，这就基本防止了漏风和二次扬尘，使用湿式卸灰装置有水和泥浆的处理问题，在寒冷地区还要注意防冻。

习 题

3－1 机械式除尘器主要有哪几种？

3－2 有一房型结构重力沉降室，其几何尺寸如图3－18所示，试建立紊流沉降分级效率计算式。

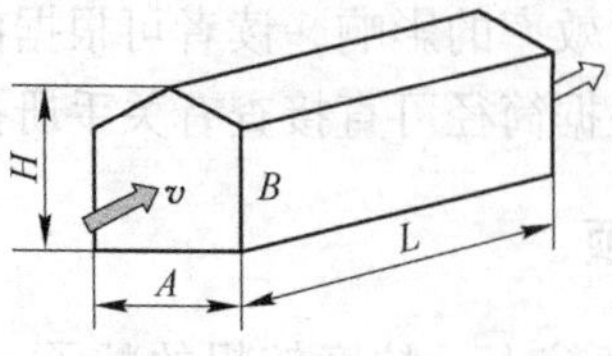

图3－18 习题3－2图

3－3　试推导在紊流情况下，气溶胶绕平面流动的粒子惯性分离效率（见图3－19）。

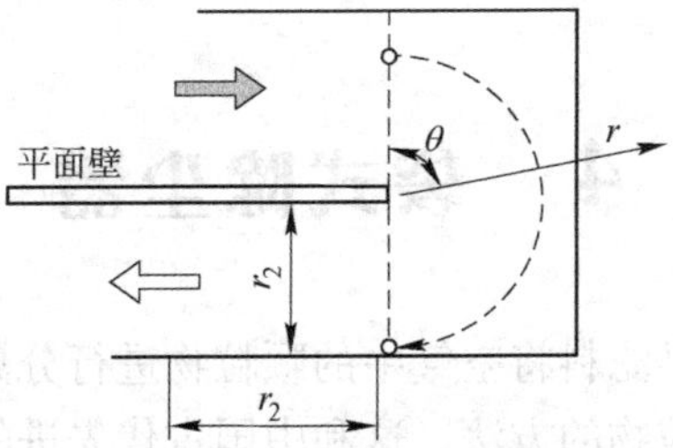

图3－19　习题3－3图

3－4　已知绕圆弧形通道流动的速度分布为 $u=\dfrac{2Q}{r}$，试写出总旋转角度为 θ 的紊流分级效率（见图3－20）。

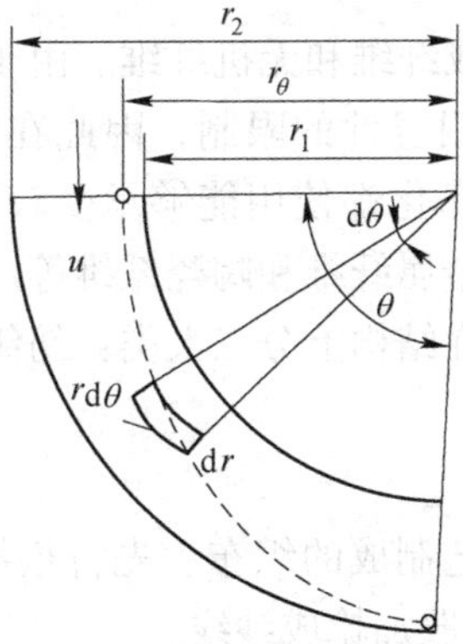

图3－20　习题3－4图

3－5　对于例3－6，要使 $\rho_p=2\times10^3\text{kg/m}^3$，$d_p=10\mu\text{m}$ 粒子的捕集效率达到99%，其喷口宽度 $2h$ 应为多少？要使 $d_p=5\mu\text{m}$ 粒子的捕集效率达到90%，其喷口宽度 $2h$ 又是多少？

3－6　有一旋风除尘器入口流速 $v=20\text{m/s}$，入口流量 $0.4\text{m}^3/\text{s}$，入口宽0.1m，入口高0.2m，排气管半径0.1m，筒体半径0.2m。筒体高0.4m，锥体高0.6m。分别用转圈理论、边界层理论、筛分理论式计算密度为 2000kg/m^3 的10μm粒子的分离效率（气体密度 1.2kg/m^3，气体动力黏滞系数 $1.85\times10^{-5}\text{Pa}\cdot\text{s}$）。

4 袋式除尘器

纤维过滤除尘是采用纤维滤料将空气中的颗粒物进行分离的过程。有史料记载，我国很早就有了采用布料过滤颗粒物的方法，这和中国古代先进的纺织技术是分不开的。现代过滤技术的进步同样取决于纤维滤料的发展。如今，纤维过滤已成为颗粒污染物控制的最主要方法之一。工业除尘中常用的是袋式除尘器。

4.1 纤维滤料的结构

滤料的材质分天然纤维、合成纤维和无机纤维。由于棉、毛、丝、麻等天然纤维织成布料的耐酸、耐碱性，特别是其耐温性的限制，因此在工业烟尘过滤时很少使用天然纤维。在大多数情况下，工业烟气净化都使用能够承受较高温度并具有良好性能的合成纤维。无机纤维主要有玻璃纤维、金属纤维和陶瓷纤维等。高效、耐温、抗腐是气溶胶过滤纤维滤料的发展方向。纤维滤料在结构上分三大类：纺织滤料、无纺滤料和覆膜滤料。

4.1.1 纺织滤料

纺织滤料是用传统的织造工艺制成的织布。先将松散的纤维聚结、梳理、拉旋成捻，如图 4－1 所示，然后根据需要合股加捻成纱线。

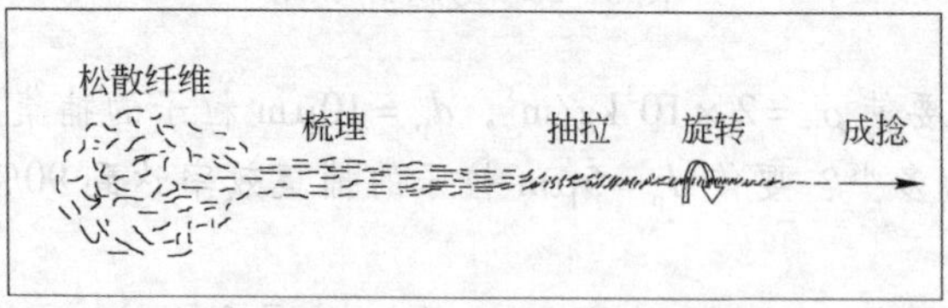

图 4－1　松散纤维的成捻过程

常见的 3 种纱线形式如图 4－2 所示。通常是将单纱线纺成一根多股纱线。短纤维合股加捻能纺成起绒的多股纱线。这种纱线织成的滤布具有很好的内部过滤作用。

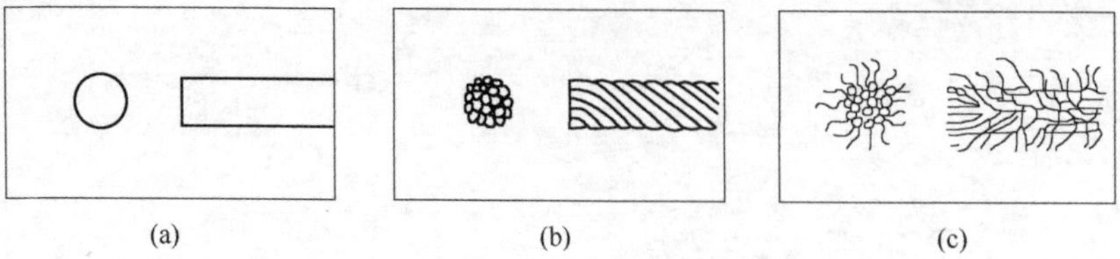

图 4－2　常见纱线形式

（a）连续单丝纱线；（b）连续复丝纱线；（c）短纤维起绒纺纱线

纤维成纱后编制成经线和纬线交错排列的状态称为纺织组织。基本的组织有：平纹、斜纹和缎纹三种原组织。在这三种原组织基础上可派生出多种不同形式，如图 4－3 所示。

平纹组织是织物中最简单、成本最低，也是最普通的一种组织。用经线和纬线各 2 根即可构成一个完全的平纹组织循环，如图 4－3(a)所示。也可以是多根经线或一到多根纬线交错织成，如图 4－3(b)所示。平纹的交织点多，空隙率低，但相对位置较稳定。由于平纹滤料的透气性较差，在高滤速情况下很少用平纹滤料。

斜纹组织由连续 3 根以上的经纬线交织而成，在布面上有斜向的纹路。布面上经线比纬线多的称经线斜纹，反之称纬线斜纹。分子表示经线上浮根数，分母表示纬线下沉根数。图 4－3(c)为 2/2 斜纹，图 4－3(d)为 3/1 斜纹。它们的经线与纬线之和是 4，称四线斜纹。斜纹的交织点少于平纹，空隙率较大，透气性较好，所以过滤风速会比平纹高些。

缎纹组织是以连续 5 根以上的经纬线织成的织物组织，如图 4－3(e)和 4－3(f)所示。这种组织的基本特征是交织点不连续，有很多经线或纬线浮于布面上，有利于粉尘剥离。缎纹组织的交织点比平纹和斜纹都少，透气性最好。但有较多的纱线浮于织物表面，较易破损。

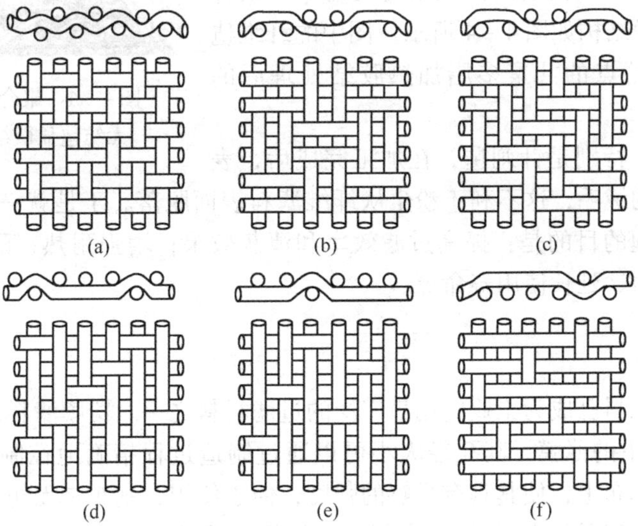

图 4－3 纺织组织

(a) 平纹；(b) 2/2 平纹；(c) 2/2 斜纹；(d) 3/1 斜纹；(e) 缎纹；(f) 1/4 缎纹

4.1.2 无纺滤料

直接从纤维（特别是对于短纤维）制成滤料无疑比将纤维经纺纱、机织加工而成的滤料更简易、更经济。目前，袋式除尘器用的无纺纤维绝大部分是针刺毡。针刺毡分为有基布和无基布两类。增加基布是为了提高针刺毡滤料的强度。基布是事先织好的，生产过程中用上下纤维网将基布夹于其中，然后经过预针刺和主针刺加固，再采取必要的后续处理技术即可制成所需要的针刺毡滤料。针刺毡滤料具有如下特点：

(1) 针刺毡滤料中的纤维呈交错随机排列，空隙率高达70%～80%，根据过滤理论，这一空隙率处于最佳的内部过滤状态。这种结构不存在直通的孔隙，过滤效率高而稳定。

(2) 针刺毡滤料的空隙率比纺织纤维的空隙率高1.6～2倍。因而自身的透气性好，阻力低。

(3) 针刺毡滤料的生产速度快，劳动生产率高，产品成本低，产品质量稳定。

人造纤维（合成纤维）不同于羊毛或其他动物体毛在加热、增湿和施压下有自然卷曲和相互勾连的特性能形成较稳定的无纺纤维。合成纤维制成无纺纤维滤料的加工分干法、湿法和聚合物挤压成网（毡）法。

干法是纤维在干态下用机械、气流作用使纤维成网。湿法是纤维在水中呈悬浮的湿态下，采用类似造纸方法成网。无论是干法还是湿法，都需要将纤维网黏结成无纺布。如用化学或加热方法加固而成的无纺布。但最常用的工艺是采用针刺法将纤维网加固成无纺布。

聚合物挤压成网（毡）法是经过挤压（纺丝、熔喷、薄膜挤出的）加工而成的网状结构无纺布。聚合物挤压成网的显微结构如图4－4所示。图中的纤维毡是经过具有较低熔点的共聚多脂加热胶结处理后的形态。

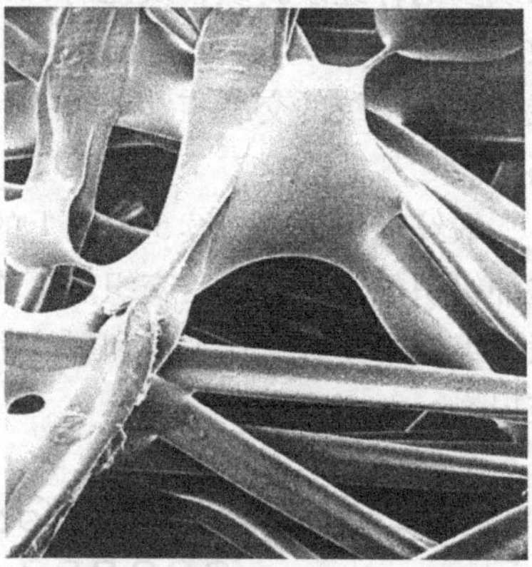

图4－4 聚合物挤压成网的无纺毡显微结构（645×）

无纺纤维层，特别是针刺毡，在加工完成后，表面会有许多突出的绒毛，这不利于粉尘从纤维滤料表面脱落。于是就需要进行表面处理。无纺滤料表面处理的目的是：提高过滤效率和清灰效果；增强耐热、耐酸碱、耐腐蚀性能；降低滤料阻力、延长使用寿命等。

4.1.3 覆膜滤料

目前，覆膜滤料已成为工业应用最广泛的过滤材料之一。覆膜滤料是一层高孔隙率的厚度为0.1mm以下的薄膜，其孔径大小可以通过制造过程精确地控制。对于烟尘过滤，覆膜需要层压到基布上，使其具有足够的强度，便于使用，基布是无纺或纺织合成纤维。

覆膜过滤方法很早就出现了，19世纪60年代由硝酸纤维素制成的覆膜的出现，使覆膜过滤技术的发展迈出最关键的一步。即使今天，还有许多由硝酸纤维素制作的覆膜。20世纪70年代中期，Gore－Tex拉伸覆膜的出现，成为覆膜过滤技术进步的重要标志。如今，覆膜技术主要应用于医疗和制药工业、食品、饮料和酿酒业、化妆品制造业、电子、能源、化工、航空、运输等领域的过滤与分离。在环境保护方面，其主要用于污水处理、烟尘净化、个体防护和气液中悬浮物（细菌、分子）的过滤分离。

各种覆膜滤料在世界范围内的使用量急剧增长。1985年约12亿美元，1995年超过60亿美元，年增长率为10%～15%。用于工业烟尘过滤的微滤覆膜滤料的增加更明显。美国微滤覆膜滤料在国际市场上所占份额超过1/3，其次是德国和日本。2000年，美国过滤产品及设备销售额约为95亿美元。1985年，美国微滤覆膜约为2.5亿美元，2000年，微滤覆膜约为6.5亿美元，年增长率18.4%。

覆膜滤料按功能分为微滤、超滤、纳米过滤和渗析。微滤分离粒子，超滤分离更小的粒子直到分子，纳米过滤分离分子，渗析分离更小的分子。烟尘过滤一般属于纳米以上范围，即只要求净化比分子大的粒子就可以了。所以，常采用微滤覆膜。传统滤料和覆膜滤料的微粒分离粒径范围如图 4－5 所示。

传统纤维滤料有明显的内部过滤特征，粒子附着在纤维上。而覆膜滤料表现为表面过滤，微滤覆膜滤料的孔径大小相当均匀，一般在 0.1～8μm 的范围。粒子沉降在覆膜表面和粒子表面，很少有粒子能进入覆膜内部。一般的覆膜滤料，其孔隙率大约为 80%～85%，如此大的孔隙率可提供相对高的气体过滤流量。传统纤维滤料和覆膜滤料最大的差异在于孔隙大小分布。与传统纤维滤料相比，覆膜滤料的孔径分布范围很窄，即几何标准偏差很小。于是覆膜滤料可以确保对于给定的粒子直径可以全部除去，图 4－6 为覆膜滤料与普通纤维滤料对气溶胶粒子分离效率比较。

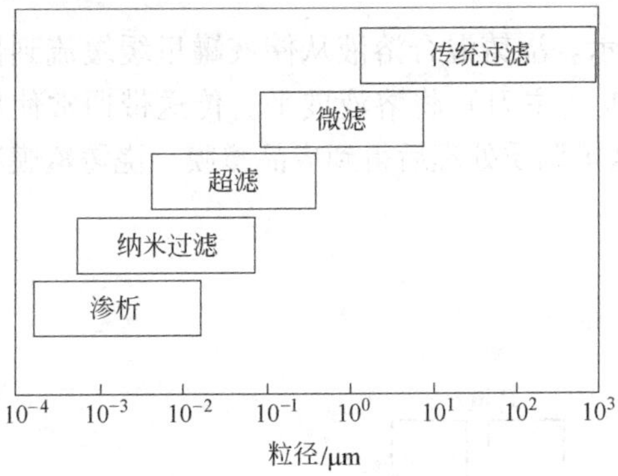

图 4－5　不同过滤方法分离粒径

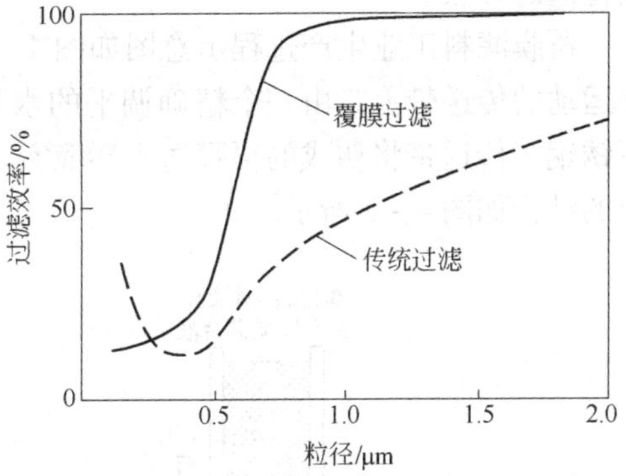

图 4－6　覆膜过滤与传统过滤对气溶胶粒子分离效率比较

用于制作商业覆膜的聚酯种类很多，主要有乙酸纤维素、硝酸纤维素、聚酰胺、泰氟龙、聚砜、聚碳酸酯、聚酰胺酯、聚氟乙烯、聚四氟乙烯、聚丙烯、聚丙烯腈、聚硫酰、聚苯乙烯、芳香聚酰胺、丙烯酸树脂、聚呋喃、聚偏二氯乙烯、聚甲丙烯酸甲酯（有机玻璃）、聚氯乙烯等。覆膜滤料的制作方法有五种：烧结、浇铸、拉伸、沥滤和浸蚀。

（1）烧结是通过高压、高温把刚性的陶瓷、玻璃或金属粉末溶解，使粉末颗粒胶结在一起形成坚实的薄膜或薄板。烧结形成的覆膜孔隙率较低。

（2）浇铸是将含有聚酯的溶液散开展平，蒸发形成多孔、胶状薄膜。浇铸是生产覆膜滤料的主要方法。

（3）拉伸是把致密的塑料膜，如泰氟龙（Teflon）或聚丙烯膜，在精确控制的条件下沿所有方向上小心翼翼地拉伸。随着拉伸过程的进行，薄膜表面形成微孔。微孔的大小由拉伸的方式所确定。市场上的泰氟龙覆膜滤料通常是由拉伸工艺制作的。

（4）浸蚀又称浸刻方法，这种成膜法与其他覆膜滤料制作方法完全不一样。它是采用相互平行的放射性微粒子轰击适合于做覆膜的聚酯膜，直到将聚酯膜击穿，形成与膜面垂直的直通孔。

（5）在沥滤工艺中，把两种混合材料塑成薄膜，然后用合适的溶剂将该薄膜中的一材料沥出后形成多孔结构。在商业覆膜滤料中，很少使用沥滤工艺。

下面仅介绍浇铸法、拉伸法和浸蚀法。

4.1.3.1　浇铸覆膜

生产用于过滤的多孔覆膜的常用制造方法是浇铸。

其工艺过程是先把聚酯（如硝酸纤维素）分散于适当的溶解液中，称之为溶胶。在这一混合剂中加入一种“造孔”物质，该物质有很高的沸点，且不溶于聚酯。所制备好的溶液倒在玻璃表面形成均匀的薄膜，然后在严格控制的条件下使溶解液蒸发。随着溶解液的减少，造孔物质的浓度增加，直到开始影响聚酯的溶解度。此刻，原来均匀的溶胶开始变为凝胶。在适当的时候，把形成的薄膜送到骤冷剂中（通常是水），于是造孔物质和溶解液被除去，现在凝胶就变成稳固的覆膜，形成的覆膜是高孔隙率的胶体结构。因为控制凝胶结构的浇铸溶液和制作条件的变化范围很宽，所以对于制作半渗覆膜，浇铸工艺是最普遍的方法。

覆膜滤料工业生产过程示意图如图 4 -7 所示。浇铸混合溶液从储液罐里缓缓流到慢慢运动的传送带上，由一个精确调平的水平刮板（主刀）将溶液展平。传送带通常使用不锈钢。传送带将初成的覆膜送入环境室，在这里调质处理后得到成品覆膜。浇铸覆膜滤料的结构如图 4 -8 所示。

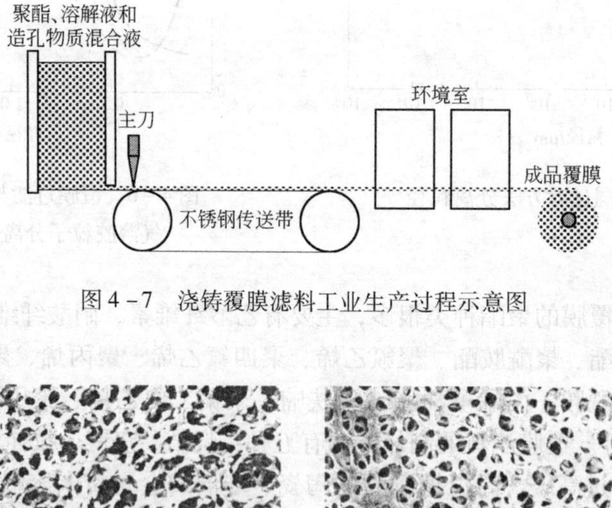

图 4 -7　浇铸覆膜滤料工业生产过程示意图

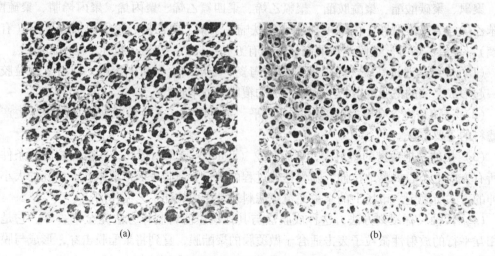

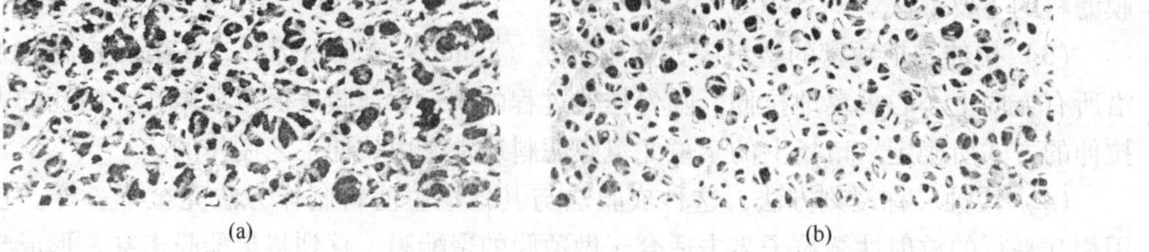

图 4 -8　浇铸覆膜滤料的结构（孔径 0.2μm）

（a）聚酯覆膜正面显微视图；（b）聚酯覆膜背面显微视图

4.1.3.2 拉伸覆膜

最典型的拉伸覆膜是 PTFE（poly-tetra-fluor-ethylene）覆膜，又称泰氟龙（Teflon）覆膜滤料。它是通过控制拉伸致密泰氟龙薄膜而成。其生产工艺由戈尔（Gore）和其合作者发明并获专利。Gore 薄膜市场产品名称为 Gore - Tex。所提供的覆膜滤料孔径有 0.02μm、0.2μm、0.45μm、1.0μm、3.0μm、5.0μm 和 10~15μm。其结构和传统的乙酸纤维素覆膜有明显的不同（见图 4-9）。用于烟尘过滤的覆膜需层压到基布上。常用的基布有：聚丙烯网、聚乙烯网、聚丙烯无纺纤维、聚酯无纺纤维、聚氨酯泡沫等。

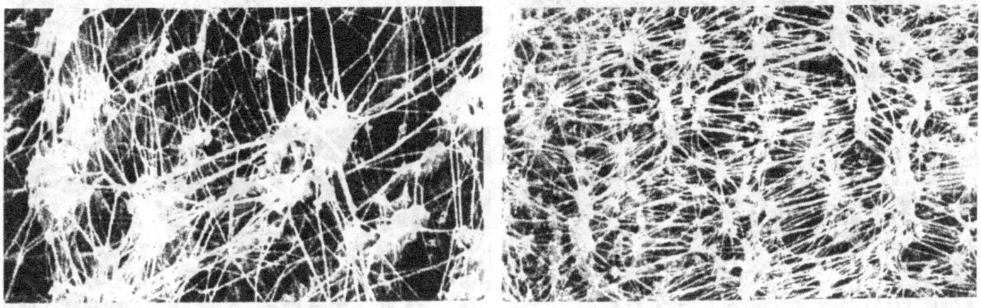

(a) (b)

图 4-9 Gore-Tex 膨化 PTFE 覆膜

（a）5μm 孔径；（b）0.45μm 孔径

这种泰氟龙拉伸覆膜几乎可以层压到任何普通的合成纤维表面，甚至可以层压到玻璃纤维表面。因此，可以广义地认为这是一种滤布（毡）的表面化学处理技术。这一表面处理技术可以通过工艺控制，精确地达到所要求的孔隙率、纤维孔径、透气性和表面光洁程度。不仅使滤料具有很好的粉尘（粉饼）剥离性和降低压力损失，而且保持了泰氟龙自身优异的物理化学性能（如耐高温、抗腐蚀等）。

图 4-10 是聚酯纤维毡表面经泰氟龙覆膜处理前后的微观形态比较。从图 4-10 可以大致看出原始聚酯纤维毡的平均孔隙尺度与聚酯纤维毡表面经泰氟龙覆膜处理后放大 6000 倍的平均孔隙尺度接近，也就是说处理后聚酯纤维毡的平均孔径比原始毡减小了近千倍。

虽然，过滤看起来似乎是一个简单的过程，但实际上是非常复杂的。不同的应用领域，对过滤的要求基本上是以除去多少悬浮颗粒物而定。但对于烟尘过滤，人们所追求的目标是净化后的烟气既能达到所需要的排放标准，又能使系统长期正常稳定地运行。覆膜滤料在大多数工业烟尘净化情况下能够满足这一要求，可以说覆膜技术从根本上转变了滤料的过滤方式，即由多种机理（拦截、惯性碰撞、扩散等机理）并存的传统纤维过滤转变为以筛滤为主的纤维表面过滤。简而言之，覆膜滤料简化了过滤机理。

就普通滤料来说，滤料的孔径分布范围较宽，小于滤料孔隙的粒子只能靠内部过滤作用，甚至许多小颗粒会直接从较大的孔隙透过滤料层，其过滤效率是不高的，如图 4-6 所示。但对于覆膜滤料，滤料表面的孔径分布范围很窄，即孔径大小较均匀，其中凡是粒径大于孔径的微粒 100% 被捕集。于是，对于工业烟尘，覆膜滤料一开始就是表面过滤起主导作用，随着粉尘层的形成，"尘滤尘"和覆膜滤料的筛滤作用还会增强对小于滤料孔

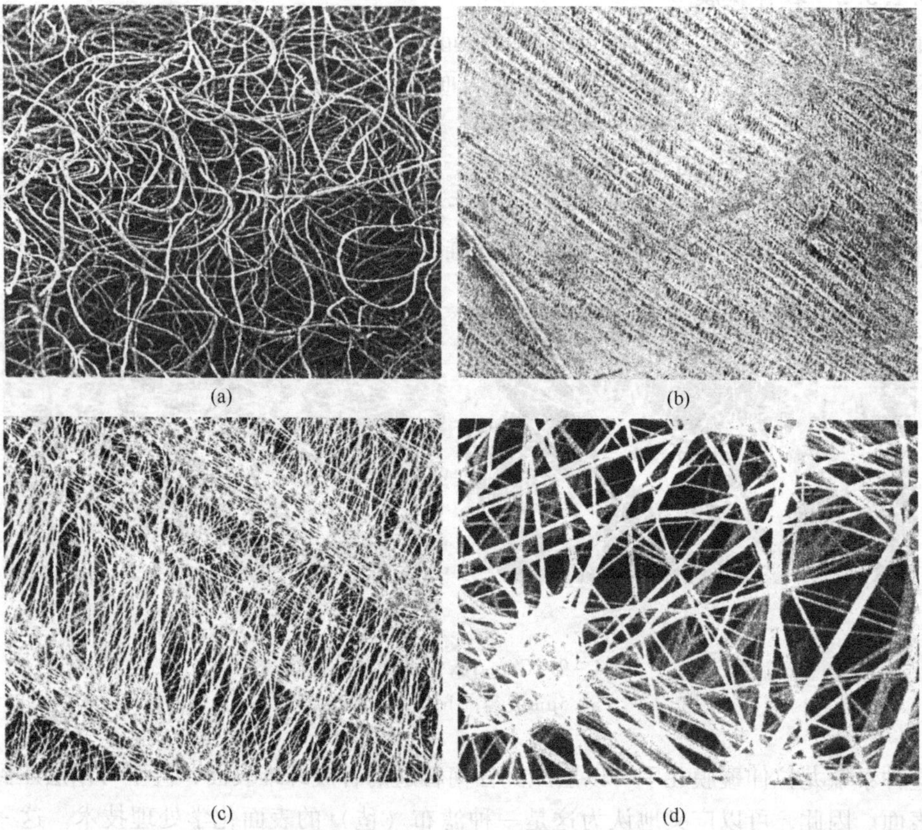

图4-10　聚酯纤维毡泰氟龙覆膜处理前后的表面微观形态比较

（a）原始聚酯纤维毡（15×）；（b）覆膜处理后（60×）；（c）覆膜处理后（600×）；（d）覆膜处理后（6000×）

径的微尘的除尘效率。覆膜滤料的优越性可概括为：

（1）覆膜滤料表面的微孔小而匀，能分离所有大于微孔直径的粉尘，所以烟尘净化效率高且稳定；

（2）覆膜滤料表面的微孔虽然微小但很密集，“开放”面积大，孔隙率高达90%，并且滤料内部无粉尘堵塞，气路“通畅”，所以覆膜滤料阻力小；

（3）覆膜滤料表面十分光洁，粉尘不易黏结，容易清灰，经进一步表面处理的覆膜滤料可以过滤黏性很强的粉尘，甚至可以过滤烟气湿度接近饱和的粉尘。

4.1.3.3　浸蚀覆膜

如果当放射裂变产物（微粒子）撞击并能穿透固体物质时，就能在材料上留下狭窄的通道。如果选用适当的聚酯膜作为辐射破坏靶，让浸蚀液作用持续进行，直到聚酯膜完全穿透，就形成了直通的多孔覆膜。

浸蚀覆膜的工艺原理如图4-11所示。首先，辐射粒子穿透聚酯（如聚碳酸酯）薄膜，产生很细的通道，浸蚀液（酸液）沿通道浸入膜中，通道被浸蚀并向下发展，直到形成圆柱状通孔。因此，浸蚀覆膜有多种名称，如称为“原子轨”覆膜和“毛细孔”覆膜等。

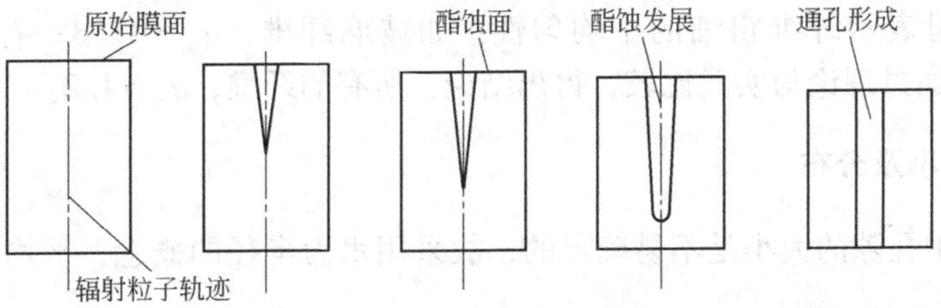

图 4－11 浸蚀覆膜的形成原理

浸蚀覆膜的外貌如图 4－12 所示。为了能形成垂直于膜面的毛细孔，需采用平行辐射粒子束，通常使用铀辐射源。孔密度是辐射时间的函数，但孔密度不能太高。单位面积覆膜上的孔太多，会使多孔覆膜的强韧性变弱，不易加工使用。另外，辐射微粒子的轰击是随机的，辐射时间长，在膜上轰击产生的轨道数增多，有些辐射粒子轨道会靠得很近，浸蚀液对相邻轨道的浸蚀作用可能会使产生的毛细孔连通或重叠，造成毛细孔大小不等。例如，对于聚碳酸酯，孔密度不到 10%。孔径大小取决于浸蚀液的强度和浸蚀时间。

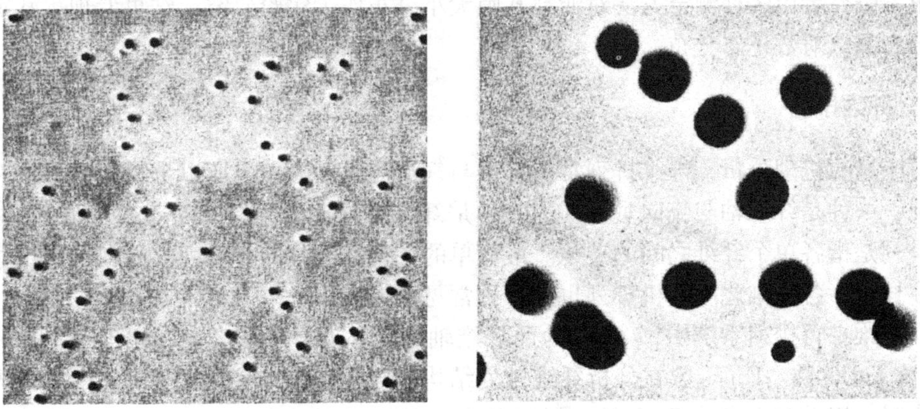

(a) (b)

图 4－12 浸蚀覆膜的等孔结构

（a）聚酯覆膜（孔径 0.2μm）；（b）有连通重叠孔的浸蚀覆膜（孔径 1μm）

和其他覆膜滤料相比，从表面上看，浸蚀覆膜才是真正意义上的孔状结构覆膜，也是最理想的筛滤覆膜。其对于某些气体或液体中微粒的分离是很有应用价值的，如对于细菌、微生物或大分子的过滤、分离和取样等。然而，正如图 4－12 中看到的那样，浸蚀覆膜的缺陷是覆膜滤料表面的微孔分布很稀疏，“开放”面积很小，孔隙率低，于是阻力会很大，单位面积处理气量（气布比）太小，因而在多数场合下，浸蚀覆膜不适合工业烟尘净化。

4.2 纤维的基本物理参数

4.2.1 纤维直径及分布

纤维直径是一个基本结构参数。纤维常近似为圆柱状，纤维直径分布分为直径相同的单分散性分布和直径不等的多分散性分布，对于玻璃纤维可用对数正态分布描述。几何标准偏差的大小可表示纤维粗细的不均匀性：如玻璃纤维，$\sigma_g = 1.88$；有机纤维，$\sigma_g = 1.66$。Dawson 通过理论与实践比较，得出结论：所有的纤维，$\sigma_g > 1.2$。

4.2.2 孔隙大小及分布

纤维滤料中孔隙的大小是不易确定的，故采用水力半径的概念，平均孔隙直径 λ_s 定义为：

$$\lambda_s = 4V_p/S \tag{4-1}$$

式中 V_p——孔隙体积；

S——过滤纤维总表面积。

平均孔隙直径还可表示为

$$\lambda_s = 4\varepsilon/S_0 \tag{4-2}$$

式中 S_0——纤维滤料比表面积。

$$S_0 = S/V_f \tag{4-3}$$

式中 V_f——过滤纤维总体积。比值 ε/S_0 称为水力半径。

很多研究者用多种测定方法对滤料孔隙大小分布作了实验研究，结果发现，孔隙水力半径分布服从对数正态分布。

4.2.3 纤维排列

对于过滤机理分析，纤维排列常指纤维与气流流向的夹角，所以分析中通常取两种极端情况：一种是纤维轴与流向垂直；另一种是纤维轴与流向平行。对于整个滤料层来说，纤维排列是指各单个纤维之间的夹角。最简单的一种情况是平行排列。滤料层纤维排列是多种多样的，各纤维之间随机排列也是一种常见的排列。

在纤维平行排列系统中，令 $2b$ 为两纤维轴间距，a 为纤维半径，比值 $Fu = 2a/2b = d_f/2b$ 称 Fuchs 数。Fuchs 数在分析纤维排列结构、流动特性有意义。Fuchs 得出：当雷诺数较小时，流动与雷诺数 Re 无关，但却取决于 Fu，显然，$0 < Fu \leqslant 1$。Fu 与纤维的孔隙率 ε 有关。

对于“无限多”纤维平行排列，称为一阶结构，孔隙率与 Fu 的关系为

$$\varepsilon = 1 - \frac{\pi}{4}Fu \tag{4-4}$$

对于“无限多”纤维相互呈十字排列，称为二阶结构，有

$$\varepsilon = 1 - \frac{\pi}{4}Fu^2 \tag{4-5}$$

对于纤维交叉（三角）排列，孔隙率 ε 变为

$$\varepsilon = 1 - \frac{\pi}{2\sqrt{3}}Fu^2 \tag{4-6}$$

对于纤维无序排列，Fuchs 给出：

$$\varepsilon = 1 - Fu^2 \tag{4-7}$$

4.2.4 纤维过滤的影响因素

影响烟尘纤维过滤过程的因素由三部分组成：气溶胶粒子、气体和孔隙介质。

气溶胶粒子对过滤过程的影响因素包括：粒径 d_p 和粒径分布、粒子形状和密度 ρ_p、带电量和介电常数、化学成分和粒子浓度。气体对过滤的影响因素有：流速 v_0、气体密度 ρ、绝对温度 T、压力 p、动力黏滞系数 μ 和湿度。

孔隙介质（纤维滤料）的特性主要有：滤料表面积和滤料厚度、纤维的尺寸和排列、滤料的孔隙率和比表面积、带电量和介电常数、化学成分。

上述所提到的所有因素都会对过滤器的基本性能——阻力 Δp 和效率 η 有影响。

4.2.5 比表面积与孔隙率的关系

比表面积 $S_0=S/V_f$ 与纤维滤料孔隙率 ε 的关系由 Sullivan 给出：

$$S_0=\frac{2(1-\varepsilon)}{a} \tag{4-8}$$

设 V_f 为滤料的体积，V_s 为纤维的体积，V_p 为孔隙体积，$V_f=V_s+V_p$，孔隙率定义为：

$$\varepsilon=\frac{V_p}{V_f}=1-\frac{V_s}{V_f}=1-\beta \tag{4-9}$$

式中 β——滤料充填率。对于高效滤料，充填率 β 是很小的（$\beta<20\%$）。

于是，由以上参数可得滤料的纤维总长

$$L_f=V_s/\pi a^2=\beta V_f/\pi a^2 \tag{4-10}$$

单位体积滤料的纤维长

$$l_f=\beta/\pi a^2 \tag{4-11}$$

4.3 单根纤维过滤机理

烟尘纤维过滤的净化机理主要有筛滤、惯性碰撞、拦截、扩散等效应，其次还有重力、静电力、热泳力作用等，如图4-13所示。在上述机理当中，静电效应是特殊的，气溶胶粒子通常都带有少量电荷，对于由运动摩擦、射线照射而自然荷电的尘粒，其带电量通常不到饱和电量的5%，因此，对过滤效果影响较小。但如果人为地采取预荷电方式，无论是给粉尘荷电还是使纤维荷电，静电效应对纤维过滤效率的影响都会非常显著，甚至占主导地位。所以，在这种情况下，必须考虑静电效应。

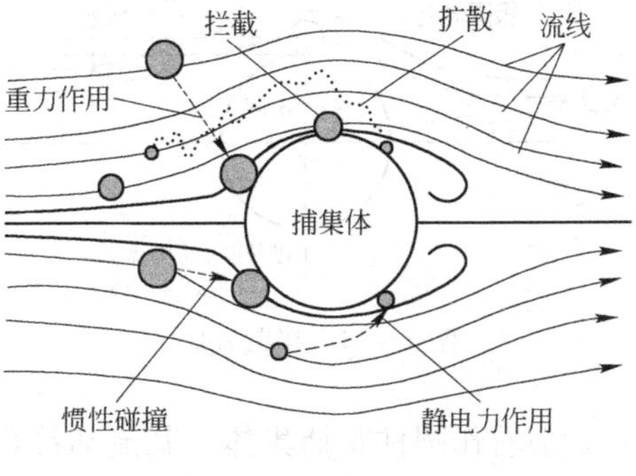

图4-13 烟尘纤维过滤净化机理

对于常规纤维滤料，气体中的粒子往往比过滤层的孔隙小得多，因此，通过筛滤效应收集粒子的作用是有限的。纤维过滤的高效主要体现在对微细粒子的捕集，如对呼吸性粉尘（PM5 以下）的捕集。重力沉降和惯性碰撞对大颗粒起作用，而对微细粒子的净化效率很低，另外，热泳力的净化作用也很微弱，故在以后的讨论中，对于常规纤维滤料，忽略筛滤、重力沉降、惯性碰撞和热泳等次要净化作用。

但对于以表面过滤为主的纤维滤料，如覆膜滤料，筛滤效应起着非常重要的初始净化作用，随着过滤过程的进行，则主要表现为沉积粉饼对烟尘的过滤作用。这种“尘滤尘”的净化机理也同样是以拦截、扩散和静电等效应为主。

分析过滤机理最简单的模型是把高孔隙率的滤料中某一根纤维看作孤立的圆柱体，忽略周围纤维的影响，设这一圆柱体无限长且与流向垂直。众多的研究者分析了绕孤立圆柱体的流动的流场。按 Navier-Stokes 方程得到的精确解太复杂而不便于应用，因此许多研究者先后提出了很多近似解。其中，常使用 Lamb 的近似解：

$$\psi = \frac{v_0}{2La}\left[2\ln\left(\frac{r}{a}\right) - 1 + \left(\frac{a}{r}\right)^2\right] r\sin\theta \tag{4-12}$$

式中 La——Lamb 常数。

$$La = 2 - \ln Re_f \tag{4-13}$$

式中 Re_f——绕直径 d_f 圆柱体流动的雷诺数。

$$Re_f = \frac{\rho v_0 d_f}{\mu} \tag{4-14}$$

式中 v_0——离捕集体“很远处”来流速度，m/s；

d_f——圆柱体直径，m，$d_f = 2a$。

4.3.1 拦截效应

拦截机理认为：粒子有大小而无质量，因此，不同大小的粒子都跟着气流的流线而运动，如图 4－14 所示。如果在某一流线上的粒子中心点正好使 $d_p/2$ 能接触到捕集体（捕尘体），则该粒子被拦截，这根流线就是该粒子的运动轨迹，此流线以下范围为 b、大小为 d_p 的所有粒子均被拦截。于是，这根流线是捕集体最远处能被拦截粒子的运动轨迹，称极限轨迹。如果知道绕圆柱体流动的流线方程，可以容易地推导出拦截效率计算公式。

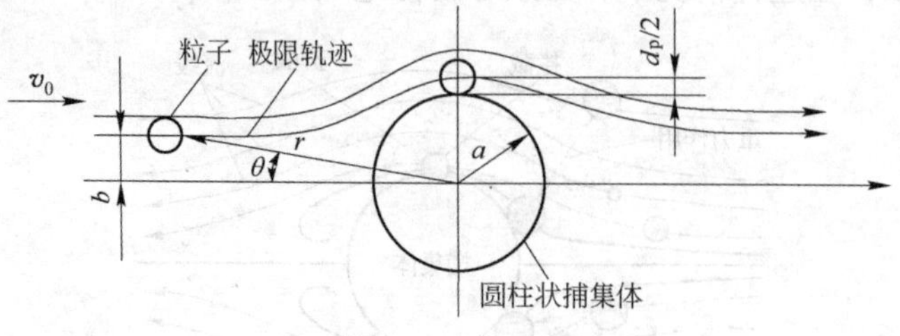

图 4－14 拦截效应

对于纤维过滤，纤维可近似看作圆柱状捕集体，其流动符合小雷诺数黏性流的情况。用式(4－12)容易得出其拦截效率为

$$\eta_R = \frac{1}{La}\left[(1+G)\ln(1+G) - \frac{G(2+G)}{2(1+G)}\right] \tag{4-15}$$

式中 G——拦截参数。

$$G = d_p / d_f \tag{4-16}$$

4.3.2 惯性碰撞

开始时，粒子沿流线运动，绕流时，流线弯曲，有质量为 m 的粒子由于惯性作用而偏离流线，与捕集体相撞而被捕集，最远处能被捕集的粒子的运动轨迹是极限轨迹，如图 4-15 所示。

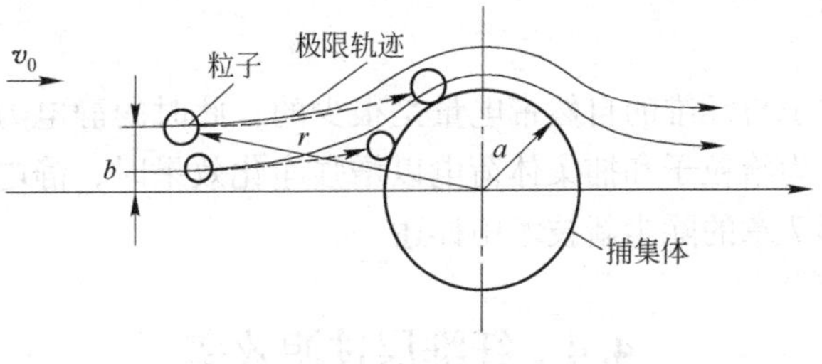

图 4-15 粒子惯性碰撞的运动轨迹

研究者发现，用极限轨迹法理论确定惯性碰撞除尘效率是困难的。到目前为止，人们只知道惯性冲击分级器分级效率是斯托克斯数 S_{tk}［式(3-30)］的函数。于是提出许多经验式，如 Landahl 和 Herman 得出对于绕直径 d_f 圆柱体流动的雷诺数 Re_f 约为 10 左右的惯性碰撞效率经验式有较好的近似

$$\eta_I = \frac{S_{tk}^3}{S_{tk}^3 + 0.77S_{tk}^2 + 0.22} \tag{4-17}$$

此式在常规纤维过滤中是适用的。

4.3.3 扩散效应

对于纤维过滤，如果粒子不带电，从某种意义上讲，扩散效应是最主要的净化机理。粒子越小，布朗运动越剧烈，扩散沉降作用越显著。当粒子直径 $d_p < 0.1\mu m$ 时，扩散沉降效率的理论值超过 50%。而其他机理的收集效率趋于 0，如图 4-16 所示。研究表明，对于 $d_p \leqslant 0.1\mu m$ 的粒子，扩散机理起主导作用，这就是纤维过滤能有效收集亚微米粒子的主要原因。

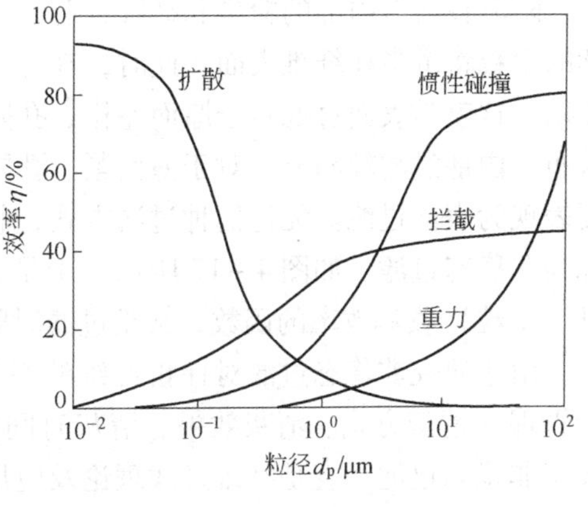

图 4-16 不同机理的净化效率

由于扩散过程的影响因素复杂，要得到精确的理论解尚有困难。但对扩散作用的认识是明确的：扩散效率是绕直径 d_f 柱状纤维流动的雷诺数 Re_f 和皮克列特（Peclet）数 Pe

的函数。

对于纤维过滤，过滤风速是很低的（一般小于 0.05m/s），处在 $Re_{\mathrm{f}} < 1$，$Pe >> 1$ 的范围。对于这种大 Pe 值，单根纤维的扩散效率有半经验计算式

$$\eta_{\mathrm{D}} = C \frac{1}{La^{1/3}} Pe^{-2/3} \tag{4-18}$$

式中 C——经验系数，$C = 1.75$（Langmuir），$C = 2.22$（Friedlander），$C = 2.92$（Natason）。

对于粒径小于 0.1μm 的粒子，Langmuir 的结果较合理，对于 0.1 ~ 1μm 的粒子，Natason 的结果较接近实际；Friedlander 的结果介于前两者之间。

4.3.4 静电效应

第 1 章提到，粒子与纤维的自然带电量是很少的，此时的静电力作用可以忽略不计。但是，当有意识地人为给粒子和捕集体荷电以增强净化效果时，静电力作用将非常明显。关于静电效应将在第 7 章的除尘新技术中详述。

4.4 纤维层过滤效率

前面描述了孤立捕集体和周围有圆柱状捕集体影响的单根纤维对粒子的捕集效率。但在实际应用中，纤维层都是以很多捕集体的集合形式而存在的。因此，纤维层的收集效率是多个孤立捕集体的群体贡献。

纤维层过滤是目前最主要的烟尘净化方法之一。近几年来，在世界范围内，纤维过滤器的应用，无论在数量上还是在投入上，都较其他除尘设备有更快的增长速度。特别是覆膜技术（在滤料表面覆盖一层多微孔、极光滑的 E—PTFE 薄膜，即膨体聚四氟乙烯薄膜）的应用推广，具有陶瓷覆膜的高温陶瓷纤维滤料的出现，使纤维层过滤效率更高、清灰效果更好、耐温更高，甚至可以净化有一定黏性的烟尘，从而进一步促进了纤维过滤技术的发展。

纤维层过滤分两种过滤方式：内部过滤和表面过滤。内部过滤又称深床层过滤，首先是含尘气体通过洁净滤料，这时，起过滤作用的主要是纤维，因而符合纤维过滤机理；然后，阻留在滤料内部的粉尘和纤维一起参与过滤过程。当纤维层达到一定的容尘量后，后续的尘粒将沉降在纤维表面，此时，在纤维表面形成的粉尘层对含尘气流将起主要的过滤作用，这就是表面过滤对于厚而蓬松、孔隙率较大的过滤层，如针刺毡、未经表面处理的绒布，内部过滤较明显；对于薄而紧、孔隙率较小的过滤层，如编织滤布、覆膜滤料，主要表现为表面过滤。无论何种过滤方式，收集效率和过滤阻力都随时间而变化。这一现象称为非稳态过滤，如图 4 - 17 所示。于是，过滤层的除尘效率既是孤立捕集体（单根纤维、尘粒）收集效率的函数，又是过滤时间的函数。

由于研究非稳态过滤对评价纤维滤料的收尘性能（效率、粉尘载荷、压损等）和运行管理（清灰方式、清灰效果、清灰时间控制、滤料使用寿命等）具有重要意义，所以关于非稳态过滤一直是纤维过滤理论及应用中的一个重要研究课题，许多学者提出了非稳态过滤的效率和压力损失的数学模型，其中，关于内部过滤的非稳态过滤研究的比较成

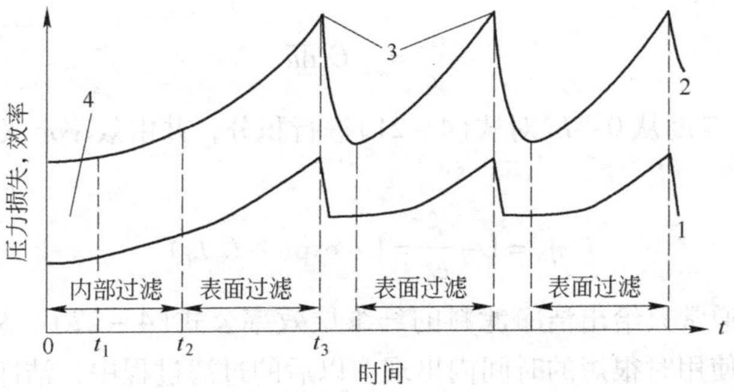

图4-17 纤维层收集效率和过滤随过滤时间变化的非稳态过滤

1—阻力变化曲线；2—效率变化曲线；3—清灰；4—洁净滤料

熟，而表面非稳态过滤的研究较少，同时还存在着建模方法不完善、表达式较复杂、某些参数难以确定等问题。

4.4.1 纤维层稳态过滤

过滤过程分三个阶段，如图4-17所示：洁净滤料的稳态过滤（时间$0 \sim t_1$）、含尘滤料的非稳态过滤（时间$t_1 \sim t_2$）和滤料表面有粉尘层的表面非稳态过滤（时间$t_2 \sim t_3$）。传统的过滤理论主要考虑洁净滤料和含尘滤料的过滤阶段。

对于洁净滤料的过滤理论有两个基本假设条件：

（1）粒子一旦与收集表面接触就被捕集。

（2）沉降在纤维表面的粒子不再影响后续的过滤过程。在这种过程中，两个基本参数——过滤效率和压力损失都与时间无关，即过滤过程是稳态的。

洁净滤料开始过滤时，表现为内部过滤，粒子进入滤料内部，随过滤过程的进行，沉积在滤料中的粒子如同球形捕尘体，开始与纤维一起，共同参与对后续粒子的收集作用。

设滤料充填率为β，纤维直径$2a$，过滤层迎风面积A，层厚L，气溶胶进入纤维层前的速度v_0，浓度为c_0。在如图4-18所示的滤料中取微元体，厚$\mathrm{d}h$。粒子在此微元体内的浓度为c。单一纤维各过滤效应的综合收集效率为η_1。在面积为A的微元体$\mathrm{d}h$内，纤维总长$L_f = \beta A\mathrm{d}h/\pi a^2 L_f$，则粒子在单位时间内在微元体纤维上的沉降量为

$$2avL_f c\eta_1 = 2ac\eta_1 v\beta A\mathrm{d}h/\pi a^2 \tag{4-19}$$

式中 v——纤维层中的气流速度，$v = v_0/(1-\beta)$。

当含尘气流通过面积为A的洁净滤料纤维层时，在单位时间内气流中粒子的减少量为$-Av_0\mathrm{d}c$，此量应等于在微元体纤维上的沉降量

$$-Av_0\mathrm{d}c = 2ac\eta_1 \frac{v_0}{1-\beta}\frac{\beta A\mathrm{d}h}{\pi a^2}$$

令

$$C_1 = \frac{2\eta_1}{\pi a}\frac{\beta}{1-\beta} \tag{4-20}$$

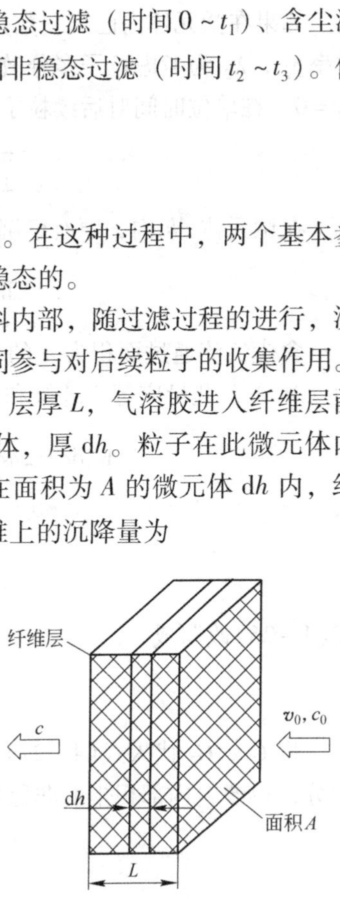

图4-18 洁净滤料纤维层内部稳态过滤

式(4-20)可写成

$$\frac{dc}{c}=-C_1dh \tag{4-21}$$

浓度从 $c_0\to c$，厚度从 $0\to L_f$ 对式(4-21)进行积分，并由效率定义得到洁净滤料的纤维层除尘效率公式

$$\eta_0=1-\frac{c}{c_0}=1-\exp(-C_1L_f) \tag{4-22}$$

以往的教科书通常只给出洁净滤料的纤维层效率公式(4-22)。从实际应用情况看，洁净滤料只在开始使用时很短的时间内出现，以后的过滤过程中，洁净滤料不复存在，非稳态过滤贯穿整个过滤过程。因此，洁净滤料的纤维层效率公式无太大实用价值，但它是分析非稳态过滤的基础。

4.4.2 纤维层非稳态过滤

当滤料内部沉积粉尘粒子后，在滤料中的粉尘粒子如同球形捕尘体，开始与纤维一起共同过滤含尘烟气中的粒子。出现了“尘滤尘”现象。由于随时间的增加，粉尘的沉积量是连续增多的，除尘效率会随时间改变，出现了内部过滤的非稳态过程。

如果在微元体内已沉积数量为 W 个粒子，这些粒子变为捕尘体，设单一粉尘的收集效率 η_2，λ_2 为考虑粒子多分散性、非球形及相互影响的修正系数，当无试验数据时，取 $\lambda_2=0$。在单位时间对后续粒子的捕集量为

$$\frac{\pi}{4}d_p^2Wvc\lambda_2\eta_2=\frac{\pi}{4}d_p^2W\frac{v_0}{1-\beta}c\lambda_2\eta_2 \tag{4-23}$$

在微元体 dh 内，原有已沉积的粒子数 W 是纤维过滤经历了时间 t 后才形成的，于是

$$W=2ac\eta_1\frac{v_0}{1-\beta}\frac{\beta A dh}{\pi a^2}t=C_1Actdh \tag{4-24}$$

含尘气流通过面积为 A 的非洁净滤料纤维层时，在单位时间内气流中粒子的减少量为 $-Av_0dc$，此量应等于纤维和已沉积粒子共同捕集的粒子量，即

$$-Av_0dc=2ac\eta_1\frac{v_0}{1-\beta}\frac{\beta A dh}{\pi a^2}+\frac{\pi}{4(1-\beta)}v_0d_p^2C_1Ac^2t\lambda_2\eta_2dh \tag{4-25}$$

令

$$C_2=\frac{\pi}{4\ (1-\beta)}d_p^2\lambda_2\eta_2 \tag{4-26}$$

式(4-26)改写成

$$\frac{dc}{c}=-C_1(1+C_2ct)dh \tag{4-27}$$

将 C_1、C_2 代入式(4-27)，同理，在浓度从 $c_0\to c$，厚度从 $0\to L_f$ 对式(4-27)进行积分，得滤料内部积尘的非稳态过滤效率

$$\eta_A=1-\frac{1-\eta_0}{1+\dfrac{\pi\eta_2\lambda_2v_0tc_0}{4(1-\beta)^2}d_p^2\eta_0} \tag{4-28}$$

显然，当 $t=0$ 时，式(4-28)为洁净滤料的过滤效率 $\eta_A=\eta_0$。于是，稳态过滤可看

成是非稳态过滤的一个特例。

4.5 纤维层压力损失

纤维滤料的压力损失和效率同等重要，有时压力损失更为重要。因为，要使某一滤料达到预计的效率并不困难，但要使设计的压力损失与实际一致是很困难的，过高的压力会使该滤料无法使用。

4.5.1 单根纤维阻力

讨论纤维阻力的意义在于可用于纤维滤料压力损失的计算。设 F 是作用于单位长纤维上流体的阻力。定义一个无量纲的阻力 F^* 是有用的

$$F^* = F/\mu v_0 \tag{4-29}$$

因阻力系数 C_s 定义为

$$F = C_s d_f \frac{\rho_g v_0^2}{2} \tag{4-30}$$

所以无量纲阻力还可写成

$$F^* = \frac{1}{2} C_s Re \tag{4-31}$$

Lamb 和 Davies 分别研究了绕孤立圆柱体流动的阻力，得到相同的结果

$$F^* = \frac{4\pi}{2 - \ln Re} \tag{4-32}$$

对于绕圆柱群相互平行的二阶结构流动的阻力，Kuwabara 用胞壳模型（速度自由边界条件）导出

$$F^* = \frac{4\pi}{-\frac{3}{4} - \frac{1}{2}\ln\beta + \beta - \frac{1}{4}\beta^2} \tag{4-33}$$

Happel 用胞壳模型（剪力自由条件）导出

$$F^* = \frac{4\pi}{-\frac{1}{2} - \frac{1}{2}\ln\beta + \beta^2/(1+\beta^2)} \tag{4-34}$$

4.5.2 洁净纤维层压力损失

通常，过滤发生在低速流中，所以可用 Darcy 公式

$$\Delta p = \frac{1}{k^*} \mu v_0 L \tag{4-35}$$

式中 k^*——纤维渗透系数；

L——纤维层厚度，m。

其他符号意义同前。

取 X 为无量纲阻力系数

$$X = \frac{a^2 \Delta p}{\mu v_0 L} = \frac{a^2}{k^*} \tag{4-36}$$

压力损失与作用在单位长度的阻力 F 的关系为

$$\frac{\Delta p}{L}=F\frac{\beta}{\pi a^2}=F^*\frac{\mu v_0\beta}{\pi a^2} \tag{4-37}$$

用前面的任何一个无量纲阻力 F^* 就能计算压力损失 Δp。用无量纲阻力系数 X 定义式(4-36)来表达压力损失有其方便之处。Fuchs 和 Stechkina 分别应用 Kuwabara 和 Happel 的表达式(4-33)和式(4-34)推导出纤维相互平行情况下高孔隙率滤料的无量纲阻力系数 X

$$X=\frac{4\beta}{-C-\frac{1}{2}\ln\beta} \tag{4-38}$$

对 Kuwabara 模型，$c=0.75$。对 Happel 假设，$c=0.5$。Fuchs 和 Stechkina 通过实验数据比较后认为，取 $c=0.5$ 更接近实际。

还有许多计算无量纲阻力系数的经验式与半经验式。Sullivian Hertel 把描述纤维滤料压力损失的 Kozeny-Carman 公式表示为

$$X=\frac{22\beta^2}{(1-\beta)^3} \tag{4-39}$$

但 Brinkman 指出，该式只能用于填充率 $\beta>0.12$ 的情况。Davies 根据实验数据得出的虽然是经验式，但很接近实际

$$X=16\beta^{3/2}(1+56\beta^3) \tag{4-40}$$

于是，得到无量纲阻力系数 X 后，就可用式(4-36)计算滤料压力损失。

例 4-1 在常温常压下，已知过滤风速 $v_0=0.05\text{m/s}$，纤维层充填率为 $\beta=0.5$，纤维层厚度 $L=2\text{mm}$，纤维直径 $d_f=2a=30\mu\text{m}$。试计算洁净纤维层的压力损失。

解： 由式(4-40)，无量纲阻力系数 X 为

$$X=16\beta^{3/2}(1+56\beta^3)=16\times0.5^{3/2}(1+56\times0.5^3)=45.3$$

由式(4-36)得洁净纤维层的压力损失

$$\Delta p=\frac{\mu v_0L}{a^2}X=\frac{1.85\times10^{-5}\times0.05\times2\times10^{-3}}{15^2\times10^{-12}}\times45.3=373\text{Pa}$$

4.5.3 纤维层非稳态压力损失

过滤层压力变化和过滤效率一样是一个动态过程，如图 4-17 所示。分析时按两部分考虑：洁净滤料压损和含尘滤料压损。建立压力损失数学模型的意义不仅在于对设备能耗评价、选择动力设备，更重要的是滤料压损的变化与滤料中的积尘量有直接联系，从而可利用压损模型实现清灰过程的自动控制。

纤维层非稳态过滤的压力损失的分析方法可分为微观分析法和宏观分析法。

4.5.3.1 微观分析法

微观分析法是先从单根纤维和单一尘粒受力分析入手，再累加以求总压力损失的方法。采用微观分析法所得到的压力损失为

$$\Delta p=\frac{\mu v_0L}{a^2}X+\xi\frac{c_0}{\tau\varepsilon_p}v_0^2t \tag{4-41}$$

式中　ξ——考虑粒子分散度、球形度及相互间影响的修正系数，在无实验数据的情况下可取$\xi \approx 1$；

τ——张弛时间，s。

其他符号意义同前。

式(4-41)右侧第一项为洁净滤料压力损失，其理论与实验研究已非常成熟，用式(4-36)可较准确地计算洁净滤料的压力损失，见例4-1。在式(4-41)右侧第二项中，只有纤维层上沉积尘孔隙率ε_p较难测定，可以用堆积尘的孔隙率近似替代。于是，理论计算动态压力损失既容易又足够精确。

4.5.3.2　宏观分析法

宏观分析法是以整个纤维滤料层考虑，而不分析单根纤维和单一尘粒的阻力大小。其理论基础是达西公式(4-35)。采用宏观分析法所得到的压力损失为

$$\Delta P = \zeta_1 L v_0 + \zeta_2 c_0 v_0^2 t \tag{4-42}$$

式中　ζ_1，ζ_2——常数，ζ_1和ζ_2可由实验确定。

比较式(4-41)和式(4-42)，可发现微观分析法和宏观分析法所揭示的纤维滤料层的过滤压力损失变化规律是一样的。作为机理分析，常用微观分析法。作为实际应用，人们更喜欢使用宏观表达式。其原因是：对于特定的滤料，式(4-42)中的常数ζ_1和ζ_2容易通过实验确定。

4.6　袋式除尘器的结构形式

4.6.1　袋式除尘器的分类

典型的袋式除尘器主要由尘气室、净气室、滤袋、清灰装置、灰斗和卸灰装置等组成。袋式除尘器的结构形式多种多样，按其特点可进行不同的分类。

（1）按滤袋形状分圆袋和扁袋。大多数袋式除尘器都采用圆形滤袋。圆袋受力均匀，支撑骨架及连接简单，清灰所需动力较小，检查维护方便。圆形滤袋直径通常采用ϕ120～300mm。袋长2～10m。袋径过小，气流的流动受影响；袋径过大则受滤料幅宽和加工制作的限制。增加滤袋长度，可节约占地面积，但过长会影响脉冲喷吹式、机械回转反吹袋式除尘器的清灰效果，同时，也会增加滤袋顶部的张力，使该处易于破损。

扁袋的形式较多，图4-19所示是回转反吹袋式除尘器中常见的一种扁袋形式。扁袋内部设有骨架（或弹簧）。扁袋布置紧凑，可在同样体积空间布置较多的过滤面积，一般能节约空间20%～40%。但扁袋结构较复杂，制作要求较高，清灰效果常不如圆袋。

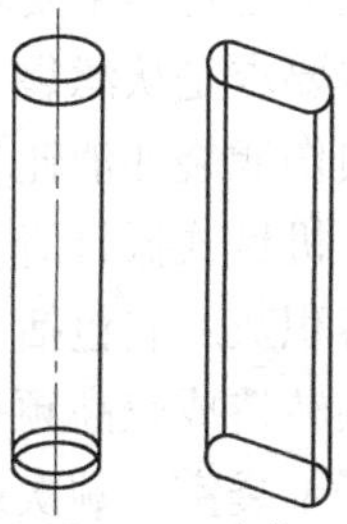

图4-19　滤袋的形状

（2）按进气口位置分下进气和上进气。下进气方式含尘气体从滤袋室底部或灰斗上部进入除尘器，如图4-20（a）和（b）所示。这种除尘器结构较简单，但是在袋室中气体自下而上，与清落粉尘的沉降方向相反，容易使粉尘重返滤袋表面，影响清灰效果，并增加设备阻力。

上进气方式含尘气体从袋室上部进入除尘器，如图4－20（c）所示。粉尘沉降方向与气流流动方向一致，有利于粉尘沉降。但是滤袋需设置上、下两块花板，结构较复杂，且不易调节滤袋张力。

（3）按滤尘方向分外滤式和内滤式。外滤式含尘气体由滤袋外侧向滤袋内侧流动，粉尘被阻留在滤袋外表面，如图4－20（a）所示。外滤式可采用圆袋或扁袋，袋内需设置骨架，以防滤袋被吸瘪。脉冲喷吹，高压气流反吹等清灰方式多用外滤式。

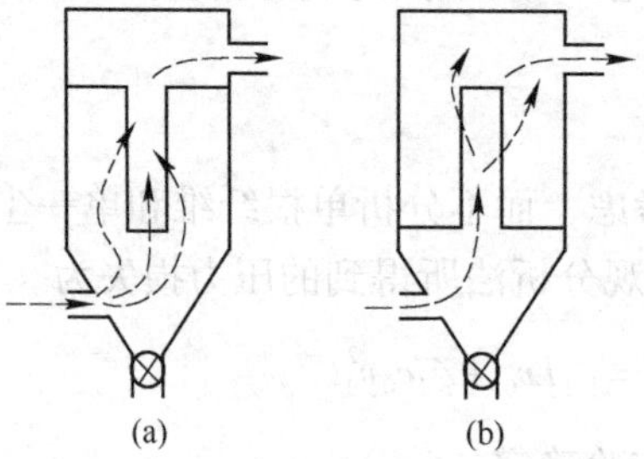

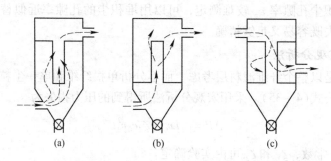

图4－20 袋式除尘器的进气方式和滤尘方式

（a）下进气外滤式；（b）下进气内滤式；（c）上进气内滤式

内滤式含尘气体由滤袋内侧向滤袋外侧流动，粉尘被阻留在滤袋内侧表面，如图4－20（b）和（c）所示。圆袋、机械振打、逆气流、气环反吹等清灰方式多用内滤式，内滤式因滤袋外侧是清洁气体，当被过滤气体无毒且温度不高时，可在不停机情况下进入袋室内检修，且一般不需要支撑骨架。内滤式圆袋的袋口气流速度较大，若气流中含有粗颗粒粉尘，则会严重磨损滤袋。

（4）按通风方式分吸出式和压入式。吸出式（负压式）除尘器设在风机负压段，除尘器内空气被风机吸出形成负压，吸出式除尘器必须采取密闭结构。风机吸入的是净化后的气体，因而风机叶轮磨损较小，并且不易发生因附着粉尘而产生风机的喘振等故障，当用于处理高温、有毒气体时，除尘器本身也易于采取保温及防护措施。

压入式（正压式）除尘器设在风机正压段，含尘气体流经风机压入除尘器，使除尘器在正压下工作。压入式除尘器净化后的气体可直接排到大气中，净化则不需采用密封结构，构造简单，节省管道。但因含尘气体通过风机，风机叶片磨损较大，当粉尘腐蚀性和附着性都较强或含尘浓度大于$3g/m^3$时不宜使用。对处理高湿和有毒气体较为不利。

（5）按清灰方式分机械振动、逆气流反吹、脉冲喷吹等。清灰是保持袋式除尘器长期正常运行的主要环节。所以，在上列分类方法中，最通用的是按清灰方式分类。清灰的基本要求是从滤袋上迅速而均匀地剥落沉积的粉尘，同时又要求能保持一定的粉尘层以及不损伤滤袋和消耗较少的动力。

机械式振打清灰方式是利用机械装置振打或摇动悬吊滤袋的框架，使滤袋产生振动而清落积灰。它包括人工振打、机械振打和高频振打等方式。图4－21是一种利用偏心轮高速旋转造成较高频率的振动清灰方式。振动清灰时要求停止过滤，因而常常将除尘器分隔成若干袋室，顺次逐室清灰，以保持除尘器的连续运行。机械清灰方式的机械结构简单，运行可靠，但清灰作用较弱，而且往往损伤滤袋（特别是袋口连接处）。目前这种方式采用的越来越少。

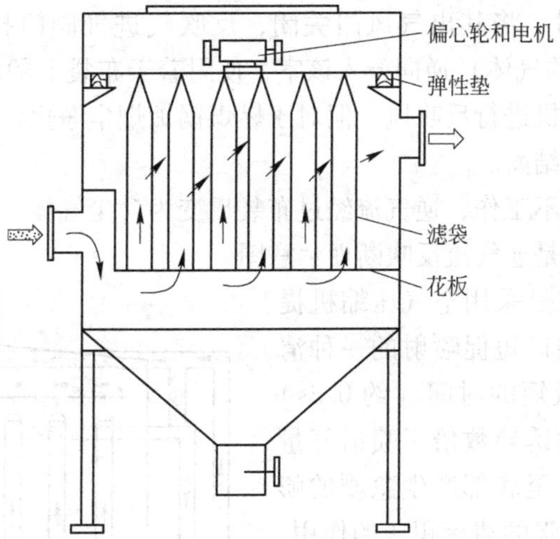

图 4－21 机械振动袋式除尘器

逆气流清灰方式是利用与过滤气流相反的气流，使滤袋产生变形并使之产生振动而使粉尘层脱落。反向气流的作用只是引起附着于滤袋表面的粉尘脱落的原因之一，更主要的原因是滤袋变形导致粉尘层脱落。逆气流清灰也多采用分室工作制，利用阀门自动开闭，逐室地产生反向气流。反向气流可由系统主风机供给，或有专设的反吸（吹）风机供给。逆气流清灰在整个滤袋上的气流分布较均匀，振动不剧烈，对滤袋的损伤较小，但清灰作用较弱，因而允许的过滤风速较低。某些逆气流清灰装置设有产生脉动左右的机械结构（如自动开、闭阀门），便可给反向气流以脉动作用，从而会增加清灰能力。若采用部分滤袋逐次清灰时，则不采用分室结构。

逆气流反吹袋式除尘器也称反吹类袋式除尘器，主要有反吹风、反吸风及喷嘴反吹袋式除尘器。喷嘴反吹袋式除尘器包括回转反吹、往复反吹和气环滑动反吹等几种形式。目前，在反吹类袋式除尘器中，反吹风和机械回转这两种袋式除尘器应用较多，而其他几种反吹方式已很少使用了。

图 4－22 是反吹风除尘系统示意图。该系统分 4 个室，也可看作 4 台除尘器并联。如

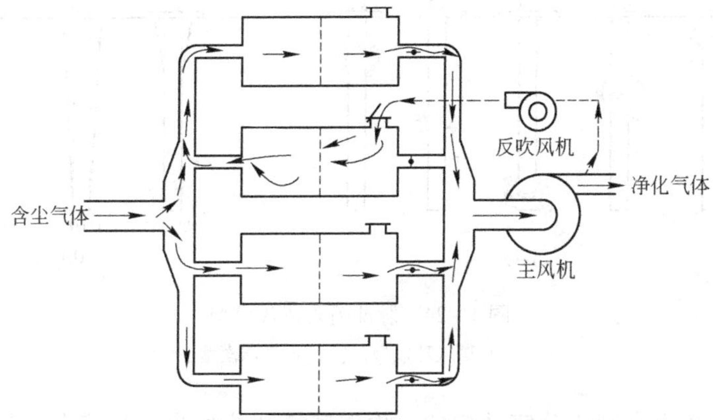

图 4－22 逆气流反吹风除尘系统示意图

果其中一室需要清灰时，将其出气风门关闭，反吹气进气阀门打开，由风机将反吹气（通常是本系统净化后的气体）逆向鼓入该室，使附着于布袋上的粉尘脱落。另外，也可以另设风机或空气压缩机进行反吹风。但对于燃煤锅炉烟尘净化，应采用本系统净化后的气体，以免用冷气导致结露。

处于清灰的布袋室不工作，逆气流经过布袋后变为含尘气体，混入到入口烟气中进入其他室净化。图4－23是逆气流反吹断面示意图。

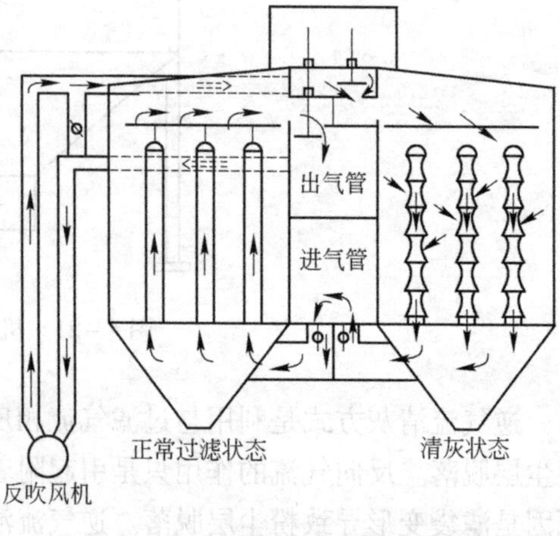

图4－23 逆气流反吹断面示意图

脉冲喷吹清灰方式是采用空气压缩机提供的高压气体向柱状袋口短促喷射的一种清灰技术。压缩空气在极短的时间（约0.2s）内高速喷入滤袋，同时诱导数倍于喷射气量的空气，将滤袋由袋口至底部产生急剧的膨胀和冲击振动，产生很强的清落积灰的作用。在滤袋袋口大多装有引射器加强诱导作用，也有不装引射器，直接利用袋口起引射作用的。一般多采用脉冲喷吹气流与净化气流反向的逆喷方式。喷吹时，因为是依次逐排地对滤袋清灰，而且喷吹时间短，被清灰的滤袋虽然不起过滤作用，但其占总滤袋的比例很小，几乎可以将过滤看作是连续的，因而通常不采取分室结构。脉冲喷吹清灰作用很强，而且其强度和频率都可以调节，清灰效果很好，可以允许采用较高过滤风速。一般认为脉冲高压气流的传播呈球状，如图4－24(a)所示，圆气球传到底部后反弹，气球的下、上运动导致布袋变形，使粉尘剥落。Dennis 和 Hovis 认为高压气流的传播形式为长气球模型，如图4－24(b)所示。高压气流使布袋由上至下逐渐变形鼓胀，当气阀关闭，袋内气压减弱，布袋回陷，这种快速的膨胀收缩作用，使粉尘振落。通过压差变化和布袋变形的实验研究表明，脉冲喷吹清灰机理使上述两种模型的复合更合理。脉冲喷吹清灰最重要的参数是喷吹时间，喷吹时间通常少于0.2s。

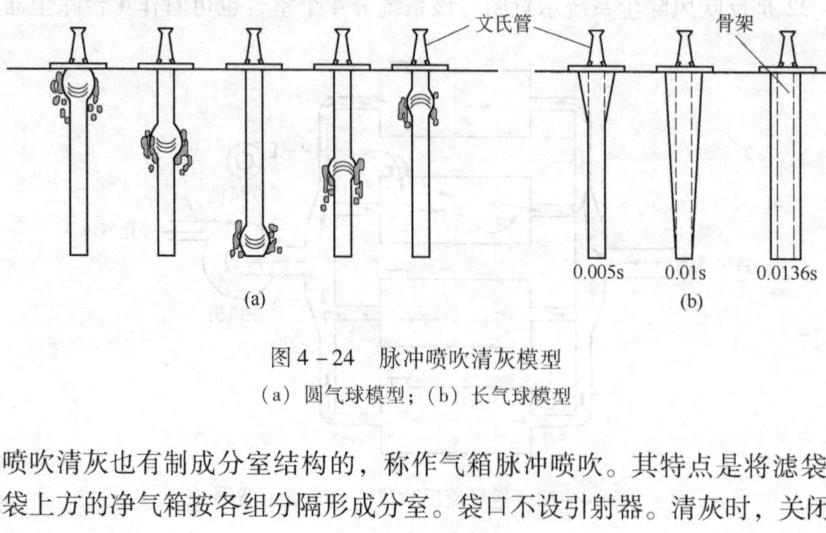

图4－24 脉冲喷吹清灰模型

（a）圆气球模型；（b）长气球模型

脉冲喷吹清灰也有制成分室结构的，称作气箱脉冲喷吹。其特点是将滤袋分成若干组，将滤袋上方的净气箱按各组分隔形成分室。袋口不设引射器。清灰时，关闭排气口阀门，从一侧向分室喷射脉冲气流，气流从分室进入滤袋，达到清灰的目的，清灰按室顺序逐步进行。

脉冲袋式除尘器的基本结构如图 4－25 所示，它主要由上箱体（移动盖板和出风口）、中箱体（多孔板、滤袋装置和文氏管）、下箱体（进风口、灰斗和检查门）、排灰系统（减速装置和输灰、排灰装置）、喷吹系统（控制仪、控制阀、脉冲阀、喷吹管、气包和防护装置）五部分组成。

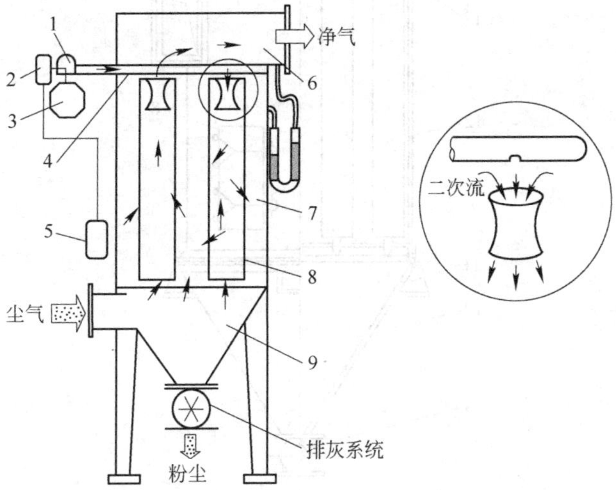

图 4－25 脉冲袋式除尘器工作原理示意图

1—脉冲阀；2—控制阀；3—气包；4—喷吹管；5—控制仪；
6—上箱体；7—中箱体；8—滤袋；9—下箱体

含尘气体由除尘器进风口进入下、中箱体，通过滤袋，粉尘被阻留在滤袋上，而气体穿过滤袋由文氏管进入上箱体，从出风口排出。随着过滤时间增加，沉积在滤袋上的粉尘越来越多，使滤袋的阻力逐渐增加，为了使除尘器能正常工作，把阻力控制在限定范围内(一般为 1200 ~ 1500Pa)。当阻力升到设定上限值时，由控制仪发出指令按顺序触发各控制阀，开启脉冲阀。气包内的压缩空气由喷吹管各孔经文氏管喷射到各对应的滤袋内，滤袋在气流瞬间反向作用下急剧膨胀，使堆积在滤袋表面的粉尘脱落。被清掉的粉尘落入灰斗经排灰系统排出机体。

除上述三种传统的袋式除尘器外，一种称为回转反吹袋式除尘器的工业应用也相当普遍。它与逆气流反吹类似，采用提供反吹气流鼓风机。不同的是反吹气流由袋内向袋外流动，这与脉冲喷吹袋式除尘器相同，其特点是占线清灰。还有一种相似的回转反吹袋式除尘器使用低压压缩空气脉冲，来自储气罐的压缩空气通过闪动电磁阀提供，如图 4－26 所示。当回转臂喷孔对准扁袋口时喷射持续时间约 0.5s 的脉冲气流。运行结果表明，这种形式的回转反吹袋式除尘器有很好的收尘性能。回转反吹袋式除尘器主要适用于中等烟气量(1 ~ 50000m^3/h)的净化。

4.6.2 袋式除尘器的选型

袋式除尘器净化烟尘的浓度范围在 0.1 ~ 100g/m^3 之间，可过滤小到亚微米的烟尘。

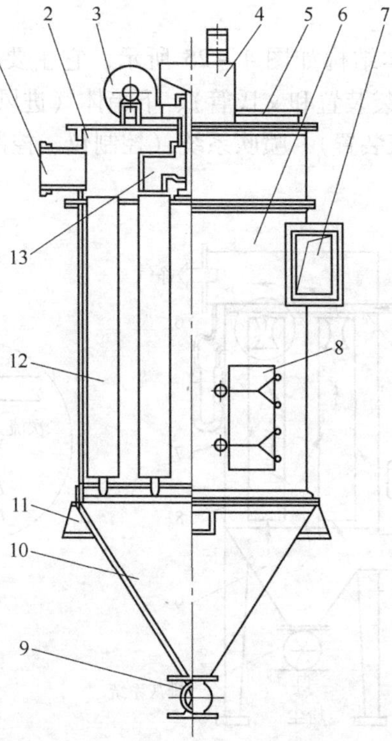

图 4-26 回转反吹袋式除尘器

1—净气出口；2—上箱体；3—反吹电机；4—步进回转机构；5，8—检修人孔；6—中箱体；7—烟气入口；9—星形卸灰阀；10—灰斗；11—支座；12—滤袋；13—反吹回转臂

由于目前国内外袋式除尘器生产厂家和经销商众多，关于袋式除尘器的设计与制造已非常规范。因此，对于用户和环保工作者来说，他们所关心的主要问题不是袋式除尘器的设计，而是了解或改进袋式除尘器的性能以及合理地选择袋式除尘器。

在选用袋式除尘器时应主要考虑以下因素：

(1) 处理风量。袋式除尘器的处理风量必须满足系统设计风量的要求，并考虑管道漏风系数。系统风量波动时，应按最高风量选用袋式除尘器。对于高温烟气来说，应按烟气温度折算到工况风量来选用袋式除尘器。

(2) 使用温度。袋式除尘器的使用温度应按长期使用温度考虑，为防止结露，一般应保持除尘器内的烟气温度高于露点 15～20℃。在净化温度接近露点的高温气体时，应以间接加热或混入高温气体等方法降低气体的相对湿度。

对于高温尘源，必须将含尘气体冷却至滤料能承受的温度以下。在高温烟气中往往含有大量水分子和 SO_x，鉴于 SO_x 的酸露点较高，确定袋式除尘器的使用温度时，应予特别的注意。

(3) 气体的组成。被处理气体中含有可燃性、腐蚀性以及有毒性气体时，必须掌握气体的化学成分。而一般情况下，则可按照处理空气来选用袋式除尘器。

对于可燃性气体，如 CO 等，当其与氧共存时，有可能构成爆炸性混合物。若不在爆炸界限之内，可直接使用袋式除尘器，但应采用气密性高的结构，并采取防爆措施及选用电阻低的滤料。若达到爆炸界限，则应在进入除尘器前设置辅助燃烧器，待气体完全燃烧并经冷却后，才能进入袋式除尘器。

对于腐蚀性气体，如氧化硫、氯及氯化氢、氟及氟化氢、磷酸气体等，需根据腐蚀气体的种类选择滤料、壳体材质及防腐方法等。

(4) 烟气含尘浓度。烟气的入口含尘浓度对袋式除尘器的压力损失和清灰周期、滤料和箱体的磨损及排灰装置的能力等均有较大影响，浓度过大时应设预除尘。

(5) 粉尘特性。粉尘特性主要包括粒径分布、粒子形状、密度、黏附性、吸湿性、带电性和燃烧爆炸性等。堆积密度小的微细粉尘、纤维性粉尘、吸湿性和黏附性较强的粉尘以及容易带电的粉尘常使清灰困难，导致袋式除尘器的除尘效率下降和压力损失增大，对于含有这类粉尘的烟气净化应考虑采取清灰效果好的外滤式袋式除尘器，并适当降低过滤风速。更重要的是选择以表面过滤为主的防黏、抗湿、防静电滤料。对于有爆炸性的烟尘净化，应采取防爆防火措施。

(6) 设备阻力。每一类袋式除尘器都有其一定的阻力范围。但选用时可能需根据风机能力等因素做适当的变动。此时应对过滤风速、清灰周期做相应的调整。

(7) 工作压力。一般情况下，要求袋式除尘器的耐压度在 5000Pa 左右，当采用罗茨鼓风机为动力时，要求袋式除尘器壳体的耐压度为 15000 ~ 50000Pa，在少数场合（例如高炉煤气净化），要求的耐压度超过 10^5Pa。

(8) 工作环境。室外安装袋式除尘器时，应考虑相应的电气系统并采取防雨措施。袋式除尘器设在有腐蚀性的气体或粉尘的环境中，或者在海岸近旁或船上，则应仔细选择除尘器的结构材质和防腐涂层。袋式除尘器用于寒冷地带，若以压缩空气清灰或采用气缸驱动的切换阀时，必须防止压缩空气中的水分冻结，以免运转失灵。同时采取除尘器保温措施。

虽然袋式除尘器的品种很多，但如果较系统全面地考虑上述影响因素，做出合理的袋式除尘器选型并不困难，可分以下 4 步进行：

(1) 选定清灰方式。袋式除尘器按清灰方式主要分三大类：机械振动、逆气流反吹、脉冲喷吹袋式除尘器。其造价、除尘效率、清灰效果和滤袋使用寿命通常是依次增高的。对于生产过程不允许中断、要求除尘器运行稳定、净化效率高、滤袋使用寿命长的系统，应优先考虑脉冲喷吹袋式除尘器。相反，对易于净化的含尘气体、除尘系统出现故障停机检修对生产影响不大、投资少且处理的烟气量小的情况，可考虑采用机械振动袋式除尘器。对于处理大烟气量，烟气的物理化学性质较稳定、清灰较容易的粉尘、出现故障停机检修对生产影响不大的除尘系统，可考虑采用逆气流反吹袋式除尘器。

(2) 确定除尘器大小。首先，根据处理烟气量和气布比确定袋式除尘器总过滤面积 $A = Q/v$。实际工业烟尘性质是复杂的，对于脉冲喷吹袋式除尘器的气布比取值是非常保守的。因此，作为初步选型，建议用较保守的经验值：机械振动 $v = 0.5 \sim 0.9$m/min；逆气流反吹 $v = 0.4 \sim 0.8$m/min；脉冲喷吹 $v = 0.8 \sim 1.2$m/min。

然后根据总过滤面积、袋长、袋径算出滤袋数。不同清灰方式的袋长、袋径和滤袋中心距取值范围见表 4 - 1。

表4-1　不同清灰方式的袋长、袋径和滤袋中心距取值范围

清灰方式	袋径 ϕ/mm	袋长 l/m	滤袋中心距 e/mm
机械振动	100～200	<3	1.6ϕ
逆气流反吹（内滤式）	150～180 200～300	2～12	1.5ϕ 1.4ϕ
脉冲喷吹（外滤式）	120～200	2～8	1.5ϕ

在进行选型时，必须知道安放除尘器的场地是否有空间限制。根据上述取值情况，可按式(4-43)估算除尘器本体的占地面积

$$S=1.5S_1=1.5ne^2=1.5\frac{A}{\pi\phi l}e^2 \qquad (4-43)$$

式中　S——除尘器本体的占地面积，m^2；

S_1——花板面积，m^2；

n——滤袋数；

e——滤袋中心距，m；

A——滤料总过滤面积，m^2；

l——袋长，m；

ϕ——袋径，m。

（3）选择除尘器型号。确定了清灰方式后，首先保证满足烟气处理量（取1.05～1.1的安全系数）。然后根据前面的计算结果并结合实际情况选出2～3种型号的袋式除尘器。这里顺便指出，袋径选取过小，清灰效果不一定好，因为粉尘清灰后再附着量较大。袋径选取过大，可能造成反吹风或喷吹空气动力不够，同样会影响清灰效果。有些读者可能已经注意到，目前国外袋式除尘器有向大袋径发展的趋势，选取大袋径固然可以减少占地面积、袋式除尘器配件的数量，降低成本，但这是以保证清灰效果为前提的。因此建议，机械振动袋长1.5～3m，袋径130mm左右；脉冲喷吹袋长不宜超过6m，袋径130～200mm；逆气流反吹袋长不宜超过8m，袋径200～300mm。

（4）选择滤料。选择滤料是保证袋式除尘器正常运行的重要环节。滤料的选择是根据净化条件对比选优的过程，具体内容将在下一节专门讨论。

4.7　滤料的性能与选用

4.7.1　滤料的性能

4.7.1.1　纤维的理化特性

袋式除尘器的性能在很大程度上取决于滤料的性能，合理地选择滤料对袋式除尘器的正常运行至关重要。滤料的性能，主要是指过滤效率、透气性和强度等，这些都与滤料材质和结构有关。因此，纤维本身的物化性质在很大程度上决定了滤布的性质，按滤料所用纤维的材质可分为天然纤维、合成纤维和无机纤维等。考虑到目前已经较少采用天然纤维，表4-2仅列出了部分常用纤维的理化性能。

表4－2 除尘滤料常用纤维的理化特性

性质		物理性质						化学稳定性				备注
		强度	密度/g·cm^{-3}	含水率/%	最高耐温/℃ 连续	最高耐温/℃ 瞬间	耐磨性	耐酸	耐碱	抗有机溶剂	阻燃性	
合成纤维	聚酰胺（尼龙）	强	1.1	4	90	100	强	弱	中	弱	弱	清灰性能好
	聚酯（涤纶）	强	1.4	0.4	130	150	强	强	中	中	中	用途广
	丙烯腈（奥纶）	中	1.2	1	120	140	中	强	弱	中	弱	
	聚烯烃（聚丙烯）	强	0.9	0	80	100	中	强	强	中	弱	
	亚酰胺（诺梅克斯）	强	1.0	—	190	230	强	弱	中	中	中	不适宜水汽和SO_x
	乙酸乙烯树脂（维尼纶）	强	1.3	5	110	130	强	中	强	弱	中	
	聚亚酰胺（P－84）	中	1.4	5	240	260	中	强	中	强	强	不宜高pH值和湿气存在，较耐温
	聚四氟乙烯（泰氟龙）	中	2.2	0	240	280	弱	强	强	强	强	高温用，价高
	聚苯硫醚PPS		1.38	-	190	200		强	强	弱	强	O_2含量小于14%
无机纤维	无碱玻璃纤维	弱	2.6	0	260	290	弱	中	中	强	强	高温用，不宜HF酸
	中碱玻璃纤维	弱		0	260	270	弱	中	中	强	强	高温用，不宜HF酸
	不锈钢纤维	强	7.9	0	400	550	强	强	强	强	强	高温用，价昂贵
	陶瓷纤维	强	2.7	0	600～1000	1150	强	强	强	强	强	高温用，价昂贵

4.7.1.2 滤料的主要性能

过滤纤维和滤布的性质是有差异的，当按不同的工艺将纤维制成滤布后，可以形成不同的内部和表面结构，如果采用某些物理或化学处理方法，还能使滤料改性。因此，了解滤料的性能对正确选用滤料是必要的。袋式除尘器选用滤料的基本要求是：

（1）透气性好，压力损失小；

（2）抗皱折、耐磨、耐温和耐腐蚀性好，机械强度高；

（3）吸湿性小，剥离性好，易清灰；

（4）使用寿命长，价格低。

这些要求，有些取决于纤维的理化性质，有些取决于滤料的结构。一般滤料很难同时满足所有要求，要根据具体使用条件来选择合适的滤料。要做到这一点，必须首先了解各种滤料的性能与用途。袋式除尘器采用的滤料种类较多，目前最常用的滤料有3类：织造纤维（纺织纤维）滤料、非织造纤维（无纺纤维）滤料、复合滤料。其中较典型的滤料性能列入表4－3中。

近年来，合成纤维滤料发展很快，不断出现一些价廉、耐用的新型滤料。使用较多的有聚酰胺（尼龙、锦纶）、聚酯（涤纶）、聚丙烯腈（腈纶、奥纶）、聚氯乙烯（维尼纶）、聚四氟乙烯等。我国生产的“208”工业涤纶绒布，具有过滤能力大、效率高、阻力小、强度高等优点，可耐温130℃，大量用于各种袋式除尘器中。合成纤维还可以与棉、毛纤维混合织布，例如，我国生产的“尼毛特2号”及“尼棉特4号”，经线用维尼纶线，耐磨性好，纬线用毛线或棉线，直接织成无缝的圆筒形斜纹布，过滤性能和透气性好。

表 4－3　典型滤料的主要性能

特性		厚度 /mm	单位面积质量 /g·m⁻²	透气度 /m³·(m²·s)⁻¹	断裂强度 /N·(5×20cm)⁻¹		动态效率 /%	连续使用温度 /℃	抗折性	耐酸性	耐碱性	表面处理方法
					经向	纬向						
织造滤料	729－Ⅰ涤纶	0.61	320	10.4	2300	1800	99.8	<130	优	良	良	
	208 涤纶绒布	1.43	400	12.8	2140	1000	99.9	<140	优	良	良	
针刺毡滤料	涤纶针刺毡（涤纶长纤基布）	1.45～2.45	350～650	14.4～28.8	870～1170	1000～2000	99.9	<130	优	良	良	热辊压光
	P－84 针刺毡（P84 基布）	2.6	500	11.17	720	680	99.9	160～240	优	优	中	高温热压及烧毛
	玻纤针刺毡（玻纤基布）	1.4～4.0	1050	15～30	1400	1400	99.9	<280	弱	优	良	泰氟龙涂层
	PPS 针刺毡（PPS 长丝基布）	1.8	500	15	>1200	>1300	99.9	≤190	优	优	优	高温热压、烧毛
	PPS 针刺毡（玻纤基布）	2.0	>800	8～15	>2000	>2000	99.9	≤190	优	优	优	烧毛、压光
	美塔斯－500（美塔斯基布）	2.2	500	17	>800	>1200	99.9	≤204	优	良	优	烧毛、压光或泰氟龙涂层
覆膜滤料	涤纶毡覆膜（聚酯针刺毡基布）	2.21	500	20～30	≥600	≥1000	99.99	<130	优	良	良	与聚四氟乙烯薄膜热压覆合
	玻纤覆膜滤料（膨体玻璃纤维缎纹基布）	0.5	500	15～30	≥2000	≥2000	99.99	<260	中	良	良	与聚四氟乙烯薄膜热压覆合
	普抗覆膜滤料 PPS 针刺毡	2.3	500	20～30	>600	>1000	99.99	<190	优	优	优	乙烯薄膜热压覆合

注：覆膜滤料生产有热压、胶粘、浇铸等覆合技术，覆合技术、热压技术生产的覆膜滤料质量较好，建议选用热压覆膜滤料。检验方法：将覆膜滤料放到有机溶剂里（如二甲苯或汽油），用胶粘的覆膜产品，用手轻擦，膜会掉下，而用热压技术生产的覆膜产品则不会。

毛毡滤料主要指针刺毡滤料，容尘量大，滤尘效率高，由于粉尘可深入到内部，故难以清灰。为此，可对毛毡进行各种表面加工处理，如熔合、树脂化或受控热处理（加热轧光、烧毛或涂层等），以改善毛毡的捕集性能和清灰性能。

除尘理论与实践证明，表面过滤更有利于提高除尘效率和清灰效果。因此，薄膜覆合针刺毡滤料将会得到越来越广泛的应用。其中涤纶针刺毡覆膜滤料和玻纤针刺毡覆膜滤料是较有代表性的两种薄膜覆合针刺毡滤料。对于湿度、温度较高，粉尘黏性较大的烟尘净化，可考虑选用这类滤料。

对于有爆炸性的粉尘，当浓度达到一定程度后（即爆炸极限），如遇静电放电火花或外界点火等因素，极易导致爆炸和火灾。如面粉尘、化工性粉尘、煤粉尘等，如遇静电放电都有爆炸的可能。如采用布袋除尘，则要求制作除尘布袋的滤料具有防静电性。常用的防静电滤料的主要性能见表4－4。

表4－4 常用的防静电滤料的主要性能

滤 料		防静电涤纶针刺毡	防静电涤纶覆膜针刺毡	防水防油防静电涤纶针刺毡
材质		涤纶	涤纶＋导电纤维＋聚四氟乙烯	涤纶＋导电纤维
后处理方式		针刺成型后处理	烧毛；压光	烧毛压光防水防油
导电纤维加入方法		基布间隔加导电经纱	纤维网混导电纱	纤维网混导电纱
克重/$g \cdot m^{-2}$		500	500	500
厚度/mm		1.95	1.80	1.80
透气度/$m^3 \cdot (m^2 \cdot min)^{-1}$		9.04	15	15
断裂强度/$N \cdot (5 \times 20cm)^{-1}$	经向	1200	≥1000	≥1000
	纬向	1658	≥1100	≥1100
断裂伸长率/%	经向	23	≤35	≤35
	纬向	30	≤40	≤40
连续工作温度/℃		130	130	130
短时工作温度/℃		150	150	150
摩擦荷电密度/$\mu C \cdot m^{-2}$		2.8	<7	<7
表面电阻/Ω		9.0×10^3	$<10^7$	$<10^{10}$
体积电阻/Ω		4.4×10^3	$<10^7$	$<10^9$
摩擦电位/V		150	<500	<500
半衰期/s		<0.5	<1	<1
耐酸性		良	中	中
耐碱性		中	中	中
耐磨性		良	良	良

无机纤维滤料包括玻璃纤维滤布、金属纤维和陶瓷滤料。玻璃纤维滤布的应用最为广泛，玻璃纤维滤布具有过滤性能好、阻力小、化学稳定性好、耐高温（约240℃）、不吸湿和价格便宜等优点。中碱玻璃纤维圆筒形滤布广泛地用于水泥、冶炼、炭黑和农药等工业的气体净化中。玻璃纤维的缺点是不耐磨、不抗折、易断裂。为改善其性能，可用芳香基有机硅、聚四氟乙烯、石墨等方法处理。处理后能提高耐磨、疏水、抗酸和柔软性，表面光滑易于清灰，延长了使用寿命。

自20世纪80年代后，用于高温烟气（高达920℃）净化的陶瓷滤料得到很快的商业发展。陶瓷滤料几乎具备了所有过滤净化所需要的优良性能，其过滤风速远大于常规袋式除尘器，净化后的烟尘浓度（标态）不超过$1mg/m^3$。陶瓷滤料可烧制成不同的形状，如制成矩形多通道块状以增大过滤面积，节省空间。陶瓷滤袋不需要支撑骨架，因其本身具有足够的强度和刚度。可采用传统的清灰方法，如反吹风和脉冲喷吹清灰方式，滤料使用寿命很长，如果出现堵塞，必要时还可采用湿式清洗。目前，陶瓷过滤器主要用于燃煤发电厂、流化床燃烧器、工业窑炉、冶炼、垃圾焚烧等诸多高温烟气净化方面。

4.7.2 滤料的选用

滤料性能应满足生产条件和除尘工艺的一般情况和特殊要求。在此前提下，应尽可能选择使用寿命长的滤料，这是因为使用寿命长的滤料不仅能节省运行费用，而且可以满足气体长期达标排放的要求。滤料一般是根据含尘气体的性质、粉尘的性质及除尘器的清灰方式进行选择，滤料的选择要通过经济技术比较，这是一个优化过程，不应该用一种所谓“好”滤料去适应各种工况场合。在气体性质、粉尘性质和清灰方式中，应抓住主要影响因素选择滤料，如高温气体、易燃粉尘等。

4.7.2.1 根据含尘气体的性质选用滤料

含尘气体的理化特性包括温度、湿度、腐蚀性、可燃性和爆炸性等。

含尘气体的温度是袋式除尘器正确选用滤料的首要因素。按照连续使用的温度，滤料可分为常温滤料（<130℃）、中温滤料（130~200℃）和高温滤料（>200℃）三类。表4-3和表4-4列出了各种纤维材质可供连续长期使用的温度，通常要求按表中连续使用温度一栏选定滤料，对于含尘气体温度波动较大的工作条件，宜选择安全系数稍大一些，但瞬时峰值温度不得超过滤料的上限温度。对于高温烟气，可以直接选用高温滤料，也可以在采取冷却措施后选用常温滤料，应通过技术经济分析比较后确定。

含尘气体的湿度是正确选用滤料的又一重要因素。含尘气体的湿度表示气体中含有水蒸气的多少。按相对湿度分为三种状态：相对湿度在30%以下为干燥气体，相对湿度在30%~80%之间为一般状态，气体相对湿度在80%以上即为高湿气体。对于高湿气体，又处于高温状态时，特别是含尘气体中含SO_3时，气体冷且会产生结露现象。这不仅会使滤袋表面结垢、堵塞，而且会腐蚀结构材料，因此，应谨慎选择滤料。对于含湿气体在选择滤料时应注意4点：

(1) 含湿气体使滤袋表面捕集的粉尘润湿黏结，尤其对吸水性、潮解性和湿润性粉尘，会引起糊袋。为此，应选用锦纶与玻璃纤维等表面滑爽、长纤维易清灰的滤料，并对滤料使用硅油、碳氟树脂作浸渍处理，或在滤料表面使用丙烯酸、聚四氟乙烯等物质进行涂布处理。覆膜滤料具有优良的耐湿和易清灰性能，应作为高湿气体首选。

(2) 当高温和高湿同时存在时会影响滤料的耐温性，尤其对于锦纶、涤纶、亚酰胺等水解稳定性差的材质更是如此，应尽可能避免。

(3) 对含湿气体在除尘滤袋设计时宜采用圆形滤袋、尽量不采用形状复杂、布置十分紧凑的扁滤袋。

(4) 对湿含尘气体的系统工况设计，选定的除尘器工况温度应高于气体露点温度10~20℃，对此可采取混入高温气体（热风）以及对除尘器本体加热保温等措施。

在各种炉窑烟气和化工废气中，常含有酸、碱、氧化剂、有机溶剂等多种化学成分。不同纤维的耐化学性是不一样的，而且往往受温度、湿度等多种因素的交叉影响。例如，在滤料市场最广泛使用的涤纶纤维在常温下具有良好的力学性能和耐酸碱性，但它对水汽十分敏感，容易发生水解作用，使强力大幅度下降。因此，涤纶纤维在干燥烟气中，其长期运转温度小于130℃，但在高水分烟气中，其长期运转温度只能降到60~80℃。诺梅克斯纤维（Nomex）具有良好耐温、耐化学性，但在高水分烟气中，其耐温将由204℃降低到150℃。聚苯硫醚（Ryton）具有耐高温和耐酸碱腐蚀的良好性能，适用于燃煤烟气除尘，但抗氧化剂的能力较差；聚苯亚胺纤维虽可以弥补其不足，但水解稳定性又不理想。作为“塑料王”的聚四氟乙烯纤维具有最佳的耐化学性，但价格较贵。因此，在选用滤料时，必须根据含尘气体的化学成分，抓住主要因素，择优选定合适的材料。

4.7.2.2 根据粉尘的性质选用滤料

粉尘的性质主要包括粉尘的形状和粒径分布、粉尘的附着性和凝聚性、粉尘的吸湿性和潮解性、粉尘的流动性和磨琢性、粉尘的可燃性和爆炸性等。

大多数工艺过程产生的粉尘多为不规则形粉尘，虽然在高温燃烧过程中由于熔融、蒸发、冷凝产生的粉尘的形状基本呈球形，但由于凝聚作用会变成絮状或链状形态，不规则形态的粒子在经过过滤介质时较容易被捕集。工业粉尘粒径分布基本上符合正态分布规律，通常中位径和几何标准偏差小的粉尘较难捕集。各类工艺过程排放粉尘的性质见表4-5。微细粉尘过滤的主要问题是清灰较困难。因此，在过滤粒径小（亚微米级）的粉尘时，应考虑选用经过处理（轧光、烧毛、喷涂、浸渍或覆膜等）的表面较光滑的滤料，以进一步提高滤料的剥离性、降低阻力、提高清灰效果。

表4-5 各类工艺过程排放粉尘的性质

序号	尘 源	平均粒径 /μm	真密度 /g·cm^{-3}	堆积密度 /g·cm^{-3}	含尘浓度 /g·cm^{-3}	比电阻 /Ω·cm
1	细煤粉锅炉	约20	2.1	0.6	20~50	10^{11} （<100℃）
2	重油锅炉	约10	2.0	0.2	0.1~0.3	10^{4}~10^{6}
3	烧结炉	5~10	3~4	1.0	0.5~2.5	10^{10}~10^{12}
4	转炉	约0.2	5	0.7	20~70	10^{8}~10^{11}
5	电炉	约0.2~10	4.5	0.6~1.5	3~30	10^{9}~10^{12}
6	化铁炉	约15	2.0	0.8	3~5	10^{6}~10^{12}
7	水泥(窑、干燥机)	约10~20	3	0.6	10~10	10^{10}~10^{11}
8	骨料干燥器	约20	2.5	1.1	50	10^{11}~10^{12}
9	黑液回收锅炉	约0.2	3.1	0.13	约5	10^{9}
10	铜精炼	<0.1	4~5	0.2	25~80	10^{8}~10^{11}
11	黄铜熔化炉	0.1~0.15	4~8	0.25~1.2	约10	
12	锌精炼	约3	5	0.5	5~10	约10^{11}
13	铝精炼	<1	6		约5	10^{11}~10^{12}
14	铅再精炼	约0.5	约5	约1.2	10~30	10^{11}~10^{12}
15	铝炉外精炼	约0.1~0.2	3.0	0.3	约10	10^{10}~10^{12}
16	垃圾焚烧	约10	约2.3	约3.5	1~5	10^{4}~10^{10}
17	碳	0.1~10	2	约0.3	0.3~10	<10^{10}
18	铸造砂	0.1~15	2.7	约1	0.5~15	

粉尘的附着性和凝聚性与尘粒的种类、形状、粒径分布、含湿量、表面特征等多种因素有关，可用安息角表征，一般为30°~45°，见表4-6。安息角小于30°称为低附着力，流动性好；安息角大于45°称为高附着力，流动性差。常见的各种粉尘的性质（安息角、

介电率及爆炸下限浓度）见表4－6。粉尘与固体表面间的黏性大小还与固体表面的粗糙度、清洁程度有关。对于黏附性强的粉尘同样应选用长丝不起绒织物滤料，或经表面烧毛、压光、镜面处理的针刺毡滤料，对于浸渍、涂布、覆膜技术应充分利用。从滤料的材质上讲，锦纶、玻纤优于其他品种。

表4－6　常见粉尘性质

粉尘名称	安息角/(°)	介电率	爆炸下限浓度（全部通过0.074mm(200目)的粉尘）/g·cm^{-3}	粉尘名称	安息角/(°)	介电率	爆炸下限浓度（全部通过0.074mm(200目)的粉尘）/g·cm^{-3}
铝粉	35～45		35～45	滑石粉	约45	5～10	
锌粉	25～55	(12)	500	飘尘	40～45	3～8	
铁粉(还原)	约38		120	上等白砂糖	50～55	3	20～30
黏土	约35			淀粉	43～50	5～7	50～100
硅砂	28～41	4		硫黄粉末	35	3～5	35
水泥	53～57	5～10		合成树脂粉	40～55	2～8	20～70
氧化铝粉	35～45	6～9	40	小麦粉	55	2.5～3	20～50
重质碳酸钙	约45	8		煤粉			35
玻璃球	22～25	5～8					

粉尘对气体中水分的吸收能力称为吸湿性，吸湿性与粉尘的原子链、表面状态以及液体的表面张力等因素有关，可用湿润角来表征：小于60°的为亲水性，大于90°的为憎水性。吸湿性粉尘的湿度增加后粉粒的凝聚力、黏着力随之增加，促使粉尘黏附在滤袋表面上结成板块，导致清灰困难，甚至失效。有些粉尘（如CaO、$CaCl_2$、KCl、$MgCl_2$等）吸湿后继续发生化学反应，其性质和形态均发生变化，称为潮解，会糊住滤袋。对于湿润性、潮解性粉尘，在选用滤料时应注意滤料的光滑、不起绒和憎水性，其中以覆膜滤料为最好。为选用滤料方便，将各种PTFE覆膜滤料性能列入表4－7中。

表4－7　微孔薄膜覆合滤料主要技术性能指标

性　能		薄膜覆合聚酯针刺毡	薄膜覆合729滤料	薄膜覆合聚丙烯针刺毡	薄膜覆合NOMEX针刺毡	薄膜覆合玻纤	抗静电薄膜覆合MP92	抗静电薄膜覆合聚酯针刺毡	薄膜覆合P84针刺毡	薄膜覆合PPS针刺毡
基布材质		聚酯	聚酯	聚丙烯	芳族聚酰胺	玻璃纤维	聚酯＋不锈钢	聚酯＋不锈钢＋导电纤维	聚酰亚胺	聚苯硫醚
结　构		针刺毡	缎纹	针刺毡	针刺毡	缎纹	缎纹	针刺毡	针刺毡	针刺毡
断裂强度/N	经向	≥1000	≥3100	≥900	≥950	≥2250	≥3100	≥1300	≥1200	≥1200
	纬向	≥1300	≥2200	≥1200	≥1000	≥2250	≥3300	≥1600	≥1500	≥1300
断裂伸长率/%	经向	≤18	≤25	≤34	≤27		≤25	≤12	≤35	≤30
	纬向	≤46	≤22	≤30	≤38		≤18	≤16	≤40	≤30
透气度/m^3·(m^2·min)$^{-1}$		1.6～5	1.2～4	1.6～5	1.1～4	1.25～4	1.1～4	1.1～4	1.1～4	1.3～1.4

续表 4-7

性 能	薄膜覆合聚酯针刺毡	薄膜覆合729滤料	薄膜覆合聚丙烯针刺毡	薄膜覆合NOMEX针刺毡	薄膜覆合玻纤	抗静电薄膜覆合MP92	抗静电薄膜覆合聚酯针刺毡	薄膜覆合P84针刺毡	薄膜覆合PPS针刺毡
透气性偏差/%	±25	±15	±25	±25	±15	±25	±25	±25	±25
过滤效率/%	≥99.99	≥99.99	≥99.99	≥99.99	≥99.99	≥99.99	≥99.99	≥99.99	≥99.99
浸润角/(°)	≥90	≥90	≥90	≥90	≥90	≥90	≥90	≥90	≥90
覆膜牢度/MPa	≥0.03	≥0.03	≥0.03	≥0.025	≥0.025	≥0.03	≥0.03	≥0.025	≥0.025
工作温度/℃	≤130	≤130	≤90	≤200	≤250	≤130	≤130	≤200	≤180

注：覆膜材质为聚四氟乙烯。

分散在空气（或可燃气）中的某些粉尘，在特定的浓度状态下，遇火花会发生燃烧或爆炸。粉尘的可燃性与其粒径、成分、浓度、燃烧热以及燃烧速度等多种因素有关。粒径越小、比表面积越大，越易点燃。粉尘爆炸的一个重要条件是密闭空间，在这个空间内粉尘的爆炸浓度下限一般为每立方米几十至几百克。粉尘燃烧热和燃烧速度越高，其爆炸威力越大。

粉尘燃烧或爆炸火源通常是由摩擦火花、静电火花、炽热颗粒物等引起的，其中荷电性危害最大。这是因为化纤滤料通常是容易荷电的，如果粉尘同时荷电则极易产生火花，所以对于可燃性和易荷电的粉尘如煤粉、焦粉、氧化铝粉和镁粉等，宜选择阻燃型滤料和消静电型的导电滤料。

阻燃型滤料，首先是材质的选择，一般认为氧指数（LOI）大于30的纤维织造滤料，如PPS、P84、PTFE等是安全的，而对于用LOI小于30的纤维，如丙纶、锦纶、涤纶、亚酰胺等滤料，可采用阻燃剂浸渍处理。

消静电滤料是指在滤料纤维中混入导电纤维，使滤料在经向或纬向上具有导电性能，使电阻小于$10^9\Omega$。混入方式有等间隔编入导电纱、均匀混入经纬线、均匀混入絮棉层等。常用的导电纤维有不锈钢纤维和改性（渗碳）化学纤维。两者相比，前者导电性能稳定可靠，后者经过一定时间后导电性能易衰退。导电纤维混入量约为基本纤维的2%~5%。对于一般抗静电采用碳纤维混纺和不锈钢丝混纺滤料，中度抗静电采用不锈钢丝植入滤料，高度抗静电采用不锈钢丝网植入滤料。

此外，对可燃、易爆烟尘，在除尘设备和系统设计中还须采取其他必要的阻燃防爆措施。如烟气中掺入惰性气体，增大气体含湿量，增设泄压安全装置等。

粉尘对滤料的磨损性称为粉尘的磨琢性。它与粉尘的形状、大小、硬度、粉尘浓度、携带粉尘的气流速度有关。由第1章关于粉尘磨损性的描述可知，粉尘的磨损性与粒径的1.5次方成正比、与携带其气流速度的2~3次方成正比。粒径为90μm左右的尘粒的磨损性最大，而当粒径减少到5~10μm时磨损已十分微弱。因此，为减轻粉尘对滤料的磨损，应合理设定过滤风速和提高气流速度的均匀性。在常见粉尘中，铝粉、硅粉、焦粉、炭粉、烧结矿粉等属于高磨损性粉尘。此外，对于磨琢性大的粉尘宜选用耐磨性好的滤料。化纤的耐磨性优于玻纤，毡料优于织物，表面涂覆、压光等后处理也可提高耐磨性。对于玻纤滤料，硅油、石墨、聚四氟乙烯树脂处理可以改善耐磨耐折性。但是覆膜滤料用于磨损性强的工况时，膜会过早地磨坏，失去覆膜作用。

4.7.2.3 根据袋式除尘器的清灰方式选用滤料

袋式除尘器的清灰方式是选择滤料结构品种的另一个重要因素，不同清灰方式的袋式除尘器因清灰能量、滤袋形变特征的不同，宜选用不同的结构品种滤料。

机械振动类袋式除尘器是利用机械装置（包括手动、电磁振动、气动）使滤袋产生振动而清灰的袋式除尘器。此类除尘的特点是施加于粉尘层的动能较少而次数较多，因此要求滤料薄而光滑，质地柔软，有利于传递振动波，在过滤面上形成足够的振击力，宜选用由化纤缎纹或斜纹织物，厚度0.3～0.7mm，单位面积质量300～350g/m^2，过滤速度0.6～1.0m/min。

分室反吹类袋式除尘器采用分室结构，利用阀门逐室切换，形成逆向气流反吹，使滤袋缩瘪或鼓胀清灰的袋式除尘器。它有二状态和三状态之分，清灰次数3～5次/h，清灰动力来自于除尘器本体的资用压力，在特殊场合中才另配反吹风动力，属于低动能清灰类型，滤料应选用质地轻软、容易变形而尺寸稳定的薄型滤料，如729、MP922滤料。过滤速度与机械振动类除尘相当。

分室反吹袋式除尘器具有内滤与外滤之分，滤料的选用没有差异。对大中型除尘器常用内滤式圆形袋、无框架、袋径120～300mm，滤袋长径比15～40，优先选用缎纹（或斜纹）机织滤料，在特殊场合也可选用基布加强的薄型针毡滤料，厚1.0～1.5mm，单位面积质量300～400g/m^2。对小型除尘器常用外滤式扁袋、菱形袋或蜂窝形袋，必须带支撑框架，优先选用耐磨性、透气性好的薄形针刺毡滤料，单位面积质量350～400g/m^2。

喷嘴反吹类袋式除尘器，是利用风机做反吹清灰动力，在除尘器过滤状态时，通过移动喷嘴依次对滤袋喷吹，形成强烈反向气流，对滤袋清灰的袋式除尘器，属中等动能清灰类型。在袋式除尘器用喷嘴清灰的有回转反吹、往复反吹和气环滑动反吹等几种形式。气环滑动反吹袋式除尘器属于喷嘴反吹类袋式除尘器的一种特殊形式，采用内滤圆袋，喷嘴为环缝形，套在圆袋外面上下移动喷吹。要求选用厚实、耐磨、刚性好、不起毛的滤料，宜选用压缩毡和针刺毡，因滤袋磨损严重，该类除尘器极少采用。在反吹类袋式除尘器中，回转反吹袋式除尘器应用较多，常采用带框架的外滤扁袋形式，结构紧凑。此类除尘器要求选用比较柔软、结构稳定、耐磨性好的滤料，优先用于中等厚度针刺毡滤料，单位面积质量为350～500g/m^2。

脉冲喷吹类袋式除尘器是以压缩空气为动力，利用脉冲喷吹机构在瞬间释放压缩气流，诱导数倍的二次空气高速射入滤袋，使其急剧膨胀，依靠冲击振动和反向气流清灰的袋式除尘器，属高动能清灰类型。通常采用带框架的外滤圆袋，要求选用厚实、耐磨、抗张力强的滤料，优先选用化纤针刺毡或压缩毡滤料，单位面积质量为500～650g/m^2。

综上所述，除尘器的清灰方式与滤料结构的优选归纳于表4-8中。

表4-8 清灰方式与滤料结构的优选

清灰方式	清灰动力	滤袋形式	滤料结构优选	滤料单重/g·m^{-2}
振动	手振、机振、气振、电磁振	内滤圆袋	筒形缎纹或斜纹织物	300～350
反吹风	除尘器资用压力或配反吹风机	内滤圆袋	高强低伸形筒形缎纹或斜纹织物	300～350
			加强基布的薄型针刺毡	300～400

续表 4-8

清灰方式	清灰动力	滤袋形式	滤料结构优选	滤料单重 /g·m^{-2}
反吹风	除尘器资用压力或配反吹风机	外滤异形袋	普通薄型针刺毡	350~400
			阔幅筒形缎纹织物	300~350
反吹风+振动	除尘器资用压力 手振、机振、气振、电磁振	内滤圆袋	高强低伸形筒形缎纹或斜纹织物	300~350
			加强基布的薄型针刺毡	300~400
喷嘴反吹风	高压风机或鼓风机	外滤扁带	中等厚度针刺毡	350~500
			纬二重或双层织物	400~550
			筒形缎纹织物	300~350
脉冲喷吹	0.15~0.7MPa 压缩空气	外滤圆袋	针刺毡或压缩毡	500~650
			纬二重或双层织物	450~600

例 4-2 某钢铁公司焦化厂湿熄焦皮带机卸料点布袋除尘器选型的基本参数和指标要求见表 4-9。

表 4-9 选型的基本参数和指标要求

尘气温度 /℃	尘气相对湿度/%	含尘气体处理量 /m^3·h^{-1}	粉尘粒度分布		含尘浓度(标态) /g·m^{-3}	排放浓度(标态) /mg·m^{-3}
			质量中位径/μm	几何标准偏差		
30~60	70~100	80000~108000	5	2.8	5	30
备注	1. 场地最大可利用空间为：长 22m，宽 9m，高 20m；要求除尘器本体占地面积小于 10m×5m； 2. 防爆要求，有防爆装置，防爆距离大于 5m； 3. 气体湿度大，为防止结露除尘器外壳设计加热保温系统					

根据上述原始数据，试进行袋式除尘器选型设计。

解：

(1) 选定清灰方式。由于处理流量波动较大、粉尘粒度细且有较强的黏附性，为满足排放浓度（标态）低于 30mg/m^3，故选用脉冲喷吹袋式除尘器。

(2) 确定除尘器大小。作为初步选型，过滤风速 $v=1.0$m/min。于是袋式除尘器总过滤面积为

$$A=Q/v=\left(\frac{80000\sim108000}{60\times1}\right)=1330\sim1800\text{m}^2$$

取滤袋规格 ϕ160mm×6000mm，按表 4-1 取滤袋中心距 $e=1.5\phi$。由式(4-43)得除尘器本体占地面积近似值

$$S=1.5\frac{A}{\pi\phi l}e^2=1.5\frac{(1330\sim2000)}{\pi\times0.16\times6}(1.5\times0.16)^2=37\sim51\text{m}^2$$

(3) 选择除尘器型号。采取在线脉冲清灰方式，根据上述计算结果，选用一台 CD 系列长袋低压脉冲袋除尘器，其主要技术参数见表 4-10。

表 4-10 CD 系列长袋低压脉冲袋除尘器的主要技术参数

型号	过滤面积/m^2	过滤风速/$m \cdot min^{-1}$	处理量/$m^3 \cdot h^{-1}$	滤袋尺寸/mm	入尘浓度(标态)/$g \cdot m^{-3}$	室数	滤袋总数	平面尺寸/mm	喷吹压力/MPa	设备阻力
CD104-9/18	1944	≤1.03	≤120000	ϕ160 ×6000	≤20	4	648	9440 × 4040	0.2~0.3	≤1500Pa

对照表 4-9 所列原始条件和上面计算结果，所选 CD 系列长袋低压脉冲袋除尘器的技术参数（见表 4-10）满足净化要求。

(4) 选择滤料。因含尘气体湿度大（有时接近饱和），为防止布袋粘灰，导致清灰困难，故选用覆膜抗静电抗湿涤纶针刺毡（美国毕威公司覆膜滤料，允许介质最高温度 130℃，除尘效率大于 99.5%）。

4.8 袋式除尘器的清灰设计

4.8.1 反吹风袋式除尘器的清灰

4.8.1.1 滤袋室布置

反吹风袋式除尘器采用分室清灰，分室过少，会造成一室清灰时，其他各室过滤负荷增加太大，但分室数量也不宜太多，使控制阀门增多，维修工作量增加。一般分室数以不少于 6 个为宜。

滤袋室的布置由过滤面积、袋径和滤袋中心距决定，见表 4-11，其布置如图 4-27 所示。

表 4-11 滤袋室的布置

袋径 ϕ /mm	中心距 /mm	滤袋排数		
		单侧检修通道	两侧检修通道	中间检修通道
200~250	250~350	≤3	中间≤6	每边≤3
292~300	350~450	2	≤4	2

4.8.1.2 反吹风袋式除尘器的清灰机构

分室反吹风袋式除尘器的清灰机构由切换阀门及其控制系统组成。切换阀门按流道分直通式和三通式，按动力分气动和电动；按阀板形式分平板式、钟摆式、鼓形等；按阀板移动轨迹分平动和转动。习惯上常按气动阀和电动阀区分，图 4-28 和表 4-12 为 ZH643X 型气动三通切换阀的结构图和基本性能及几何参数。

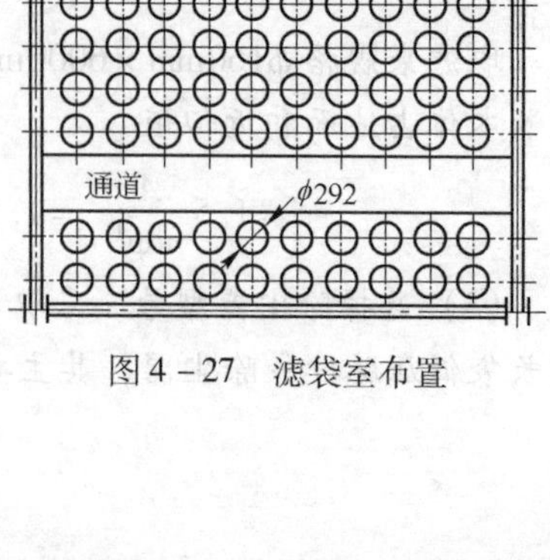

图 4-27 滤袋室布置

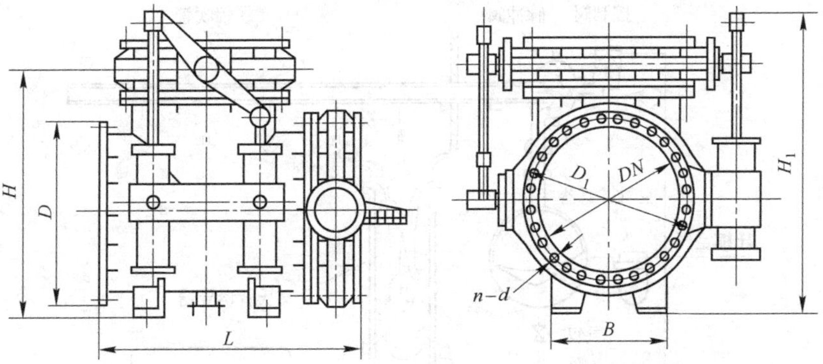

图 4-28 ZH643X 型气动三通切换阀结构图

表 4-12 ZH643X 型气动三通切换阀的基本性能及几何参数

基本性能参数		几何尺寸/mm								质量/kg
		DN	*L*	*D*	D_1	*n-d*	H_1	*H*	*B*	
产品型号	ZH643X	800	1595	975	920	24-30	1617	1867	720	1850
公称通径	800~2200mm	900	1617	1075	1020	24-30	1725	2010	950	1950
公称压力	0.1MPa	1000	1617	1175	1120	28-30	1775	2060	950	2360
适用温度	≤100℃	1200	2255	1375	1320	32-30	1840	2125	1250	2780
适用介质	含尘烟气、空气	1400	2255	1575	1520	36-30	2090	2500	1250	5225
泄漏率	0.3%	1600	2645	1790	1730	40-30	2365	2835	1450	7403
切换时间	15s	1800	2645	1990	1930	44-30	2640	3110	1450	9050
气源压力	0.4~0.6MPa	2000	3413	1290	2130	48-30	2905	3340	2050	11250

4.8.2 脉冲喷吹袋式除尘器的清灰

4.8.2.1 脉冲清灰系统的组成

脉冲喷吹袋式除尘器的脉冲清灰系统由喷吹管、气包、电磁脉冲阀组成，如图 4-29 所示。

气包设计为圆形或方形。气包为压力容器，气包制造后必须作耐压检验，以保证在最高使用压力下是安全的。检验压力为工作压力的 1.25~1.5 倍。在喷吹时，气包压力应不低于原始压力的 85%。气包底部必须带有自动和手动油水排污阀，定期地将气包内的油和水排出。

喷吹管长度应根据喷吹的滤袋数、滤袋直径及其间距确定。喷吹管与袋口距离为 150mm 左右。为使离气包最远的滤袋有足够的喷气流量，每根喷吹管上的喷吹孔不应超过 20 个。

喷吹孔喷出的高速射流会产生二次诱导风，二次诱导气流量大致为一次喷吹气流量的 2~3 倍。为提高压缩空气的利用率和压力稳定性，同时，为防止喷吹气流发生偏离中心现象，应考虑安装诱导器。诱导器有两种形式，一种是装在袋口的文氏管，另一种是装在

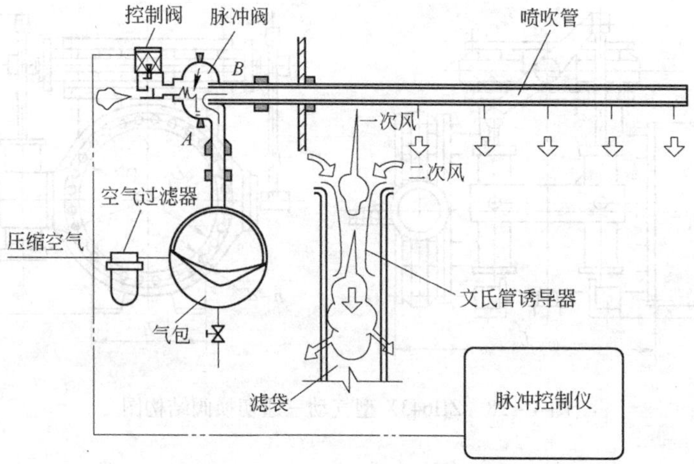

图 4－29　脉冲袋式除尘器清灰系统示意图

喷管上喷孔处的引射喷嘴，如图 4－30 所示。文氏管在脉冲袋式除尘器上应用多年，因阻力偏大，在大型脉冲除尘器上已较少采用。

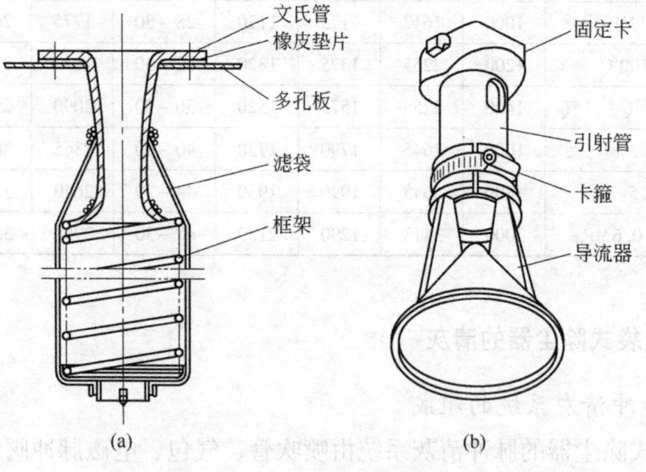

图 4－30　诱导器的形式

（a）装在袋口的文氏管；（b）装在喷管上的引射喷嘴

4.8.2.2　喷吹气量与清灰面积计算

脉冲喷吹的清灰效果与脉冲气体在滤袋上产生的振动加速度直接相关。通常要求滤袋变形加速度在 $5g$（$g=9.81\mathrm{m/s^2}$），才能保证滤袋残留量少于 $0.3\mathrm{kg/m^2}$。加速度取决于单位时间喷吹气量和滤袋内外表面两侧的压差。虽然对于给定的加速度、脉冲时间和喷吹压力，可以用空气动力学理论计算喷吹气量，但由于滤袋的几何尺寸、材质、粉尘的性质等因素的影响，其理论结果与实际有很大偏差，因此这里直接给出孙熙提供的经验计算式。对于高压直角阀，每分钟喷气量为

$$Q_{\mathrm{m}}=18.9K_{\mathrm{v}}\sqrt{\Delta p(2p-\Delta p)} \tag{4-44}$$

式中 Q——单只阀喷吹气量，L/min；

K_v——流量系数；

p——阀进口管压力，10^5Pa；

Δp——阀进出口压力差，10^5Pa。

其中，流量系数 K_v 由表 4－13 确定。

表 4－13 流量系数 K_v

阀直径/mm	3	2½	2	1½	1①	3/4
K_v	2833	1540	1290	768	283	233

① 单膜片。

如阀直径为 50.8mm，设喷吹一次时间 $t=0.1$s，$\Delta p=0.85\times10^5$Pa，$p=4\times10^5$Pa，则喷吹一次的流量为

$$Q=Q_mt=18.9\times1290\times\sqrt{0.85(2\times4-0.85)}\times\frac{0.1}{60}=100.176\approx100\text{L/次}$$

压缩空气总耗量为

$$L=1.5\frac{nQ}{1000T} \tag{4－45}$$

式中 L——压缩空气耗量，m³/min；

n——每分钟喷吹的脉冲阀个数；

Q——一只阀喷吹气量，L/次；

T——喷吹周期，min。

其中，喷吹周期 T 参考表 4－14 确定。

表 4－14 喷吹周期 T 的确定

入口含尘浓度/g·m⁻³	≤5	5～10	≥10
喷吹周期 T/min	25～30	20～25	10～20

实际上，喷吹气量还有更为简单的经验方法。按设计要求，反吹清灰速度应超过过滤风速（气布比）的 2 倍，如果不考虑诱导气流量的流量，根据袋径和袋长，可得反吹清灰流量

$$Q_R=2v\pi\phi l \tag{4－46}$$

式中 Q_R——每个喷孔的反吹清灰流量，m³/min；

v——过滤风速，m/min；

ϕ——袋径，m；

l——袋长，m。

当一根管上有 m 个喷吹孔，则在一个脉冲喷吹时间 t 内一只脉冲阀的喷吹流量为

$$Q=2mv\pi\phi lt \tag{4－47}$$

然后，可由式(4－45)确定每个周期的总耗气量。

例 4－3 设一根管上有 16 个喷吹孔，过滤风速 $v=1$m/min，袋径 $\phi=0.16$m，袋长 $l=4$m，一个脉冲喷吹时间 $t=0.1$s，试计算一只脉冲阀喷吹一次的流量。

解：由式(4－47)，一只脉冲阀喷吹一次的流量

$$Q = 2mv\pi\phi lt = 2\times16\times1\times3.14\times0.16\times4\times\frac{0.1}{60} = 0.107\mathrm{m^3/次} = 107\mathrm{L/次}$$

通常，脉冲喷吹气流还能产生大约2倍以上的二次诱导气流，其结果大约是50L/次。因此，上面的计算结果是偏保守的。

当得出耗气量后，脉冲阀喷吹面积可较容易地估算出来。实际上，式(4－47)就是根据滤袋的喷吹面积得到的，所以，脉冲阀对喷吹面积自然满足。

4.8.2.3 喷孔直径的确定

喷吹管孔径可采用如图4－31所示的图解法，首先连接袋长和袋径交于点“*A*”，然后连接“*A*”与过滤风速于点“*B*”，即可求得孔径。

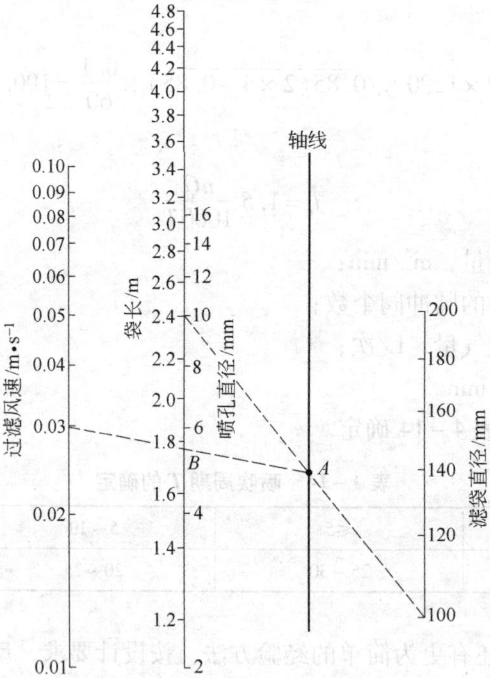

图4－31 确定喷吹管孔径诺模图

4.8.2.4 气包大小的确定

确定喷吹孔径后，在图4－32中，按孔数画垂线，与相应的孔径曲线相交，然后再画水平线即得气包容量。

4.8.2.5 脉冲阀

脉冲阀分直角式、淹没式和直通式三种类型。直角式脉冲阀（也称高压阀）进出口之间呈直角；淹没式脉冲阀直接安装在气包上；直通式脉冲阀进出口之间夹角为180°。

(1) 直角式脉冲阀。直角式脉冲阀的构造如图4－33所示。图中阀内膜片把脉冲阀分成前、后两个气室，当接通压缩空气时，压缩空气通过节流孔进入后气室，此时后气室压力将膜片紧贴阀的输出口，脉冲阀处于“关闭”状态。

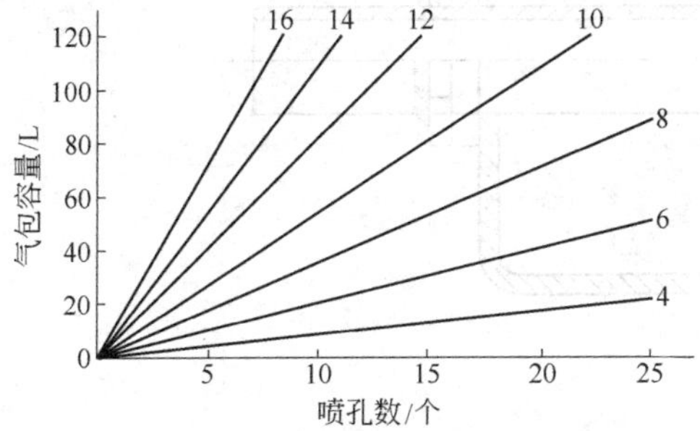

图 4－32 确定气包容量曲线图

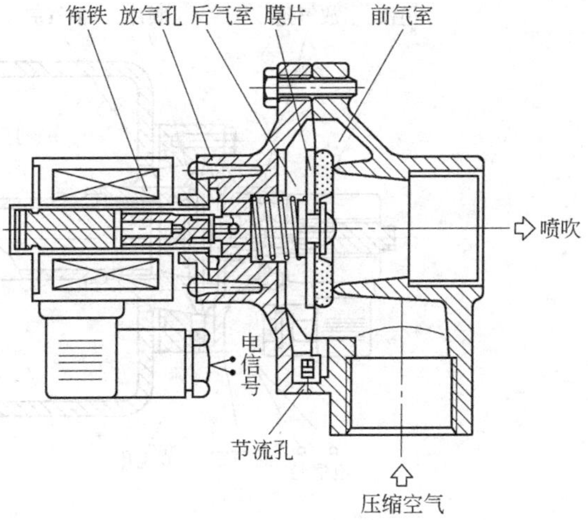

图 4－33 直角式电磁脉冲阀的构造

脉冲喷吹控制仪的电信号使电磁脉冲阀衔铁移动，阀后气室放气孔打开，后气室迅速失压，膜片后移，压缩空气能通过阀输出口喷吹，脉冲阀处于“开启”状态。压缩空气瞬间从阀内喷出，形成喷吹气流，经过喷吹管，对除尘器的一排滤袋，进行喷吹清灰。

当脉冲控制仪电信号消失，电磁脉冲阀衔铁复位，后气室放气孔关闭，后气室压力升高使膜片紧贴阀出口，脉冲阀又处于“关闭”状态。喷吹口一开一关的时间为喷吹时间，一般在0.1～0.2s之间。

国产直角式脉冲阀的技术参数如下：

1）适应环境：温度－10～＋55℃；相对湿度不大于85%。

2）工作介质：清洁空气，露点－20℃。

3）喷吹气源压力：0.3～0.6MPa。

4）喷吹气量：在喷吹气源压力为0.6MPa，喷吹时间为0.1s，出口放空时，喷吹气量见表4－15。

5）电磁先导阀工作电压、电流：DC24V，0.8A；AC220V，0.14A；AC110V，0.3A。

表 4－15 喷吹气量

型 号	喷吹气量/L·次$^{-1}$	型 号	喷吹气量/L·次$^{-1}$
SYKL－J27	45	SYKL－J48	160
SYKL－J34	70	SYKL－J60	270

（2）淹没式脉冲阀。淹没式脉冲阀也称为低压脉冲阀，因其进气口安装在气包里，故称之为淹没式。淹没式脉冲阀的结构如图4－34所示。淹没式脉冲阀的特点是通道阻力低，可用低压气源，与高压阀相比，可降低能耗，延长膜片寿命。

淹没式脉冲阀工作原理是膜片把脉冲阀分成前、后两个室，当接通压缩空气时，压缩空气通过节流孔进入后气室，此时后气室压力将膜片紧贴阀的输出口，脉冲阀处于“关闭”状态。

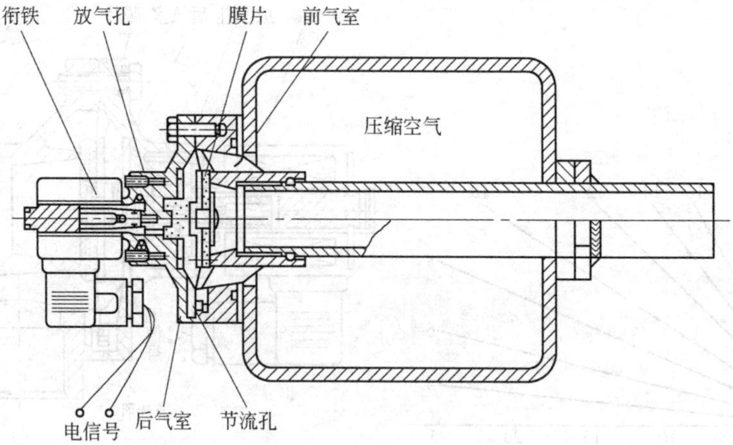

图4－34 淹没式电磁脉冲阀的结构

脉冲喷吹控制仪的电信号使电磁脉冲阀衔铁移动，阀后气室放气孔打开，后气室迅速失压，膜片后移，压缩空气能通过阀输出口喷吹，脉冲阀处于“开启”状态。此时压缩空气迅速从阀内通道喷出。

当脉冲控制仪电信号消失，电磁脉冲阀衔铁复位，后气室放气孔关闭，后气室压力升高使膜片紧贴阀出口，脉冲阀又处于“关闭”状态。

SYKL－Y型淹没式脉冲阀技术参数如下：

1）适应环境：温度－10～＋55℃；相对湿度不大于85%。

2）工作介质：清洁空气。

3）喷吹气源压力：0.2～0.3MPa，也可使用0.3～0.6MPa。

4）喷吹气量：在喷吹气源压力为0.25MPa，喷吹时间为0.1s，喷吹气量见表4－16。

表4－16 喷吹气量

型 号	喷吹气量/L·次$^{-1}$	型 号	喷吹气量/L·次$^{-1}$
SYKL－Y42	50	SYKL－Y76	170
SYKL－Y60	100	SYKL－Y89	250

5）电磁先导阀工作电压、电流：DC24V，0.8A；AC220V，0.14A；AC110V，0.3A。

（3）直通式脉冲阀。直通式脉冲阀的构造特点是空气进出口中心线在一条直线上，故称直通阀。其结构如图4－35所示。脉冲阀膜片把脉冲阀分成前、后两个室，接通压缩空气时，脉冲阀处于“关闭”状态，开启、闭合动作原理与直角脉冲阀相同。直通式脉冲阀的优点是安装方便，常用于气箱式脉冲袋式除尘器，缺点是气流通过阀体的阻力较大。

SYKL－Z型直通式脉冲阀技术参数如下：

1）适应环境：温度－10～＋55℃；相对湿度不大于85%。

2）工作介质：清洁空气。

3）喷吹气源压力：0.3～0.6MPa。

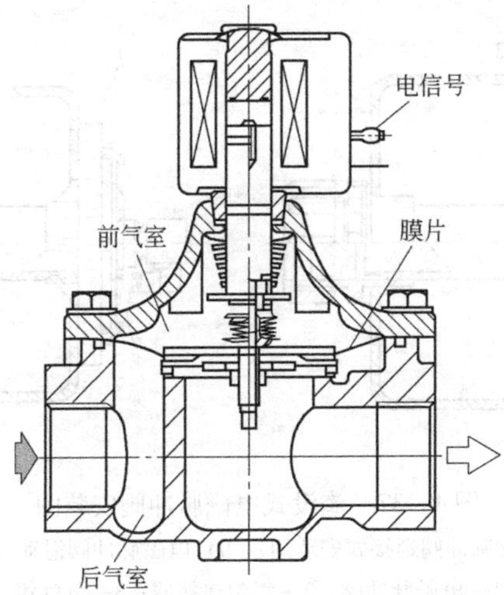

图 4 - 35 直通式电磁脉冲阀的结构

4）喷吹气量：在喷吹气源压力为 0.6MPa，喷吹时间为 0.1s，喷吹气量见表 4 - 17。

表 4 - 17 喷吹气量

型　号	喷吹气量/L·次$^{-1}$	型　号	喷吹气量/L·次$^{-1}$
SYKL - Z48	150	SYKL - YZ76	400
SYKL - Z60	250		

5）电磁先导阀工作电压、电流：DC24V，0.8A；AC220V，0.14A；AC110V，0.3A。

直角式脉冲阀、淹没式脉冲阀和直通式脉冲阀的安装方式分别如图 4 - 36、图 4 - 37 和图 4 - 38 所示。

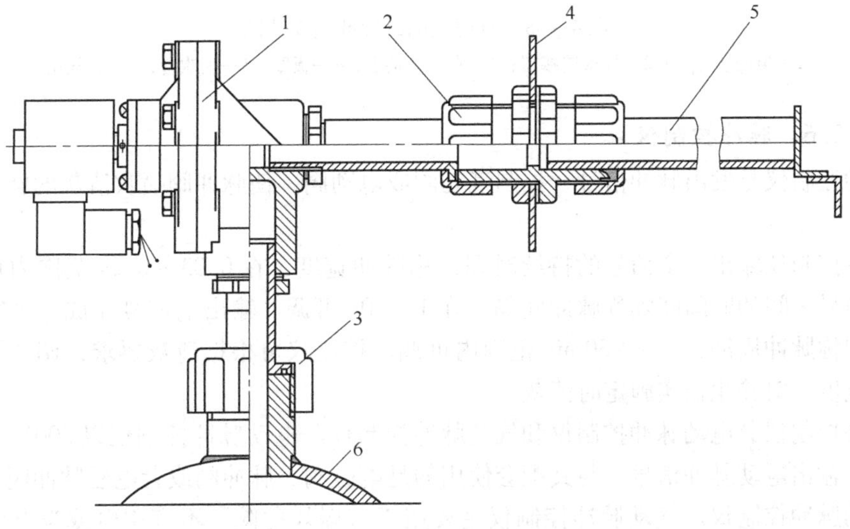

图 4 - 36 直角式电磁脉冲阀安装图

1—电磁脉冲阀；2—板壁连接器；3—常压连接器；4—板壁；5—喷吹管；6—分气箱

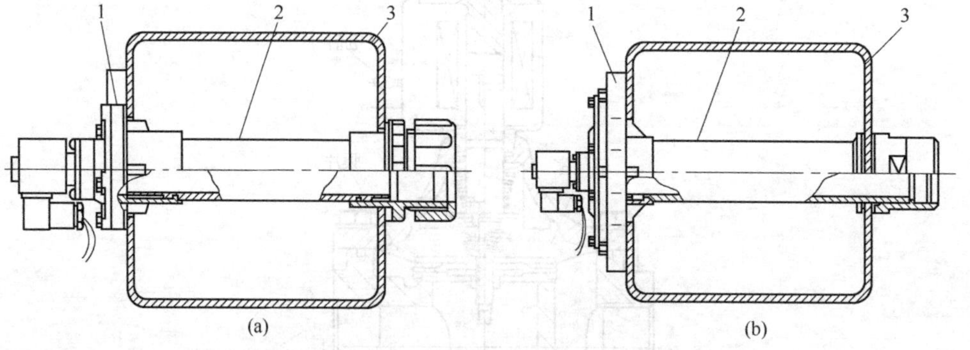

图 4-37 淹没式电磁脉冲阀安装图

（a）电磁脉冲阀螺接式安装图；（b）电磁脉冲阀滑动式安装图

1—电磁脉冲阀；2—气包连接器；3—分气箱

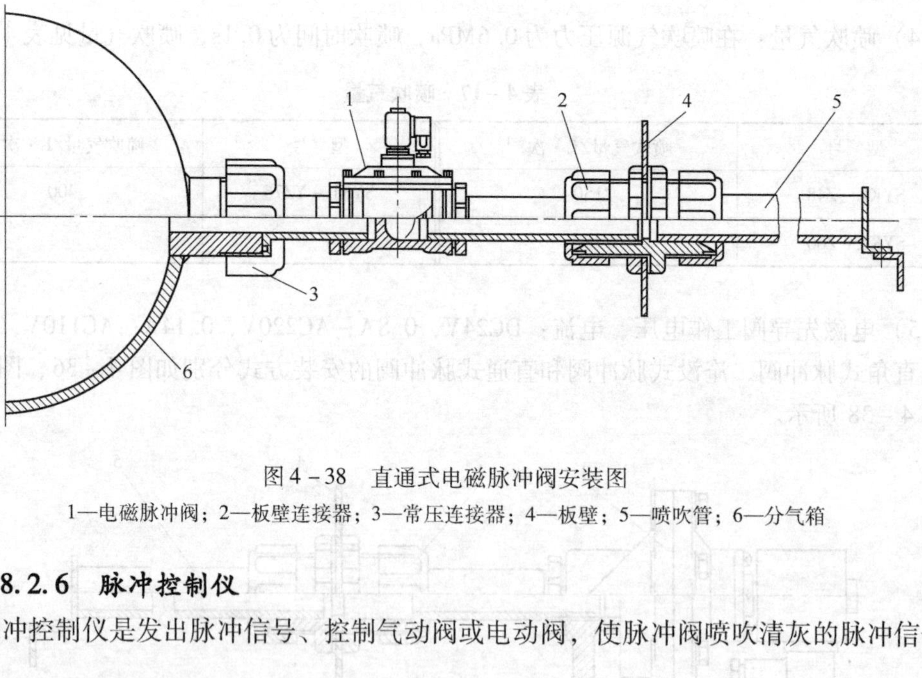

图 4-38 直通式电磁脉冲阀安装图

1—电磁脉冲阀；2—板壁连接器；3—常压连接器；4—板壁；5—喷吹管；6—分气箱

4.8.2.6 脉冲控制仪

脉冲控制仪是发出脉冲信号、控制气动阀或电动阀，使脉冲阀喷吹清灰的脉冲信号发生器。

脉冲控制仪输出一个信号的持续时间，称脉冲宽度，在 0.03～0.2s 范围内可调。输出两个信号之间的时间间隔称脉冲间隔，在 1～30s 可调。输出电信号完成一个循环所需要的时间称脉冲周期，在 1～30min 范围内可调。控制仪可根据清灰要求，调整脉冲间隔和脉冲宽度，对除尘器实施定时清灰。

脉冲控制仪分电动脉冲控制仪和气动脉冲控制仪。电动脉冲控制仪以 200V 交流电源为能源，输出电动脉冲信号，与其配套使用的是电磁阀、脉冲阀或者电磁脉冲阀。工程上常用电动脉冲控制仪。气动脉冲控制仪主要用于有爆炸危险、不宜用电或没有电源的环境。气动脉冲控制仪以干净压缩空气为能源，输出气动脉冲信号，与其配套使用的是气动阀、脉冲阀。

（1）电动脉冲控制仪。图4－39是DTMKB－12254C电动脉冲控制仪工作原理。

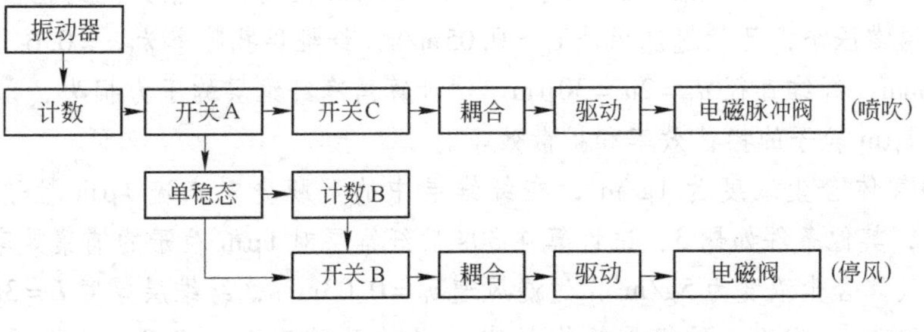

图4－39　DTMKB－12254C电动脉冲控制仪工作原理

工作时开关A路的接通，由计数器A输出端状态决定；开关B、C路开关接通，由计数器B输出端状态决定。

振荡器产生的第n个脉冲经过开关A触发单稳电路，其暂稳态输出到计数器B控制开关B、C，并通过开关B耦合电路、驱动电路，使某室停风电磁阀工作，关闭该室阀门。振荡器产生的第$n+1$、第$n+2$个脉冲，则相继通过开关A、C及耦合驱动电路，使该室两个电磁脉冲阀进行喷吹清灰。静停一段时间，单稳态电路返回原状态，该室阀门打开，清灰过程结束。再过一段时间，对该室相邻的一室进行上述工作。

（2）气动脉冲控制仪。图4－40是QMY－4KA气动脉冲控制仪工作原理。

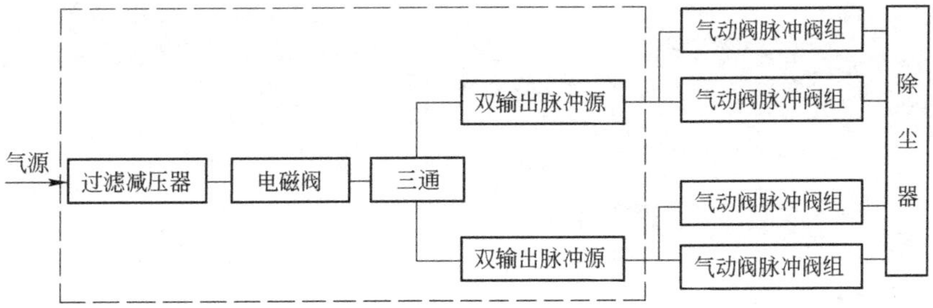

图4－40　QMY－4KA气动脉冲控制仪工作原理

气动脉冲控制仪由过滤减压器、电磁阀和双输出脉冲源组成。当电磁阀通电后，过滤减压器的输出就通入双输出脉冲源。双输出脉冲源是一个由气阻和气容组成的气动振荡器。它发出频率可调脉冲信号，触发气动阀和脉冲阀组，进行脉冲喷吹清灰。

（3）可编程控制器。由于可编程控制器控制脉冲清灰过程较脉冲控制仪既准确又可靠，所以在过程设计中，只有小型脉冲袋式除尘器用脉冲控制仪控制，大中型脉冲袋式除尘器一般都用可编程控制器。采用可编程控制器除了可控制清灰过程外，还可控制排灰装置、电动润化装置以及除尘器温度、压力等。而脉冲控制仪多数不具备清灰过程以外的功能。

习　题

4－1　在纤维平行排列系统中，已知两纤维轴之间的间距为8μm，纤维的半径为10μm，则该纤维的空隙率和比表面积分别为多少？

4－2　已知纤维直径 $d_f = 30\mu m$，过滤风速 $v_0 = 0.04m/s$，气体密度 $1.2kg/m^3$，气体动力黏滞系数 $1.85\times10^{-5}Pa\cdot s$。绘出 $d_p = 1\sim10\mu m$ 区间内单根纤维的拦截效率曲线。

4－3　在常温常压下，已知过滤风速 $v_0 = 0.05m/s$，纤维层孔隙率为 $\varepsilon = 0.6$，纤维层厚度 $L = 2mm$，纤维直径 $d_f = 2a = 30\mu m$。试计算洁净纤维层的压力损失，以及洁净纤维层对 $1\mu m$ 粒子的拦截效率和扩散效率。

4－4　已知气体含尘浓度为 $1g/m^3$，在纤维层中的沉积尘对来流 $1\mu m$ 粒子捕集效率为0.05，其他条件如题3，试计算在30s后纤维层对 $1\mu m$ 粒子的捕集效率。

4－5　已知气体含尘浓度为 $5g/m^3$，过滤风速 $v_0 = 0.03m/s$，纤维层厚度 $L = 3mm$，纤维层孔隙率为 $\varepsilon = 0.6$，沉积于纤维层中粒子的孔隙率 $\varepsilon_p = 0.3$，纤维层的总效率为99.9%。如果纤维层总压力损失超过2kPa必须清灰，试计算清灰周期。

4－6　已知过滤风速 $v_0 = 0.05m/s$，纤维层孔隙率为 $\varepsilon = 0.6$，试用Lamb和Davies公式计算绕孤立圆柱状纤维的阻力 F，并与Kuwabara胞壳模型的计算结果比较，从原理上讨论其合理性。

4－7　已知处理烟气量为 $100\times10^3 m^3/h$，过滤风速1m/min。袋长选4m，袋径150mm，试计算过滤该烟气量所需布袋数量，并估算脉冲喷出袋式除尘器本体的占地面积。

5 湿式除尘器

在工业烟气净化中，湿式除尘器应用极为普遍。湿式除尘器又称洗涤器，它既能捕集0.1～20μm的固态和液态粒子，同时也能脱除气态污染物。

5.1 湿式除尘器的原理、分类与性能

5.1.1 湿式除尘器的工作原理

在湿式除尘器中，气体中的粉尘粒子是在气液两相接触过程中被捕集的。湿式除尘器的除尘机理与纤维过滤的除尘机理相同，主要有重力、拦截、惯性碰撞、扩散和静电效应。目前常用的各种洗涤器主要利用尘粒与液滴、液膜的惯性碰撞进行除尘。湿式除尘器中气、液、固三相接触面的形式及大小，对除尘效率有着重要的影响。水与尘粒的接触大致可以有三种形式：

（1）水滴。由于机械喷雾或其他方式使水形成大小不同的水滴，分散于气流中成为捕尘体，例如喷淋塔、文式管洗涤器等，此时水滴为捕尘体。

（2）水膜。这是在粉尘表面形成水膜，气流中的粉尘由于惯性、离心力等作用而撞击到水膜中，例如旋风水膜除尘器。其分离的原理与干式旋风除尘器相同，然而由于水膜的存在，增加了捕尘的几率，有效地防止了二次扬尘，因而可以大大提高除尘效率。

（3）气泡。水与气体以气泡的形式接触，它主要产生于泡沫除尘器中，由于气体穿过水层，根据气流的速度、水的表面张力等因素的不同，产生不同大小的气泡。粉尘在气泡中的沉降，主要是由于惯性、重力和扩散等机理的作用。

粒径为1～5μm的粉尘主要利用惯性碰撞，粒径在1μm以下的粉尘主要利用扩散凝并作用。如果使液滴和粉尘带电，静电效应将有明显的增效作用。虽然湿式除尘器的净化机理是明确的，但从理论上建立湿式除尘器的除尘效率表达式是困难的。

5.1.2 湿式除尘器的分类

目前，湿式除尘器通常按除尘设备阻力的高低分为低能耗、中能耗和高能耗三类。低能耗湿式除尘器的压力损失为200～1500Pa，如喷淋塔、水膜除尘器等，其对10μm以上粉尘的净化效率可达90%～95%。压力损失为1500～3000Pa的除尘器属于中能耗湿式除尘器，这类除尘器有如筛板塔、填料塔、冲击水浴除尘器。高能耗湿式除尘器的压力损失为3000～9000Pa，净化效率可达99.5%以上，如文丘里除尘器等。关于湿式除尘器的压力损失计算应视湿式除尘器的具体工况而定，如流速、气液接触形式、本体结构等。所以，关于湿式除尘器的压力损失将针对具体除尘器讨论。

5.1.3 湿式除尘器的性能

湿式除尘器运行与其他除尘器相比，其优点是：

（1）由于气体和液体接触过程中同时发生传质和传热的过程，因此这类除尘器既具有除尘作用，又具有烟气降温和吸收有害气体的作用；

（2）适用于处理高温、高湿、易燃易爆和有害气体；

（3）运行正常时，净化效率高。可以有效地捕集 0.1～10μm 的粉尘颗粒；

（4）湿式除尘器结构简单、占地面积小、耗用钢材少、投资低；

（5）运行安全、操作及维修方便。

其主要缺点是：

（1）存在水污染和水处理问题；

（2）湿式除尘过程不利于副产品的回收；

（3）净化有腐蚀性含尘气体时，存在设备和管道的腐蚀或堵塞问题；

（4）不适用于憎水性粉尘和水硬性粉尘的分离；

（5）排气温度低，不利于烟气的抬升和扩散；

（6）在寒冷地区要注意设备的防冻问题。

根据不同的除尘要求，可以选择不同类型的除尘器。主要湿式除尘装置的性能和操作条件列于表 5－1。

表 5－1 主要湿式除尘装置的性能和操作条件

装置名称	气体流速/$m \cdot s^{-1}$	液气比/$L \cdot m^{-3}$	压力损失/Pa	分割直径/μm
喷淋塔	0.1～2	2～3	100～500	3.0
填料塔	0.5～1	2～3	1000～2500	1.0
旋风水膜除尘器	15～45	0.5～1.5	1200～1500	1.0
转筒除尘器	300～750	0.7～2	500～1500	0.2
冲击式除尘器	10～20	10～50	0～150	0.2
文丘里除尘器	60～90	0.3～1.5	3000～8000	0.1

5.2 湿式除尘器介绍

5.2.1 喷淋塔

喷淋塔也称喷雾塔洗涤器，是湿式除尘器中最简单的一种，如图 5－1 所示。

5.2.1.1 喷淋塔的工作原理

如图 5－2 所示的逆流喷淋除尘器为例，含尘气流向上运动，液滴由喷嘴喷出向下运动，粉尘颗粒与液滴之间通过惯性碰撞、接触阻留、粉尘因加湿而凝聚等作用机制，使较大的尘粒被液滴捕集。当气体流速较小时，夹带了颗粒的液滴因重力作用而沉于塔底。净化后的气体通过脱水器去除夹带的细小液滴由顶部排出。

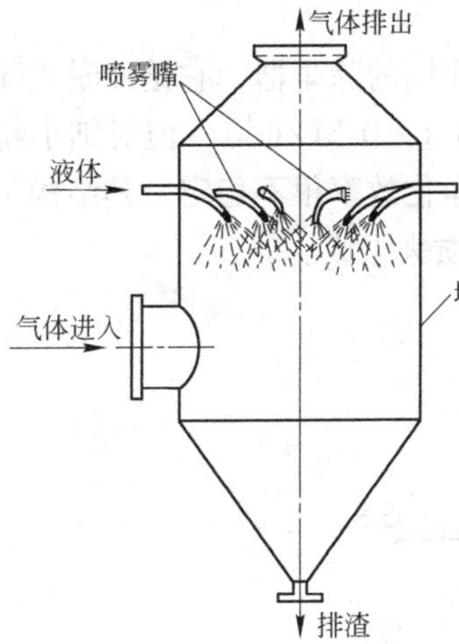

图5-1 喷雾塔洗涤器示意图

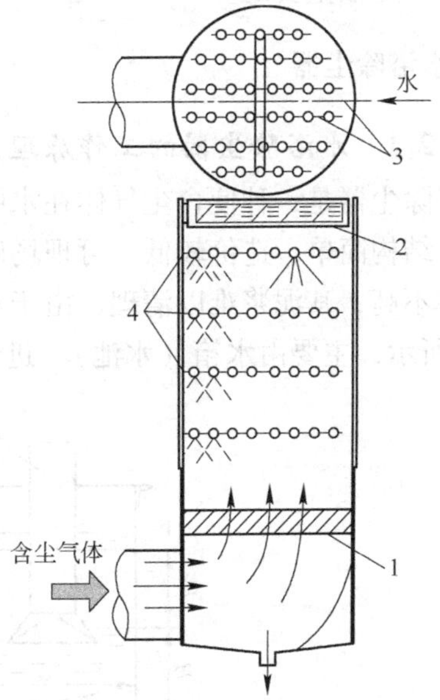

图5-2 逆流喷淋除尘器示意图
1—气流分布格栅；2—挡水板；
3—水管；4—喷嘴

5.2.1.2 喷雾塔洗涤器的基本构造

根据喷淋除尘器内截面的形状，可分为圆形和方形两种；按其内的气液流动方向不同，可分为逆流、顺流和错流三种形式。

在逆流式喷雾塔中，含尘气体从喷淋除尘器底部进入，通过气流分布格栅而均匀地向上运动；液滴由喷嘴喷出从上向下喷淋，喷嘴可以设在一个截面上，也可以分几层设在几个截面上。因颗粒和液滴之间的惯性碰撞、拦截和凝聚等作用，使较大的粒子被液滴捕集。净化后的气体经过塔上部的防雾挡水板，除去携带的水雾排出。

顺流形式的喷雾塔，液体和含尘气流在塔内按同一方向流动，一般是从顶部淋下来，对于液滴从气流中分离有利，缺点是惯性碰撞效果差，主要用于使气体降温和加湿等过程。

而错流形式的喷雾塔，即液体由塔的顶部淋下来，而含尘气流水平通过喷雾塔。

喷雾塔洗涤器下部一般设有集液管槽，并附设有沉淀池，使液体能循环利用。

5.2.1.3 喷雾塔洗涤器的特点与使用场合

喷雾塔洗涤器的主要特点是结构简单、压力损失小（一般为250~500Pa）、操作方便、运行稳定。其主要缺点是耗水量及占地面积大、净化效率低、对粒径小于10μm的尘粒捕集效率较低。

喷雾塔洗涤器适用于捕集粒径较大的颗粒，当气体需要除尘、降温或除尘兼有去除其他有害气体时，往往与高效除尘器（如文丘里除尘器）串联使用。

空塔气速一般取为液滴沉降速度的50%，液滴直径在0.5~1.0mm范围内，空塔气速为0.6~1.2m/s，液气比取0.4~1.35L/m^3。严格控制喷雾过程，保证液滴大小均匀及空间均匀分布是很重要的。

5.2.2 水浴除尘器

5.2.2.1 水浴除尘器的工作原理

水浴除尘器是一种使含尘气体在水中进行充分水浴作用的除尘器，它是冲激式除尘器的一种，结构简单、造价较低、可现场砌筑、耗水少（0.1~0.3L/m³），但对细小粉尘的净化效率不高，其泥浆难以清理，由于水面剧烈波动，净化效率很不稳定。其结构示意如图5-3所示，主要由水箱（水池）、进气管、排气管和喷头组成。

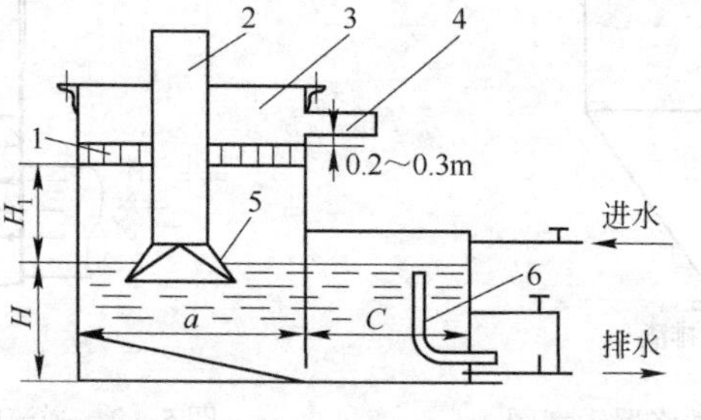

图5-3 水浴除尘器结构示意图

1—挡水板；2—进气管；3—盖板；4—排气管；

5—喷头；6—溢水管

当具有一定进口速度的含尘气体经进气管后，在喷头处以较高速度喷出，对水层产生冲击作用后，改变了气体的运动方向，而尘粒由于惯性则继续按原来方向运动，其中大部分尘粒与水黏附后便留在水中，称为冲击水浴阶段。在冲击水浴作用后，有一部分尘粒仍随气体运动与大量的冲击水滴和泡沫混合在一起，在池内形成一个抛物线形的水滴和泡沫区域，含尘气体在此区域内进一步净化，称为淋水浴阶段。此时，含尘气体中的尘粒便被水所捕集，净化气体经挡水板从排气管排走。

5.2.2.2 喷头的埋入深度与冲击速度

除尘效率及压力损失与喷头距水面的相对位置有关，也与其对水面的冲击速度有关。水浴除尘器可根据粉尘性质选择喷头的插入深度和喷头的出口速度，在一般情况下，其取值见表5-2。

表5-2 水浴除尘器喷头的插入深度和冲击速度的取值

粉尘性质	插入深度/mm	出口速度/m·s^{-1}
密度大、颗粒粗	0~+50 -30~0	10~14 14~40
密度小、颗粒细	-30~-50 -50~-100	8~10 5~8

注：“+”表示水面上的高度，“-”表示插入水层深度。

5.2.2.3 主要结构尺寸和性能参数

除尘器的构造尺寸如图5-4所示，性能、尺寸见表5-3及表5-4。

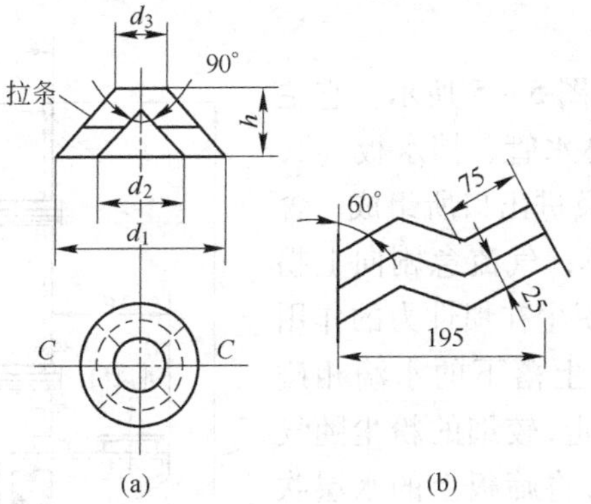

图 5-4 水浴除尘器几何尺寸

（a）喷头；（b）挡水板

表 5-3 水浴除尘器性能参数

喷口速度 /m·s⁻¹	压力损失 /Pa	型号风量/m									
		1	2	3	4	5	6	7	8	9	10
8	400~500	1000	2000	3000	4000	5000	6400	8000	10000	12800	16000
10	480~580	1200	2500	3700	5000	6200	8000	10000	12500	16000	20000
12	600~700	1500	3000	4500	6000	7500	9600	12000	15000	19200	24000

表 5-4 水浴除尘器尺寸

型号	喷头几何尺寸/mm				水池尺寸/mm				
	d_1	d_2	h	d_3	$q \times b$	c	L	K	G
1	270	170	85	170	430×430	800	800	1000	300
2	490	390	195	270	680×680	800	800	1000	300
3	720	620	310	340	900×900	800	800	1000	300
4	732	590	295	400	980×980	800	800	1000	300
5	860	720	630	440	1130×1130	800	800	1000	300
6	900	732	365	480	1300×1300	1000	1000	1500	300
7	1070	890	445	540	1410×1410	1200	1200	1500	300
8	1120	900	450	620	1540×1540	1200	1200	1500	400
9	1400	1180	590	720	1790×1790	1200	1200	1500	400
10	1490	1230	615	780	2100×2100	1200	1200	1500	400

5.2.3 筛板塔

筛板塔又称泡沫塔，该除尘器具有结构简单、维护工作量小、净化效率高、耗水量大、防腐蚀性能好等特点，常用于气体污染物的吸收，对颗粒污染物也具有很好的捕集效果。它适用于净化亲水性不强的粉尘，如硅石、黏土等，但不能用于石灰、白云石、熟料等水硬性粉尘的净化，以免堵塞筛孔。除尘器流速应控制在 2~3m/s 内，风速过大易产生带水现象，影响除尘效率。泡沫除尘器的除尘效率为 90%~93%，在泡沫板上加塑料球或卵石等物后，可进一步提高净化效率，但设备阻力增加。

5.2.3.1 工作原理

筛板塔结构示意图如图5－5所示。它主要由布满筛孔的筛板、淋水管、挡水板（又称除沫器）、水封排污阀及进出口所组成。含尘烟气由侧下部进入筒体，气流急剧向上拐弯，并降低沉速，较粗的粉尘在惯性力的作用下被甩出，并与多孔筛板上落下的水滴相碰撞，被水黏附带入水中排走，较细的粉尘随气流上升，通过多孔筛板时，将筛板上的水层吹起成紊流剧烈、沸腾状的泡沫层，增加了气体与水滴的接触面积，因此，绝大部分粉尘被水洗下来。粉尘随污水从底部锥体经水封排至沉淀池。净化后的烟气经上部挡水板排出。

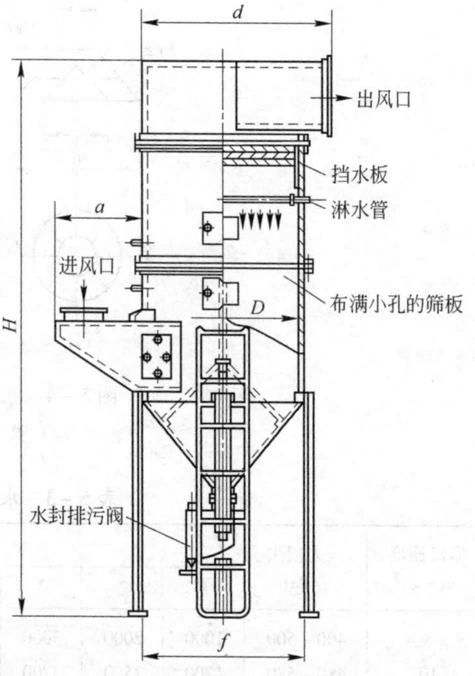

图5－5 筛板塔结构示意图

5.2.3.2 几何参数与运行参数

筛板塔的几何参数主要有筛孔、溢流堰高度 h 与液层厚度 h_L、筛板间距和塔内风速。

筛孔直径 d_0 通常为3～8mm，筛孔过小易堵塞，筛孔太大则漏液严重，无法形成稳定的泡沫层，甚至出现干板，故推荐取 $d_0 = 4 \sim 6$mm。开孔率推荐取 $s = 10\% \sim 25\%$。

在漏液量很小的情况下，溢流堰高度 h 决定了筛板上液层的厚度 h_L。当无漏液或漏液较少时，$h = h_L$，一般取 $h = 30 \sim 100$mm。

在液层中气液错流接触，在气速不是很大、漏液量很小的情况下，所形成的泡沫层可分为3个区：

（1）鼓泡区。紧靠塔板的清液，存在单个气泡，大部分是液体，扰动性小。

（2）泡沫区。清液上，液层内气流和气泡激烈地搅动液体。

（3）雾沫区。气流冲出液面的夹带和气泡的破裂所致。

气速大时，鼓泡区消失，泡沫区与雾沫区增厚，气速进一步增大，泡沫区消失，雾沫夹带严重而发生液泛（淹塔），筛板塔无法正常工作。因此，气速大时，筛板间距较大。在正常情况下，当塔径 $D < 1.5$m，板间距 $H > 0.5$m；当塔径 $D < 0.8$m，板间距 $H < 0.45$m。

筛孔风速存在一下限速度 v_{min}，当筛孔风速 $v_0 < v_{min}$，液体从筛孔泄漏时称为漏液点。操作要求筛孔风速与下限速度之比 $v_0/v_{min} \geq 1$。筛孔风速 v_0 是一个重要的设计参数，实验表明筛孔风速 $v_0 = 10$m/s 左右为宜。

气流通过空塔速度一般为 $v = 1 \sim 2.5$m/s。于是，根据处理烟气流量可计算出塔径 D。

5.2.3.3 除尘效率

根据泡沫除尘器除尘的一般原理以及气体与液体的物理化学性质和粉尘性质对泡沫除尘的影响，可以知道影响泡沫除尘效率的因素是很多的，它不仅与系统的物理化学性质有关，而且更主要的是取决于操作时的流体力学状况；此外，设备的结构也有一定的影响。综合考虑这些因素，可得板除尘效率的计算公式如下

对亲水性粉尘

$$\eta = 89Z^{0.005}S_{tk}^{0.04} \tag{5-1}$$

式中 η——板除尘效率，%；

Z——与流体力学性质有关的常数，无量纲，可用式(5-2)计算

$$Z = \frac{vi}{g(h_c - h_d)^2} \tag{5-2}$$

v——气体空塔流速，m/s，一般取值范围为1.3～2.5m/s；

i——液流强度，它是指在单位时间内通过单位长度挡板宽度时液体的体积，$m^3/(m \cdot s)$；

g——重力加速度，$g = 9.81m/s^2$；

h_c——溢流孔高度，m；

h_d——挡板高度，m；

S_{tk}——斯托克斯准数，无量纲，可用式(5-3)计算

$$S_{tk} = \frac{\rho_p d_p^2 v}{g\mu d_0} \tag{5-3}$$

ρ_p——粉尘的密度，kg/m^3；

d_p——粉尘的粒径，m；

v——气体空塔流速，m/s；

μ——气体的动力黏度，Pa·s；

d_0——筛孔直径，m；

g——重力加速度，$g = 9.81m/s^2$。

对憎水性粉尘

$$\eta = 89Z^{0.005}S_{tk}^{0.235} \tag{5-4}$$

虽然增加筛板数可以提高除尘效率，但是由于在气体中所含粉尘的分散度越来越高，若筛板数目超过三块以上，再增加筛板时，已无意义。相反地，由于筛板数目的增加，使气流通过除尘器的阻力增加很多。

5.2.3.4 压力损失

泡沫除尘器的压力损失 Δp 包括筛板压力损失 Δp_s（即干筛板和泡沫层压力损失）、除雾器压力损失 Δp_3（若除雾器是安装在设备内部时）、泡沫除尘器的气体进口压力损失 Δp_i 和出口压力损失 Δp_o 等，即

$$\Delta p = \Delta p_s + \Delta p_3 + \Delta p_i + \Delta p_o \tag{5-5}$$

筛板压力损失 Δp_s，包括干筛板压力损失 Δp_1 和泡沫层压力损失 Δp_2，即

$$\Delta p_s = \Delta p_1 + \Delta p_2 \tag{5-6}$$

干筛板的压力损失 Δp_1 可用式(5-7)来计算

$$\Delta p_1 = \zeta \frac{\rho_g v_0^2}{2} \tag{5-7}$$

式中　Δp_1——干筛板的压力损失，Pa，一般取值范围为25～130Pa；

ζ——干筛板的压力损失系数，无因次，它与干筛板的厚度δ有关，其取值见表5-5；

ρ_g——气体的密度，kg/m^3；

v_0——通过筛孔的气体流速，m/s，当$d_0=4\sim6mm$时，v_0可取6～13m/s。

表5-5　干筛板的厚度δ与干筛板的压力损失系数ζ的关系

δ/mm	1	3	5	7.5	10	15	20
ζ	1.81	1.60	1.45	1.67	1.89	2.18	2.47

泡沫层压力损失Δp_2可用式(5-8)计算

$$\Delta p_2 = 325H - 23v + 43.5 \tag{5-8}$$

式中　Δp_2——泡沫层的压力损失，Pa，一般取值范围为25～130Pa；

H——泡沫高度，m；

v——气体空塔流速，m/s。

当泡沫除尘器中安置有除雾装置时，则除尘器的压力损失就应包括除雾器的压力损失在内。除雾器的压力损失大小与它本身的形式、结构和气体流速的大小有关，一般约在40～100Pa之间。

泡沫除尘器的气体进口压力损失Δp_i和出口压力损失Δp_o与结构有关，一般这两项压力损失总和约为30～100Pa之间。

综上所述，对于一块筛板的泡沫除尘器来讲，其总的压力损失约在300～400Pa之间。数值大小与设备本身的结构和操作情况有着密切关系。若除尘器中筛板数目不止一块时，则它的压力损失应比上面所指出的数值要大一些。

5.2.3.5　性能与外形尺寸

常用泡沫除尘器的性能与外形尺寸见表5-6。

表5-6　常用泡沫除尘器的性能与外形尺寸

直径D/mm	风量范围/$m^3\cdot h^{-1}$	设备阻力/Pa	耗水量/$m^3\cdot h^{-1}$	质量/kg	外形尺寸/mm			
					H	f	d	a
500	1000～2500	600～800	0.25～0.6		3011	612	700	350
600	2000～4500	600～800	0.5～1.1		3091	712	800	400
800	4000～6500	600～800	1.0～1.6	317	3261	912	1000	450
900	6000～8500	600～800	1.5～2.1	368	3361	1012	1100	500
1000	8000～11000	600～800	2.0～2.7	416	3461	1112	1200	550
1100	10000～14000	600～800	2.5～3.5	465	3551	1212	1300	600

5.2.4　水膜除尘器

5.2.4.1　CLS型水膜除尘器

CLS型水膜除尘器如图5-6所示，其主要性能和尺寸分别见表5-7和表5-8。CLS型水膜除尘器有XN、XS、YN、YS四种组合形式，其识别方法同旋风除尘器。

CLS 型水膜除尘器的结构简单、耗金属量少、耗水量小；其缺点为高度较高，且安置困难。除尘器的供水压力为 0.03 ~ 0.05MPa，水压过高会产生带水现象；为保持水压稳定，宜设恒水箱。CLS 型水膜除尘器与入口风速相对应的局部阻力系数为：CLS - X 型，$\zeta=2.8$；CLS - Y 型，$\zeta=2.5$。

表 5 -7 CLS 型水膜除尘器主要性能

型 号	入口风速 /$m\cdot s^{-1}$	风量 /$m^3\cdot h^{-1}$	用水量 /$L\cdot h^{-1}$	喷嘴数/个	压力损失/Pa		质量/kg	
CLS - D135	18	1600	0.14	3	550	500	83	70
	21	1900			760	680		
CLS - D443	18	3200	0.20	4	550	500	110	90
	21	3700			760	680		
CLS - D570	18	4500	0.24	5	550	500	190	158
	21	5250			760	680		
CLS - D634	18	5800	0.27	5	550	500	227	192
	21	6800			760	680		
CLS - D730	18	7500	0.30	6	550	500	288	245
	21	8750			760	680		
CLS - D793	18	9000	0.33	6	550	500	337	296
	21	10400			760	680		
CLS - D888	18	11300	0.36	6	550	500	398	337
	21	13200			760	680		

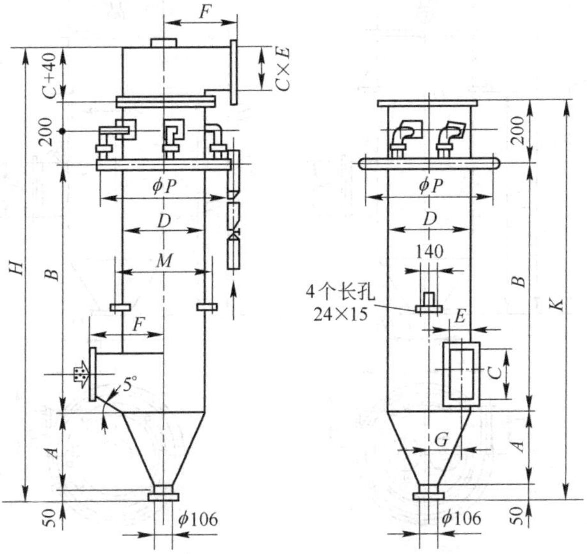

(a) (b)

图 5 -6 CLS 型水膜除尘器

(a) X 型；(b) Y 型

表 5-8　CLS 型水膜除尘器尺寸　（mm）

型　号	D	C	E	F	A	B	G	H	K	P	M
CLS－D135	315	204	122	260	224	1075	96.5	1993	1749	512	441
CLS－D443	443	295	165	370	314	1585	140	2684	2349	704	569
CLS－D570	570	352	202	450	405	2080	184	3327	2935	754	696
CLS－D634	634	392	228	490	450	2340	203	3627	3240	754	760
CLS－D730	730	452	258	610	520	2725	236	4187	3695	840	856
CLS－D793	793	492	282	670	560	3080	255.5	4622	4090	894	919
CLS－D888	888	552	318	742	630	3335	385	5007	4415	980	1014

注：暖通标准图号 T503－1。

5.2.4.2　CLS/A 型水膜除尘器

CLS/A 型水膜除尘器如图 5－7 所示，主要性能及尺寸分别见表 5－9 和表 5－10。

CLS/A 型水膜除尘器的构造与 CLS 型水膜除尘器相似，只有喷嘴不同，且带有挡水圈，以减少带水现象。

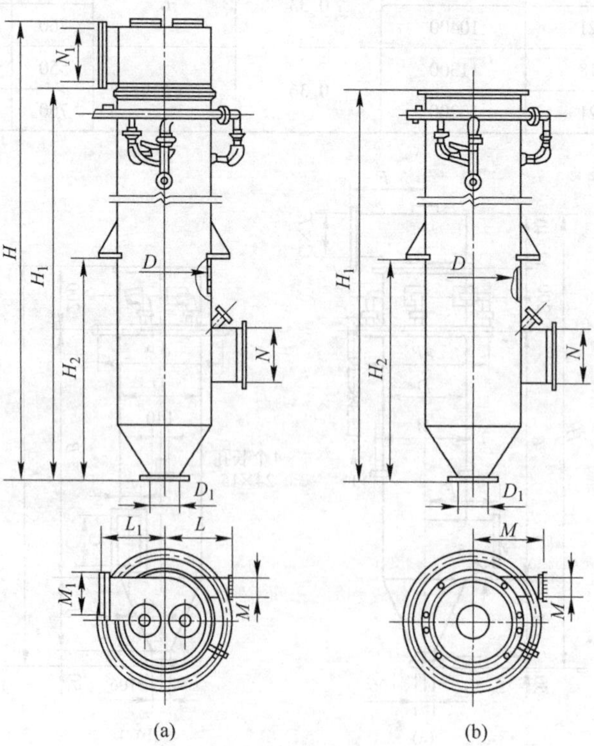

图 5－7　CLS/A 型水膜除尘器
（a）X 型；（b）Y 型

表 5-9 CLS/A 型水膜除尘器主要性能

型 号	风量/$m^3 \cdot h^{-1}$	用水量/$L \cdot h^{-1}$	喷嘴数/个	压力损失/Pa	质量/kg	
					Y 型	X 型
CLS/A-3	1250	0.15	3	580	70	82
CLS/A-4	2250	0.17	3	580	110	128
CLS/A-5	3500	0.20	4	580	227	249
CLS/A-6	5400	0.22	4	600	328	358
CLS/A-7	7000	0.30	5	600	429	467
CLS/A-8	9000	0.33	5	580	635	683
CLS/A-9	11500	0.39	6	580	745	804
CLS/A-10	14000	0.45	7	580	1053	1123

表 5-10 CLS/A 型水膜除尘器尺寸 (mm)

<table>
<tr><th>型 号</th><th>D</th><th>D1</th><th>H</th><th>H1</th><th>H2</th><th>L</th><th>L1</th><th>M</th><th>N</th><th>M1</th><th>N1</th></tr>
<tr><td>CLS/A-3</td><td>300</td><td rowspan="8">114</td><td>2242</td><td>1938</td><td>1260</td><td>375</td><td>250</td><td>75</td><td>240</td><td>135</td><td>230</td></tr>
<tr><td>CLS/A-4</td><td>400</td><td>2888</td><td>2514</td><td>1640</td><td>500</td><td>300</td><td>100</td><td>320</td><td>175</td><td>300</td></tr>
<tr><td>CLS/A-5</td><td>500</td><td>3545</td><td>3091</td><td>2010</td><td>625</td><td>350</td><td>125</td><td>400</td><td>210</td><td>380</td></tr>
<tr><td>CLS/A-6</td><td>600</td><td>4197</td><td>3668</td><td>2380</td><td>750</td><td>400</td><td>150</td><td>480</td><td>260</td><td>450</td></tr>
<tr><td>CLS/A-7</td><td>700</td><td>4880</td><td>4244</td><td>3726</td><td>875</td><td>450</td><td>175</td><td>560</td><td>300</td><td>550</td></tr>
<tr><td>CLS/A-8</td><td>800</td><td>5517</td><td>4821</td><td>3130</td><td>1000</td><td>500</td><td>200</td><td>640</td><td>350</td><td>600</td></tr>
<tr><td>CLS/A-9</td><td>900</td><td>6194</td><td>5398</td><td>3500</td><td>1125</td><td>550</td><td>225</td><td>720</td><td>380</td><td>700</td></tr>
<tr><td>CLS/A-10</td><td>1000</td><td>6820</td><td>5974</td><td>3900</td><td>1250</td><td>600</td><td>250</td><td>800</td><td>434</td><td>750</td></tr>
</table>

5.2.4.3 卧式旋风水膜除尘器

卧式旋风水膜除尘器是国内常用的一种旋风水膜除尘器。其优点是构造简单、操作和维护方便、耗水量小、磨损小；与立式旋风水膜除尘器相比，它可以用在风量波动范围较大（±20%）的场合，除尘效率稍高，除尘器高度较低。其缺点是占地面积与金属耗量较大。

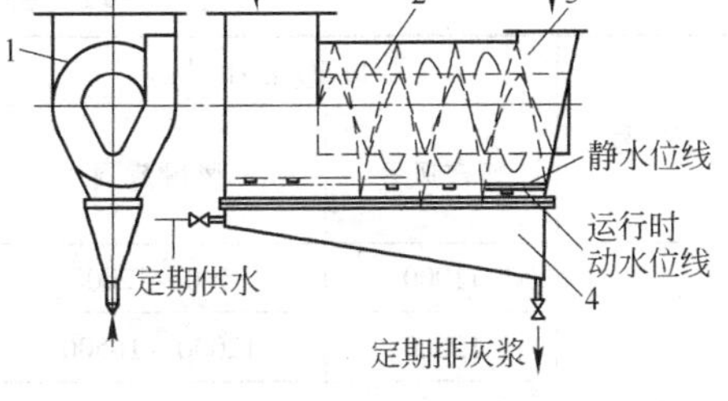

图 5-8 卧式旋风水膜除尘器

1—外壳；2—螺旋导流片；3—内芯；4—灰浆斗

卧式旋风水膜除尘器的结构如图 5-8 所示。它由截面为倒犁形的横置圆筒外壳、类似外壳形状的内筒、在外壳与内筒之间的螺旋导流片、角锥形泥浆斗、挡水板及水位调整机构等组成。

含尘烟气以较高的流速从除尘器的一端沿

切线方向进入，并沿外壳与内筒间的螺旋导流片作旋转运动前进，其中部分大颗粒粉尘在烟气多次冲击水面后，由于惯性力的作用而被沉留在水中。而细颗粒烟尘，被烟气多次冲击水面时溅起的水泡、水珠所润湿、凝聚，并随烟气作螺旋运动时，由于离心力的作用加速向外壳作内壁运动，最后被水膜黏附。被捕获的尘粒靠自重沉淀，并通过灰浆阀排出。净化后的烟气通过檐板或旋风脱水后排出。

卧式旋风水膜除尘器（旋风脱水）如图 5-9 所示。

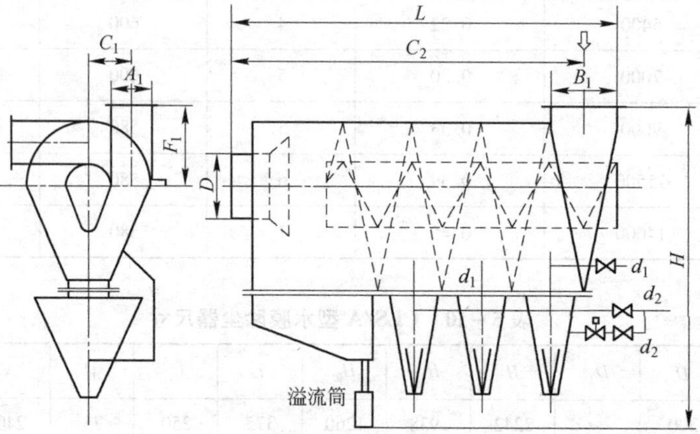

图 5-9 卧式旋风水膜除尘器（旋风脱水）

卧式旋风水膜除尘器适用于捕集非黏结性及非纤维性粉尘，其结构适用于常温和非腐蚀气体。一般可净化粒径在 10μm 以上的粉尘。该除尘器的除尘效率一般不大于 95%，除尘器风量变化在 20% 以内，除尘效率几乎不变。该除尘器进口风速取 11～16m/s，不能大于 16m/s，否则会造成阻力骤增，带水严重；檐板脱水要求檐板间流速为 4m/s，为避免净化后烟气带水，一般控制出口烟气流速以 3m/s 为宜，旋风脱水要求中心插入管深度与脱水段长度比为 0.6～0.7 时，效果最佳；水位高度（指筒底水位之高）在 80～150mm 之间，螺旋通道内断面烟气流速以 11～16m/s 为宜。这种除尘器的压力损失约为 300～1000Pa，额定风量按风速 14m/s 计算。其主要性能和尺寸见表 5-11 和表 5-12。

表 5-11 卧式旋风除尘器的主要性能

型号	风量/$m^3 \cdot h^{-1}$		压力损失/Pa	耗水量		除尘器质量/kg
	额定风量	风量范围		定期换水 流量/$t \cdot h^{-1}$	连续供水 流量/$t \cdot h^{-1}$	
旋风脱水	11000	8500～12000	<1050	1.10	0.36	893
	15000	12000～16500	<1100	1.50	0.45	1125
	20000	16500～21000	<1150	2.34	0.56	1504
	25000	21000～26000	<1200	2.85	0.64	2264
	30000	25000～33000	<1250	3.77	0.70	2636

表 5-12 卧式旋风除尘器的尺寸 (mm)

尺寸	A_1	B_1	C_1	C_2	F_1	H	L	D
旋风脱水	406	520	400	2890	703	2920	3150	600
	456	640	450	3500	778	3113	3820	670
	556	700	550	3885	928	2598	3150	850
	608	800	600	4360	1004	3790	3820	900
	658	880	650	1760	1079	4083	5200	1000

5.2.4.4 麻石水膜除尘器

麻石水膜除尘器又称花岗岩旋风水膜除尘器。当用一般钢制湿式除尘器处理某些工业含尘气体时，这些含尘气体不仅含有粉尘粒子，而且还含有如 SO_2、NO_x 等有腐蚀性的气体，这些腐蚀性气体往往会使钢制湿式除尘器遭受腐蚀，使其适用寿命缩短。为了解决钢制湿式除尘器的化学腐蚀问题，常常采用在钢制湿式除尘器内涂装衬里，但在施工安装时较为麻烦。而采用厚度为 200～300mm 的麻石（花岗岩）砌成的麻石水膜除尘器则从根本上解决了除尘防腐的问题。用它处理含有 SO_2 的锅炉烟气，寿命长达几十年，实际上可以认为是永久性的，该除尘器在锅炉烟气的净化中适用范围较广。

麻石水膜除尘器除了具有结构简单、耐酸、耐磨、阻力小、除尘效率高、运行稳定和维修方便等优点外，除尘效率也较高，一般可达 90% 左右；由于麻石旋风水膜除尘器的主体材料为花岗岩，钢材用量少，在麻石产区建麻石旋风水膜除尘器就能就地取材，因而造价便宜。麻石旋风水膜除尘器存在的问题有：安装环形喷嘴形成筒壁水膜，喷嘴易被烟尘堵塞；采用内水槽溢流供水，使得在器壁上形成的水膜受供水量的多少而不稳定；耗水量大，废水含有的酸需处理后才能排放；不适宜急冷急热变化的除尘过程；处理烟气温度以不超过 100℃ 为宜。它应用在电站锅炉、工业锅炉上。它有不带文丘里管的 MC 型和带有文丘里管的 WMC 型两种形式。

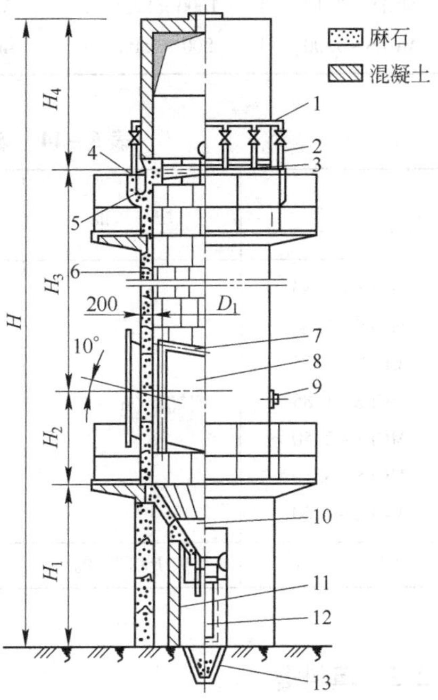

图 5-10 麻石旋风水膜除尘器的结构图
1—环形集水管；2—扩散管；3—挡水檐；4—水越入区；5—溢水槽；6—筒体内壁；7—烟道进口；8—挡水槽；9—通灰孔；10—锥形灰斗；11—水封池；12—插板门；13—灰沟

麻石水膜除尘器是一种立式旋风水膜除尘器，它的结构是由圆柱形筒体（用花岗岩砌筑）、溢流水槽、环形喷嘴、水封、沉淀池等组成，其结构如图 5-10 所示。

麻石水膜除尘器属机械离心式湿式除尘装置，在中空的圆筒内壁有一层分布均匀的水膜自上而下流动，含尘烟气从圆筒下部的蜗壳进气装置引入圆筒，然后螺旋上升，由圆筒顶部排出。在整个流动过程中，尘粒受离心力的作用而向筒壁，被水膜黏附并带到圆筒底部经过排灰口排出，达到烟气除尘的目的。

文丘里管麻石水膜除尘器工作时烟气在进入捕滴器前，首先通过文丘里管，在收缩管内逐渐加速，到达喉部处烟气流速最高；烟气呈强烈的紊流运动，在喉管前喷入的压力水呈雾状布满整个喉部，烟气中高速运动着的尘粒冲破水珠周围的气膜被吸附在水珠上，凝聚成大颗粒的灰水滴（称碰撞凝聚）随烟气一起进入捕滴器进行分离。

麻石旋风水膜除尘器的主要技术数据如下：入口风速为15～20m/s；筒体断面流速为3.5～5m/s；耗水量为0.1～0.3kg/m³；除尘效率较高，阻力不高，约在400～784Pa之间，它往往和文丘里洗涤器配套使用，可以使除尘效率达到95%以上。

麻石旋风水膜除尘器的主要结构尺寸和性能参数见表5－13和表5－14。

表5－13　麻石旋风水膜除尘器的主要结构尺寸　　(mm)

型　号	烟气进口尺寸 $b \times h$	内径 D_1	总高 H	H_1	H_2	H_3	H_4
MCLS－1.30	430×900	1300	10030	2650			
MCLS－1.60	420×1200	1600	11500	2650			
MCLS－1.75	420×1300	1750	12780	2500	1375	7475	1307
MCLS－1.85	420×1500	1850	11647	2650	1517	7430	2458
MCLS－2.50	700×2000	2500	8083	3200	2000		
MCLS－3.10	1000×1921	3100	10450	2650	1900	5850	
MCLS－4.00	800×2500	4000	32200	9000	2475	15486	5240

表5－14　麻石旋风水膜除尘器的性能参数

型　　号	性　　能	进口烟气速度/$m \cdot s^{-1}$				质量/kg
		15	18	20	22	
MCLS－1.30		23200	27800	30900	34000	33326
MCLS－1.60		27200	32600	36300	39500	41500
MCLS－1.75		29500	34500	39400	43400	
MCLS－1.85	烟气量/$m^3 \cdot h^{-1}$	37800	45300	50400	55600	47300
MCLS－2.50		75600	91000	101000	11100	
MCLS－3.10		104000	125000	138700		
MCLS－4.00		108000	126000	144000	158000	243700
以上所有型号	压力损失/Pa	579	844	1030	1246	

5.2.5　填料塔

5.2.5.1　工作原理

填料塔是最常用的吸收塔之一，对颗粒污染物也有很好的捕集效果。其优点是结构简单、气液接触效果好、压力损失小。逆流式填料塔的结构如图5－11所示。在填料塔中，填料的表面积很大，洗涤液将填料表面润湿，在填料中有液滴的捕尘作用，但主要是通过填料所形成的液网、液膜对尘粒进行捕集，因此对液滴雾化效果无过高要求。同时，对气液比、过滤风速等运行条件有较宽的操作弹性。

填料塔所用填料的种类很多，常用的有拉西环、鞍形环、鲍尔环、泰勒环、陶瓷环、十字分隔环、勒辛环，材质通常为陶瓷、塑料或金属3种。对气体污染物的吸收，需要单位体积填料的表面积愈大愈好。但对颗粒污染物的净化，除了具有较大的表面积，还要考虑防止填料的堵塞，这就要求填料有足够大的空腔。因此，形状简单、制作方便并有较高强度的拉西环、勒辛环可作为除尘用填料塔优先选用的填料，如图5－12所示。根据工程实践应用结果表明，除尘用拉西环的直径取30～60mm、高取40～60mm，勒辛环直径取50～80mm、高为50～80mm。当填料厚度较大时，若采用陶瓷材料，本体质量会很大，可将塑料管（如壁厚为2mm左右的PVC塑料管）锯断成拉西环，这种塑料有较好的防腐蚀性能，而且质量小、成本低。由于存在洗涤液的冷却作用，填料塔适用于较高温度烟气的净化。

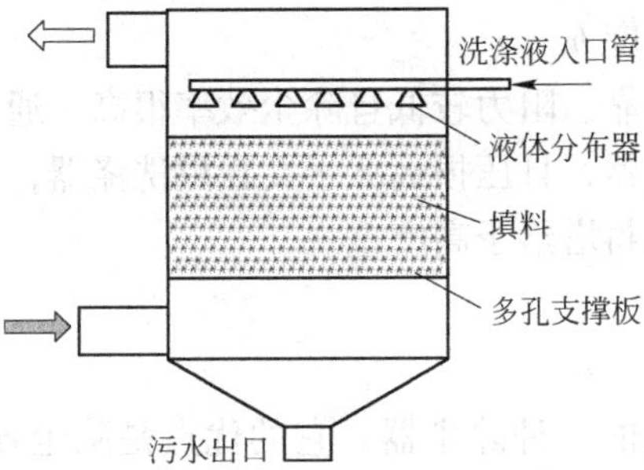

图5－11 填料塔示意图

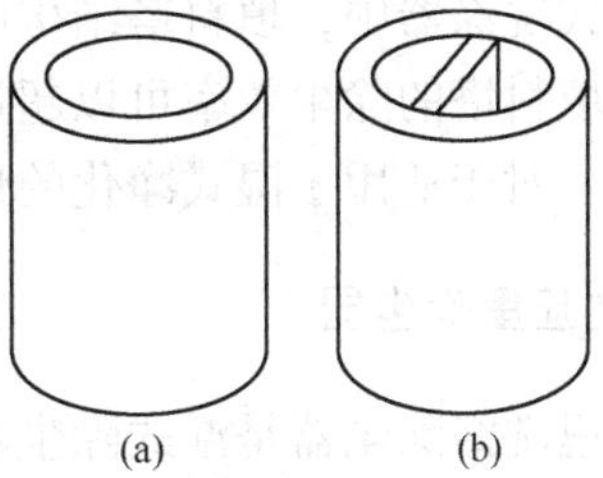

图5－12 除尘推荐用填料
（a）拉西环；（b）勒辛环

5.2.5.2 主要性能

在处理同样烟气量时，除尘用填料塔的填料厚度远小于吸收用填料塔的填料厚度。这是因为在填料塔中气体污染物的净化是化学过程，气液两相的传质过程通常较缓慢，有时用理论计算的填料层厚度需几十米甚至上百米，这对除尘来说是不可思议的。而用填料塔净化颗粒污染物时，有惯性碰撞、拦截、扩散、壁效应（泳力）和分子力或称范德华力等，这些物理过程进行得较迅速，因此厚度较小。然而由于填料的差异、液气比的不同和净化机理较复杂，到目前为止，在除尘方面还没有非常严格的填料厚度计算公式。

液体向下流过填料层时，有向塔壁汇集的倾向，中心的填料不能充分加湿。为避免操作时出现干料，力求液体喷洒均匀，液体喷淋密度在$10m^3/hm^2$以上，由此可确定液气比。对于拉西环或勒辛环填料，塔径D与填料尺寸d的比值$D/d>20$。

填料塔断面气流速度一般为$v=0.3\sim1.5m/s$。推荐气流速度$v=0.5\sim1.0m/s$。于是，塔径D可由连续性方程计算。

填料塔的压力损失常用阻力系数法计算

$$\Delta p=\xi h\frac{\rho v^2}{2} \tag{5-9}$$

式中 h——填料层厚，m；

ξ——阻力系数，由实验确定。

对于拉西环，当风速v为0.5～1.0m/s时，压力损失Δp约为每米厚度填料250～

600Pa。

填料塔的分级效率可以用式(5-10)近似计算

$$\eta = 1 - \exp\left(-9\frac{S_{tk}}{\varepsilon d}h\right) \tag{5-10}$$

$$S_{tk} = \frac{d_a^2}{9\mu}\frac{v_0}{d} \tag{5-11}$$

式中 h——填料层厚，m；

ε——孔隙率；

d——填料直径，m；

v_0——填料塔断面风速，m/s。

式(5-10)可用于填料层厚度的设计计算。如给出要求的总除尘效率，然后根据总除尘效率和分级效率的关系式，便可估算填料层厚度 h。

在湿式洗涤器中，填料塔结构简单、运行可靠、阻力较低且除尘效率很高。通过合理的设计，填料塔的除尘效率可以超过文丘里洗涤器，且压损远低于文丘里洗涤器，甚至低于筛板塔。对于适用于湿式净化的烟尘，应对填料塔给予高度重视。

5.2.6 文丘里除尘器

文丘里洗涤除尘器是湿式除尘器中效率最高的一种除尘器。它的优点是除尘效率高，可达99%，结构简单、造价低廉、维护管理简单。它不仅可用作除尘（包括净化含有微米和亚微米粉尘粒子），还能用于除雾、降温和吸收有毒有害气体、蒸发等。它的缺点是动力消耗和水量消耗都比较大。

5.2.6.1 工作原理

文丘里洗涤除尘器是一种具有高除尘效率的湿式除尘器。实际应用的文丘里洗涤除尘器是一套系统设备，由文丘里洗涤器、除雾器（或气液分离器）、沉淀池和加压循环水泵等多种装置所组成。其装置系统如图5-13所示。

文丘里管洗涤器就其断面形状来看，有圆形和矩形两种，但无论哪一种形式的文丘里管洗涤器都是由收缩管、喉管和扩张管以及在喉管处注入洗涤水的喷雾器所组成的。

文丘里洗涤除尘器对粉尘的捕集主要是惯性碰撞机理起作用，扩散沉降机理对小于0.1μm的细小粉尘方有明显的作用。当含尘烟气进入收缩管之后，气流的速度随着截面的缩小而骤增，气流的压力能逐渐转变为动能，在喉管入口处，气速达到最大，一般为50~180m/s，静压降到最低值。文丘里洗涤器的除尘包括三个过程：

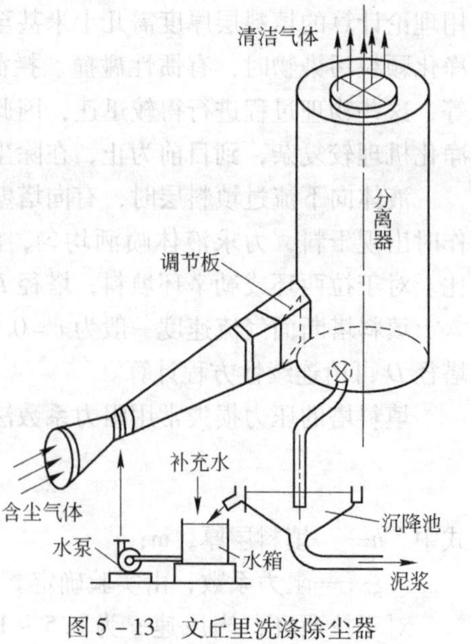

图5-13 文丘里洗涤除尘器

(1) 含尘气流由收缩管进入喉管流速急剧增大，洗涤液（一般为水）通过沿喉管周边均匀分布的喷嘴喷入，液滴被高速气流冲击进一步地雾化成更细小的水滴，此过程称为雾化过程。

（2）在喉管中气液两相得到充分混合，粉尘粒子与水滴碰撞沉降效率很高。进入扩张管后，气流降低，静压逐渐增大，水滴与粉尘颗粒凝聚成较大的含尘水滴，这一过程称为凝聚过程。

（3）经文丘里洗涤器预处理后的烟气以切向速度进入除雾器，在离心力的作用下，除雾器将烟尘和水流抛向除雾器的器壁，烟尘被壁面上流下的水膜所黏附，随含尘废水经下部灰斗（或水封）排至沉淀池，净化后烟气从除尘器上部排出，达到除尘目的，这一过程称为分离除尘过程。雾化过程和凝聚过程是在文丘里管洗涤器内进行的，分离除尘是在除雾器或其他分离装置中完成的。

根据设计要求的效率，文丘里洗涤除尘器的阻力通常在4000～10000Pa之间，液气比在0.5～2.0L/m^3之间，它可以在用于高炉和转炉煤气的净化与回收，在一般烟气和粉尘的治理中多采用低阻或中阻形式。

5.2.6.2 文丘里管的设计计算

文丘里管的截面可以是圆形的，也可以是矩形的，下面以圆截面为例进行。

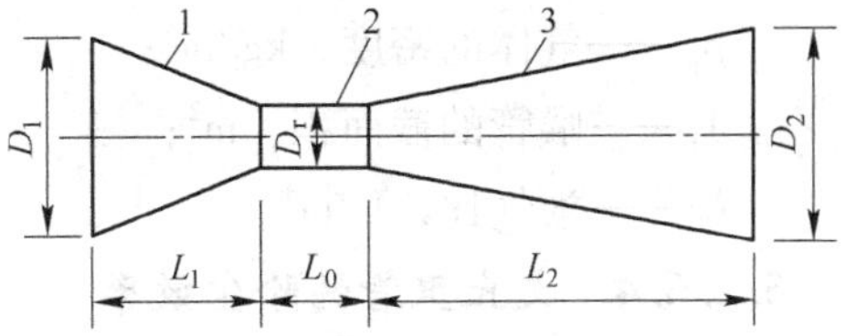

图5－14 文丘里管结构尺寸

1—渐缩管；2—喉管；3—渐扩管

文丘里管结构尺寸如图5－14所示。收缩管、喉管以及扩散管的直径和长度、收缩管和扩散管的张开角度等是文丘里洗涤器设计时的主要几何尺寸。

喉管直径

$$D_0 = 0.0188\sqrt{\frac{Q_t}{v_i}} \tag{5-12}$$

式中 D_0——喉管直径，m；

Q_t——温度为t℃时，进口气体流量，m^3/h；

v_i——喉管中气体流速，一般为50～120m/s。

喉管长度

$$l_0 \approx D_0 \tag{5-13}$$

式中 l_0——喉管长度，m，l_0一般取0.2～0.8m。

渐缩管进口直径

$$D_1 \approx 2D_0 \tag{5-14}$$

式中 D_1——渐缩管进口直径，m。

渐缩管长度

$$l_1 = \frac{D_0}{2}\cot\alpha_1 \tag{5-15}$$

式中 l_1——渐缩管长度，m；

α_1——渐缩管的半收缩角，一般取$\alpha_1 = 10° \sim 13°$。

渐扩管进口直径

$$D_2 \approx D_1 \tag{5-16}$$

式中 D_2——渐扩管进口直径，m。

渐扩管长度

$$l_2 = \frac{D_2 - D_0}{2}\cot\alpha_2 \tag{5-17}$$

式中 l_2——渐扩管长度，m；

α_2——渐扩管的半张开角，一般取 $\alpha_2 = 3° \sim 4°$。

5.2.6.3 文丘里管的阻力

估计文丘里管的阻力是一个比较复杂的问题。在国内外虽有很多经验式，但都有一定的局限性，有时同实际情况有较大出入。下面介绍海思开斯（Hesketh）经验公式，即

$$\Delta p = \frac{v_i^2 \rho_g A_T^{0.133} L_G^{0.78}}{1.16} \tag{5-18}$$

式中 Δp——文丘里管的阻力，Pa；

v_i——喉管中气体流速，m/s；

ρ_g——气体的密度，kg/m^3；

A_T——喉管的截面积，m^2；

L_G——液气比，L/m^3。

5.2.6.4 文丘里管的除尘效率

文丘里管对5μm以下的尘粒的去除效率可按海思开斯（Hesketh）经验公式估算

$$\eta = (1 - 4525.3\Delta p^{-1.3}) \times 100\% \tag{5-19}$$

式中 Δp——文丘里管的阻力，Pa。

5.2.6.5 主要性能

下面以辽宁省鞍山市腾鳌特区环保结构设备制造厂生产的WCG型低压文丘里除尘器为例介绍。WCG型低压文丘里除尘器由两个主要部件组成，即装有文丘里管和旋风筒的上箱体和设有沉淀箱、卸灰装置的下箱体。表5-15中为WCG型低压文丘里除尘器的性能参数，其入口含尘浓度最高可达35g/m³，供水水压要求大于1000Pa。

表5-15 WCG型低压文丘里除尘器的性能参数及外形尺寸

型号	额定风量 /m³·h⁻¹	阻力 /Pa	除尘效率 /%	入口气体温度/℃	外形尺寸（长×宽×高）/mm	入口尺寸 /mm	出口尺寸 /mm
WCG-0.5	5000	1270	>98	<160	1064×860×2600	300×860	φ500
WCG-1.0	10000	1270	>98	<160	2100×860×3700	580×860	φ850
WCG-1.5	15000	1270	>98	<160	2100×1240×3700	580×1240	φ1100
WCG-2.0	20000	1270	>98	<160	2100×1620×3700	580×1620	φ1100
WCG-2.5	25000	1270	>98	<160	2100×2000×3700	580×2000	φ1100
WCG-3.0	30000	1270	>98	<160	2100×2300×3700	580×2360	φ1100
WCG-4.0	40000	1270	>98	<160	2100×3140×4000	580×3140	φ1390
WCG-5.0	50000	1270	>98	<160	2100×3900×4000	580×3900	φ1390
WCG-6.0	60000	1270	>98	<160	2100×4660×4000	580×4660	φ1390

注：1. 允许风量波动20%；2. 自流运行耗水量为5m³/10000m³风量，为节省水量可循环运行；3. 经适当处理，风量可达12000~240000m³/h或更大。

5.3 脱 水 方 法

脱水装置又称为气液分离装置或除雾器。当用湿法治理烟气和其他有害气体时，从处理设备排出的气体常常夹带有尘和其他有害物质的液滴。为了防止含有尘或其他有害物质的液滴进入大气，在洗涤器后面一般都装有脱水装置，把液滴从气流中分离出来。洗涤器带出的液滴直径一般为50～500μm，其量约为循环液的1%。由于液滴的直径比较大，因此去除比较容易。脱水方式主要有三种。

5.3.1 重力沉降法

重力沉降法是最简单的一种方法，即在洗涤器后设一空间，气体进入这一空间后因流速降低，使液滴依靠重力而下降的速度大于气流的上升速度。只要有足够的高度，液滴就可以从气体中沉降下来而被去除。其设计计算方法可以参照重力沉降室的设计。

5.3.2 离心法

离心法是依靠离心力把液滴甩向器壁的一种脱水方法，其装置主要有两种。

5.3.2.1 圆柱型旋风脱水装置

这种旋风筒可以除去较小的液滴，常设在文氏管的后面，其形式如图5－15所示。气流进入旋风筒的切向进口流速一般为20～22m/s，气体在筒横截面的上升速度一般不超过4.5m/s，气体在筒体截面的流速与筒高的关系可参考表5－16。

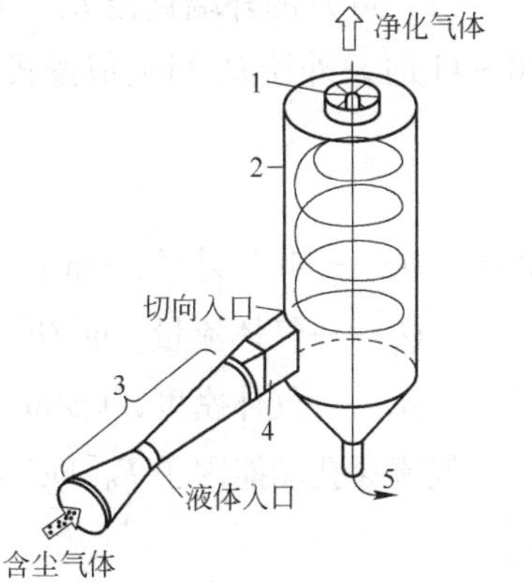

图5－15 文丘里洗涤器

1—消旋器；2—离心分离器；3—文氏管；4—旋转气流调节器；5—排液口

表5－16 气体在筒体截面的流速与筒高的关系

气体在筒体截面的流速/$m \cdot s^{-1}$	2.5～3.0	3.0～3.5	3.5～4.5	4.5～5.5
筒体高度	2.5D	2.8D	3.8D	4.6D

注：D为筒体直径。

一般锥底顶角为100°，旋风筒的阻力为490～1470Pa（50～150mmH_2O），可去除的最小液滴直径为5μm左右。

5.3.2.2 旋流板除雾器

旋流板是浙江大学研制成功的一种喷射型塔板，用于脱水、除雾，效果很好，一般效率为90%～99%左右。旋流板可用塑料或金属材料制造。塔板形状如固定的风车叶片，其构造如图5－16所示。气体从筒的下部进入，通过旋流板利用气流旋转将液滴抛向塔壁，从而聚集落下，气体从上部排出。

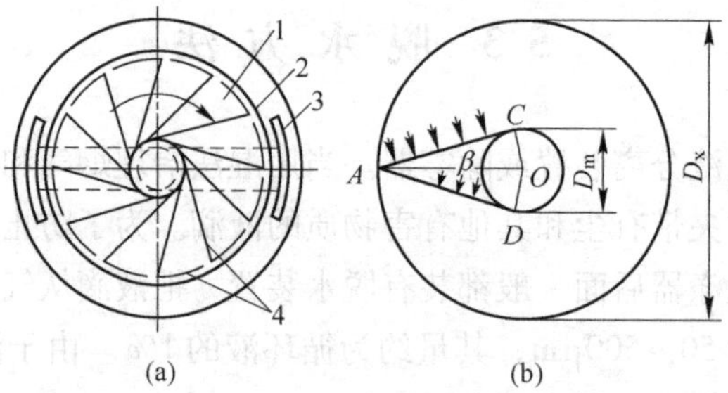

图 5－16 旋流板结构

1—旋流板片；2—罩筒；3—溢流箱；4—开缝线

其主要参数为：

（1）叶片的外端直径 D_x。对于 $D_m^2=0.1D_x^2$，仰角 $\alpha=25°$，气流穿孔动能因子 $F_0=10\sim11$ 时，外径 D_x 可近似按式(5－20)计算

$$D_x=10\sqrt{Q_g\sqrt{\rho_g}} \tag{5-20}$$

式中 D_x——叶片外径，mm；

Q_g——气体流量，m^3/h；

ρ_g——气体密度，kg/m^3。

气流穿孔动能因子 $F_0[kg^{0.5}/(m^{0.5}\cdot s)]$ 可按式(5－21)计算

$$F_0=\frac{Q_g\sqrt{\rho_g}}{3600A_0} \tag{5-21}$$

式中 A_0——气流通道截面积，即各叶片通道的法线方向截面积之和，m^2。

（2）盲板直径 D_m。用作脱水、除雾的旋流板，其盲板直径可大些，这样可使雾滴易于甩向塔壁，但也不宜太大，以免增加阻力与影响效果，其直径（mm）可取为

$$D_m\geqslant0.4D_x \tag{5-22}$$

（3）仰角 α。旋流板叶片与塔板平面的夹角称为仰角。实验证明 α 值取 25°比较适宜。这样既能保证效率又不至于阻力太大。

（4）径向角 β。叶片开缝线与半径的夹角称为径向角 β，用作脱水、除雾的塔板应为“外向板”，即叶片外端的钝角翘起，使气流朝向塔壁方向，可将带上的液滴抛向塔壁，从而聚集落下。即图 5－16（b）中开缝线为 AD，这样，AD 与 AO 的夹角为负值。对 β 可由式(5－23)计算

$$\sin\beta=D_m/D_x \tag{5-23}$$

（5）开孔率 φ。旋流板的开孔率 φ 可由式(5－24)求得

$$\varphi=A_0/A_T \tag{5-24}$$

式中 φ——开孔率；

A_0——气流通道截面积，即各叶片通道的法线方向截面积之和，m^2；

A_T——塔截面积，m^2。

当忽略塔板的厚度 δ 时，则 $A_0(m^2)$ 可按式(5-25)求得

$$A_0 = \frac{\pi}{4}(D_x^2 - D_m^2)\sin\alpha \tag{5-25}$$

若考虑塔板的厚度 δ 时，则 A_0 应为

$$A_0 = A_\alpha\left[\sin\alpha - \frac{2m\delta}{\pi(D_x + D_m)}\right] \tag{5-26}$$

$$A_\alpha = \frac{\pi}{4}(D_x^2 - D_m^2)\sin\alpha \tag{5-27}$$

式中 A_α——开孔区水平投影面积，m^2；

m——叶片数；

δ——塔板厚，m；

其他符号意义同前。

旋转板的开孔率一般可取40%左右。

（6）塔径 D、叶片数 m 与阻力 Δp。塔径 D 一般为 $1.1D_x$，叶片数 m 一般为12~18片，阻力一般为196~392Pa（20~40mmH_2O）。用作脱水、除雾的旋转板塔段的高度按经验可取（0.8~1）$(D - D_m)$，穿孔动能因子 F_0 应在10~12之间，去除液滴的效率可达90%以上。

旋流板可以直接装在洗涤器的顶部或管道内。由于不占地、效率高、阻力低，在用湿法治理烟尘和有害气体时常用它作为洗涤器后的脱水、除雾装置。另有一种旋流板除雾装置如图5-17所示，它由内、外套管，旋流板片和圆锥体组成。旋流板的叶片与轴成60°角，被离心力甩至内管壁上的液滴，形成旋转的薄膜，和气流一起向上运动。当到达内管上缘时，液体被抛到外管壁上，速度降低，在重力作用下下落，并通过水封排出。去除液滴后的气体通过扩散圆锥体排出。

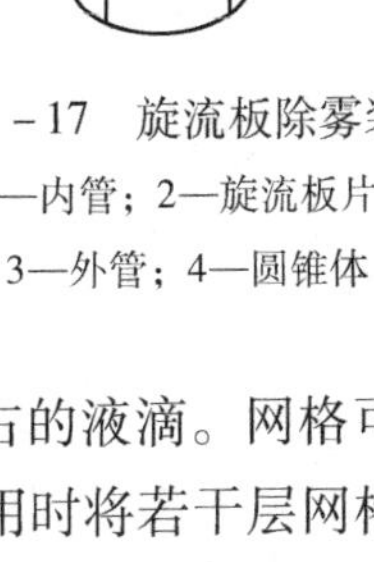

图5-17 旋流板除雾装置

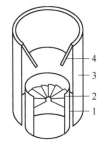

1—内管；2—旋流板片；3—外管；4—圆锥体

5.3.3 过滤法

用过滤网格去除液滴，效率比较高，可以去除粒径为1μm左右的液滴。网格可用尼龙丝或金属丝编结，也可以用塑料窗纱。孔眼一般为3~6mm，使用时将若干层网格交错堆叠到6~15cm高即可。过滤网格一般用于去除酸雾。当气流速度为2~3m/s，网格孔限为3mm×6mm，除酸雾效率可达98%~99%，阻力为177~392Pa（18~40mmH_2O）。但含尘液滴通过网格时，尘粒常常会堵塞网孔，因此，很少在洗涤式除尘器后装置过滤网格。

习　题

5-1　湿式除尘器的种类主要有哪些?

5-2　已知筛板塔有3层筛板，每层筛板保持水层厚60mm，试估算筛板塔的压力损失。

5-3　卧式旋风水膜除尘器的烟气处理量为$10\times10^3 m^3/h$，除尘器进口风速取14m/s，试设计卧式旋风水膜除尘器的断面积。

5-4　填料塔中填料采用拉西环，直径为100mm，填料厚1m，断面气流风速0.8m/s，填料塔阻力系数3.0。试估算该填料塔的压力损失，并估算空气动力学粒径为5μm粉尘的除尘效率。

5-5　已知文丘里洗涤器处理烟气处理量为$50\times10^3 m^3/h$，烟气温度200℃，计算该温度下烟气的密度。如果喉管流速选取80m/s，试设计文氏管的几何尺寸。在该设计参数下，计算文丘里洗涤器的压力损失。

6 静电除尘器

6.1 静电除尘器的基本理论

工业上最常用的颗粒净化设备是静电除尘器(Electrostatic Precipitator,简称 ESP)。静电除尘器按形状分为管式和板式两大类,工业烟尘净化大都采用板式电除尘器。按荷电区和收集区的空间布局不同将板式电除尘器分单区式和双区式两种基本结构,如图 6－1 所示。

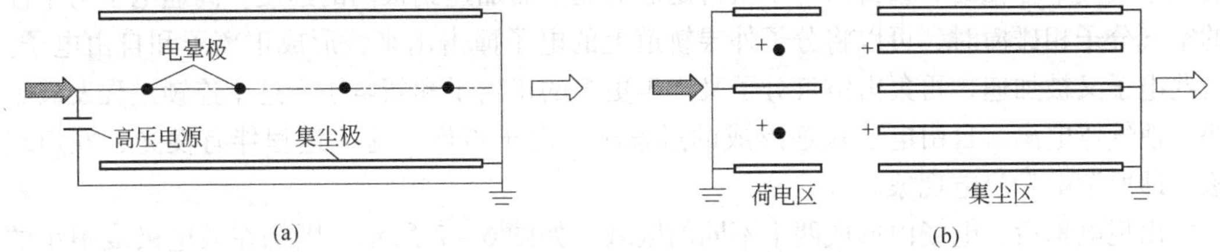

图 6－1 单区和双区静电除尘器的电极布置形式
(a) 单区;(b) 双区

静电除尘器与其他除尘设备相比，耗能少、除尘效率高，适用于除去烟气中粒径 0.1～50μm 的粉尘，而且可用于烟气温度高、压力大的场合。实践表明，处理的烟气量越大，使用静电除尘器的投资和运行费用越经济。

6.1.1 静电除尘原理

实现粉尘粒子静电捕集的基本思想是使气溶胶粒子带电并产生静电力作用。使粒子带电的方法有多种，而通过高压电极的电晕放电作用使微粒带电，并在电场力作用下使带电粒子向预定的表面沉降是目前普遍采用的方法。

在高压电极和接地极间所形成的电场中，带电量为 q 的尘粒所受到的电场力为

$$F_E = qE \tag{6-1}$$

式中 F_E——电场力，N;

E——外加电场强度，即荷电场强，V/m;

q——尘粒带电量，C。

式(6－1)就是通过静电力作用实现颗粒物从气体中分离出来的静电除尘原理。现在的问题归结为如何确定尘粒带电量 q 和外加电场强度 E。

6.1.2 气体的电离

在静电除尘器中，使尘粒带有足够大的电量是通过气体的电离实现的。空气在通常状

态下是不导电的。但是当气体分子获得足够的能量时就能使气体分子中的电子脱离而成为自由电子，这些电子成为输送电流的媒介，气体就具有导电的本领了，使气体具有导电本领的过程称为气体的电离。

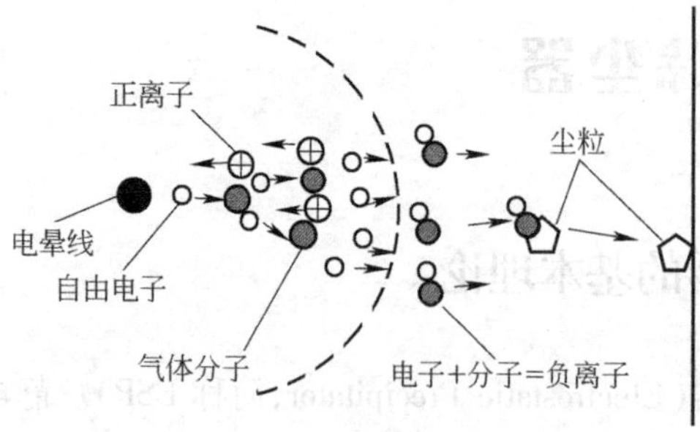

图6-2 气体的电离

设在空气中有一对电极，其中一极的曲率半径远远小于另一极的曲率半径。如一根极线对着一个极板，形成一个非均匀电场，如图6-2所示。

由于空气（大气）受到X射线、紫外线或其他背景辐射作用产生为数很少的自由电子，这些电子不足以形成电流，因而空气是不导电的。但当施加在极线上的电压升至一定值时，在极线附近的电场强度极高，就可使原来空气中存在的少量自由电子获得足够的能量而加速到很高的速度。高速电子与中性的空气分子相碰撞时，可以将分子外层轨道上的电子撞击出来，形成正离子和自由电子。这些电子又被加速，再轰击空气分子又产生更多的正离子和新电子。这个连锁过程发展极快，使气体电离。自由电子快速形成的过程称为电子雪崩。这一过程伴有发光、发声现象，即所谓电晕放电现象。

出现电晕后，电场内形成两个不同的区域，如图6-2所示。围绕在放电极线很小的范围内，约1~2mm，称电晕区，在这一区域内产生大量的正离子和自由电子。若极线上施加负高压，产生负电晕，此时电子向接地极运动，而正离子向电晕极线运动。当极线施加正高压时，为正电晕放电，这时正离子向接地极运动，而电子向电晕极运动。在电晕区以外称电晕外区，它占有电极间的绝大部分空间，此区场强急剧下降，电子的能量小到无法使空气分子电离，电子碰到中性空气分子并附着其上形成负离子（负电晕放电情况）。在电晕外区如果有尘粒通过，负离子就可能与尘粒相碰而附着在粉尘上，使粉尘带电。

如果产生的大量电子不能吸附到气体分子上形成负离子，则这些电子将直接奔向接地极，这样就会出现火花击穿，不能产生稳定的电晕。例如惰性气体、氮等易吸收自由电子，难以形成负电晕运转。自由电子与硫氧化物、氧气、水蒸气及二氧化碳有很好的亲和力。幸运的是，在工业烟气中，这类气体都有足够的浓度来维持负电晕的运转。

气体分子电离后，带电的空气分子称为离子。离子在电场力作用下运动的速度称为离子迁移速度（离子风速），由式(6-2)计算

$$v_e = kE \tag{6-2}$$

式中的比例系数 k 就是离子迁移率的定义，常温下负电晕，$k \approx 2.1\text{cm}^2/(\text{V} \cdot \text{s})$。通常电场强度约为4kV/cm，由式(6-2)算出的离子风速约为80m/s。如此高的离子风将对带电粉尘粒子的运动产生决定性的影响。然而事实并非如此，原因是：气体被电离的离子数量和电场空间内的空气分子相比，数量极少，离子在运动过程中被大量静止的中性空气分子所阻碍，离子风速急剧衰减，只有在电晕区附近才有极高的离子风速。

6.1.3 粒子的荷电量

如前所述，静电除尘器使粉尘带电的方法是电晕放电，即采用一根曲率半径很小的放

电极和一个曲率半径很大的接地极，施加高压的放电极周围形成的高场强使气体电离。如果施加负高压，在电晕区外将产生负离子，负离子附着在粉尘上使粉尘带负电，若施加正高压，在电晕区外将产生正离子，正离子附着在粉尘上使粉尘带正电。

关于球形尘粒荷电量的理论研究较为成熟。离子能附着在粉尘上使粉尘荷电主要有两个机理：电场荷电（又称碰撞荷电）和扩散荷电，其经典计算式分别为

$$q_f = 3\pi\varepsilon_0 E d_p^2 \left(\frac{\varepsilon}{\varepsilon+2}\right)\left(\frac{1}{1+\tau_q/t}\right) \tag{6-3}$$

$$q_d = \frac{6\pi\varepsilon_0 k_B T d_p}{e}\ln\left(1+\frac{u d_p \rho_e e t}{8\varepsilon_0 k_B T}\right) \tag{6-4}$$

式中 ε_0——真空介电常数，$\varepsilon_0 = 8.85\times10^{-12}\mathrm{C/(V\cdot m)}$；

E——外加电场强度，即荷电场强，V/m；

τ_q——时间常数，s；

T——绝对温度，K；

t——电场中粒子荷电时间，s；

k_B——玻耳兹曼常数，$k_B = 1.38\times10^{-23}\mathrm{J/K}$；

ρ_e——电荷体密度，电子数/$\mathrm{m^3}$；

e——电子电荷量，$e = 1.6\times10^{-19}\mathrm{C}$。

空气分子平均速度计算式如下：

$$u = u_0\sqrt{TM_0/T_0M}$$

式中 u——在温度 T 下空气分子的平均运动速度，m/s；

u_0——标准状态下（$T_0 = 273\mathrm{K}$，$p_0 = 101\mathrm{kPa}$）空气分子的运动速度，$u_0 = 463\mathrm{m/s}$；

M——温度 T 下气体摩尔质量，kg/mol；

M_0——标准状态下气体摩尔质量，$M_0 = 0.029\mathrm{kg/mol}$。

对于电场荷电，时间常数 $\tau_q = (4\varepsilon_0/N_0 ek) \ll t$（粒子在荷电电场中的滞留时间），通常假定粒子很快达到饱和荷电量，即

$$q_f = 3\pi\varepsilon_0 E d_p^2 \left(\frac{\varepsilon}{\varepsilon+2}\right) \tag{6-5}$$

由式(6-4)看出扩散荷电量无上限，且不易得到电荷体密度 ρ_e，因此计算有困难。Cochet 考虑了气体分子平均自由程 λ 对粒子荷电作用的影响，导出电场荷电和扩散荷电联合作用的电量计算式（Cochet 公式）

$$q = \pi\varepsilon_0 E d_p^2\left[\left(\frac{\varepsilon-1}{\varepsilon+2}\right)\left(\frac{2}{1+2\lambda/d_p}\right) + (1+2\lambda/d_p)^2\right] \tag{6-6}$$

当粒径 $d_p \gg \lambda$ 时，式(6-5)即为粒子电场荷电的饱和电量表达式。通常，当 $d_p > 1\mu\mathrm{m}$ 时，用式(6-5)计算粒子的荷电量有很好的近似结果；当 $d_p < 1\mu\mathrm{m}$ 时，可由式(6-6)计算。

例 6-1 已知场强 $E = 500\mathrm{kV/m}$，真空介电常数 $\varepsilon_0 = 8.85\times10^{-12}\mathrm{C/(V\cdot m)}$，粒子相对介电常数 $\varepsilon = 6$。试计算 $1\mu\mathrm{m}$ 粒子饱和荷电量及所带电子的数量。

解：由式(6-5)，饱和荷电量为

$$q = 3\pi\varepsilon_0 E d_p^2\left(\frac{\varepsilon}{\varepsilon+2}\right)$$

$$=3\times 3.14\times 8.85\times 10^{-12}\times 5\times 10^{5}\times 10^{-12}\times \frac{6}{6+2}$$
$$=3.13\times 10^{-17}\ \text{C}$$

电子电荷量为

$$n=\frac{q}{e}=\frac{3.13\times 10^{-17}}{1.6\times 10^{-19}}=196\ 个$$

6.1.4 电场强度

静电除尘器的电极形式有两种：线－管式和线－板式。

6.1.4.1 线－管式电极的电场强度

图 6－3 所示的线－管式电极的电场分布有精确解

$$E=\sqrt{\frac{a^2E_0^2}{r^2}+\frac{i}{2\pi\varepsilon_0 k}\left(1-\frac{a^2}{r^2}\right)} \tag{6-7}$$

式中 a——电晕区半径，m；

E_0——电晕区边缘的空气击穿场强，V/m；

k——离子迁移率，$m^2/(V\cdot s)$；

i——电流线密度，A/m。

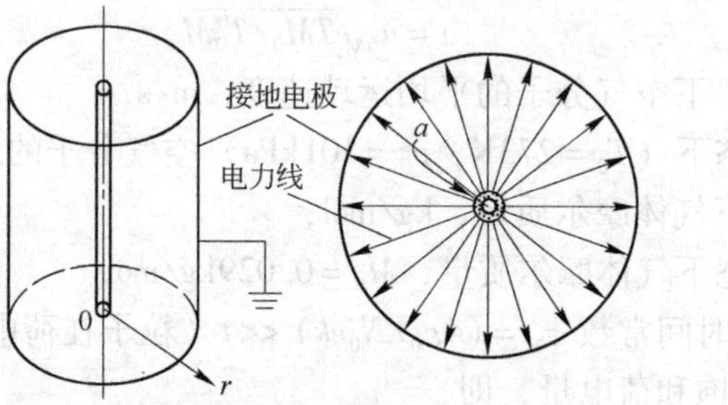

图 6－3 线－管电极间电场分布示意图

电流线密度 i 由式(6－8) 计算

$$i=\frac{8\pi\varepsilon_0 k}{r_c^2\ln(r_c/r_0)}U(U-U_0) \tag{6-8}$$

$$U_0=r_0E_0\ln(r_c/r_0) \tag{6-9}$$

式中 r_c——圆形管接地极的半径，m。

由于在实际应用时，电晕线和极板都不是十分光滑，按式(6－8)计算会有误差。因此，工程应用时，电流线密度 i 常由伏安特性曲线确定。

粒子迁移率 k 主要取决于电场中的温度和压力，朗温（Langvin）给出如下计算式

$$k=k_0\sqrt{\frac{T}{T_0}}\left(\frac{1+S/T_0}{1+S/T}\right)\frac{p_0}{p} \tag{6-10}$$

式中 T_0——标准状态下绝对温度，$T_0=273\text{K}$；

p_0——标准状态下气体压力，$p_0=1.013\times 10^5\text{Pa}$；

T——实际情况下气体绝对温度，K；

p——实际情况下气体压力，Pa；

k_0——标准状态下，某种气体的离子迁移率，$cm^2/(V \cdot s)$，见表6－1；

S——萨瑟兰德（Surtherland）常数，见表6－2。

表6－1 不同气体在273K和101.325kPa时的离子迁移率

气体名称	离子迁移率/$cm^2 \cdot (V \cdot s)^{-1}$		气体名称	离子迁移率/$cm^2 \cdot (V \cdot s)^{-1}$	
	k_0（－）	k_0（＋）		k_0（－）	k_0（＋）
干空气	2.10	1.32	CO	1.14	1.11
H_2	8.13	5.92	CO_2（干的）	0.96	
O_2	1.84	1.32	SO_2	0.41	0.41
N_2	1.84	1.28	N_2O	0.91	0.83
He	6.31	5.13	H_2O（很纯的）	0.57	0.62
Ar	1.71	1.32	NH_3	0.66	0.57
C_2H_2OH	0.37	0.36	Cl_2	0.74	0.74

表6－2 几种气体的萨瑟兰德（Surtherland）常数

气体名称	干空气	H_2	O_2	N_2	CO	CO_2	NH_3	SO_2
S	330	800	505	525	570	356	1960	875

式(6－7)中，电晕区边缘的空气击穿场强 E_0 由皮克（Peek）公式给出

$$E_0 = 3 \times 10^6 f(\delta + 0.03\sqrt{\delta/a}) \tag{6-11}$$

式中 f——电晕线表面粗糙度，$f \approx 0.6$；

δ——气体相对密度，由式(6－12)计算

$$\delta = T_0 p / T p_0 \tag{6-12}$$

式(6－11)中的电晕区半径 a 由Cobine经验公式给出

$$a = r_0 + 0.03\sqrt{r_0} \tag{6-13}$$

式中 r_0——电晕线半径，m。

6.1.4.2 线－板式电极的电场强度

线－板式电极的极间电场分布是非常复杂的，其等势线和电力线如图6－4所示。不少研究者曾讨论过光滑圆形电晕线与平板接地极间的电场分布。如Comperman用微扰理论得出的分析解是反双曲函数的无穷级数，用这个分析解竟比数值解更难以计算。无论是

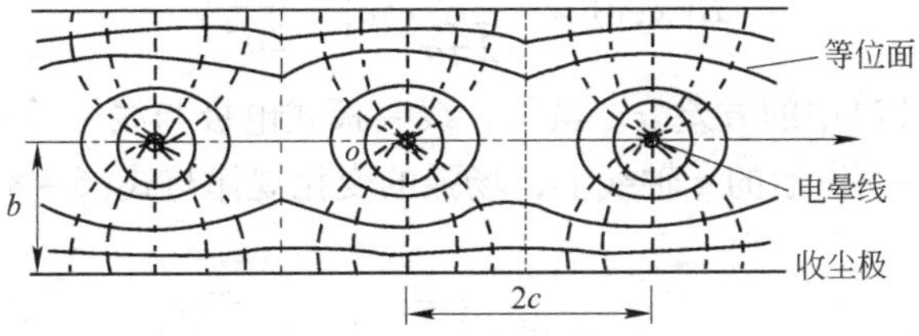

图6－4 线－板电极间电力线与电位线分布

级数解还是数值解，用于设计计算都是十分不便的。

这里应用高斯分布（正态分布）假设，首先给出单根电晕线时的场强分布，然后再由叠加原理得出一个既简单又精确的多根电晕线情况下的静电除尘器极间电场分布分析解。

在线-板式电极中，当只有单根圆形电晕线时，电力线如图6-5所示。单根电晕线在极间所产生的电力线分布特征表明，随 x 的增加，场强减小。在电晕线表面场强达到最大，随 y 的增加，场强衰减极快，当 $y\to\infty$ 时，场强 $E\to 0$。因此，必有如图6-6所示的分布形态。

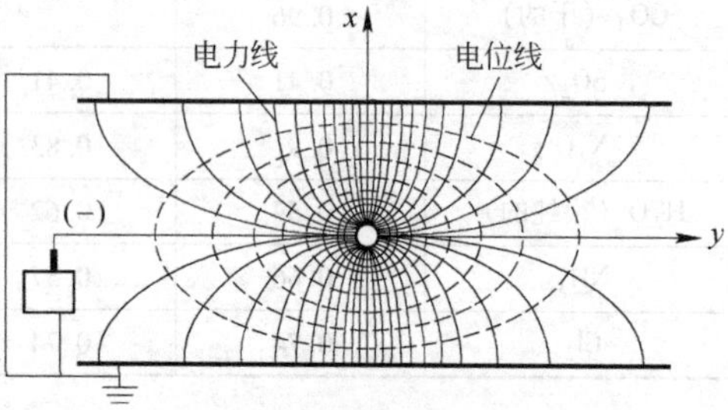

图6-5 单根电晕线和极板间的电力线与电位线分布

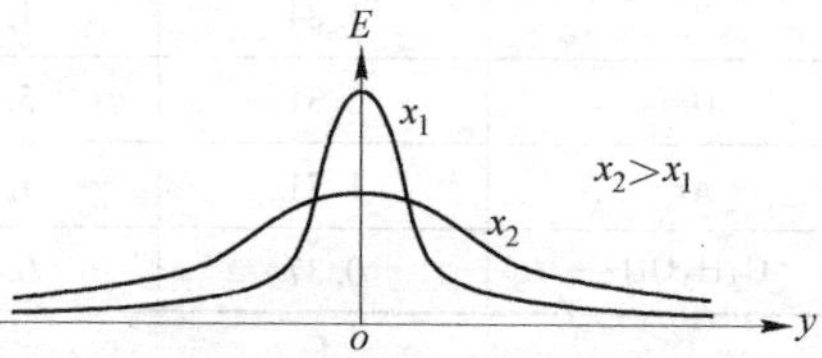

图6-6 单根圆形电晕线在线板式电场中的场强分布

根据图6-6的形态，可假设场强 E 随 y 的变化服从高斯分布

$$E(x,y)=\frac{A}{\sqrt{2\pi}\sigma}\exp\left(-\frac{y^2}{2\sigma^2}\right) \tag{6-14}$$

式中 A——待定常数；

σ——方差。

显然，由图6-6的场强分布特征，方差 σ 是 x 的函数。现在的问题是确定待定常数 A 和方差 σ。由高斯电通量定理，对于图6-5，通过电晕线表面的电通量必等于通过距电晕线两侧任意距离为 $\pm x$ 两无限大平面的电通量，考虑对称性，有

$$\oint_s E_0\mathrm{d}s = 2\int_{-\infty}^{\infty}E(x,y)\mathrm{d}y \tag{6-15}$$

设电晕区半径为 a，电晕线表面处的起晕场强为 E_0，由皮克（Peek）公式(6-11)计算。将式(6-14)代入式(6-15)积分后，得

$$A=\pi a E_0 \tag{6-16}$$

于是，式(6-14)可写成

$$E(x,y)=\frac{\pi a E_0}{\sqrt{2\pi}\sigma}\exp\left(-\frac{y^2}{2\sigma^2}\right) \tag{6-17}$$

现在确定式(6-17)中的方差 σ。虽然，线-板式电极与线-管式电极的场强分布有很大差异，但在图6-5所示的 x 轴线上，场强的变化规律与式(6-8)相同，将式(6-8)中的 r 替换为 x，有

$$E(x,0)=\xi\sqrt{\frac{a^2E_0^2}{x^2}+\frac{i}{2\pi\varepsilon_0 k}\left(1-\frac{a^2}{x^2}\right)} \tag{6-18}$$

式中 ξ——比例系数。

线－板式电极通常具有多根电晕线，在“非常靠近”接地极板表面的场强近似为

$$E(b,0)=\sqrt{\frac{ib}{\pi\varepsilon_0 kc}} \tag{6-19}$$

式中 c——电晕线间距的一半，m。

于是，由式(6－19)可确定式(6－18)中的比例系数 ξ

$$\xi=\sqrt{\frac{ib}{\pi\varepsilon_0 kc}\Big/\left[\frac{a^2E_0{}^2}{b^2}+\frac{i}{2\pi\varepsilon_0 k}\left(1-\frac{a^2}{b^2}\right)\right]} \tag{6-20}$$

将式(6－18)和式(6－16)代入式(6－14)，得方差

$$\sigma=\frac{\pi aE_0}{\xi\sqrt{2\pi\left[\frac{a^2E_0{}^2}{x^2}+\frac{i}{2\pi\varepsilon_0 k}\left(1-\frac{a^2}{x^2}\right)\right]}} \tag{6-21}$$

如果在线板式电场中有多根电晕线存在，其场强应服从叠加原理，即可看成多个正态分布的叠加，如图6－7所示。

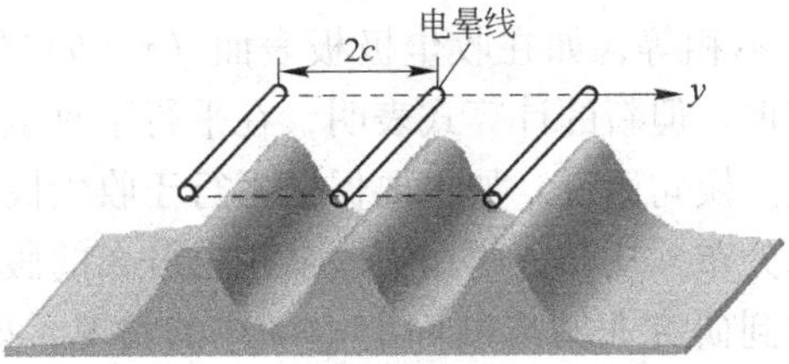

图6－7 多根圆形电晕线与收尘极板间空间电场分布示意图

对于具有多根电晕线的线－板式电极，设电晕线间距为 $2c$，在 $y\geqslant 0$ 的 y 轴正向上共有 m 根圆形电晕线，在 y 轴负向上有 n 根电晕线。运用式(6－17)，由叠加原理，对于有 $m+n$ 根电晕线的线－板式电极的场强分布为

$$E(x,y)=\frac{\pi aE_0}{\sqrt{2\pi}\sigma}\left(\sum_{m=1}^{m}\exp\left\{-\frac{[y-2(m-1)c]^2}{2\sigma^2}\right\}+\sum_{n=1}^{n}\exp\left[\frac{(y+2nc)^2}{2\sigma^2}\right]\right) \tag{6-22}$$

式(6－22)是多根电晕线叠加的结果，对于单根电晕线，随着电晕线距离 y 增加，场强衰减极快，对于式(6－21)给定的方差，当 $y\geqslant 2c$ 时，场强 $E\to 0$。因此，为简化计算，只考虑相邻电晕线对中间电晕线产生的场强叠加作用，忽略其他不相邻电晕线的影响。于是式(6－22)可近似写成

$$E(x,y)=\frac{\pi aE_0}{\sqrt{2\pi}\sigma}\left\{\exp\left[-\frac{y^2}{2\sigma^2}\right]+\exp\left[-\frac{(y-2c)^2}{2\sigma^2}\right]+\exp\left[-\frac{(y+2c)^2}{2\sigma^2}\right]\right\}\quad -c\leqslant y\leqslant c \tag{6-23}$$

图6－8是 Oglesby 等的数值解和式(6－23)计算值的比较。

图6－8表明，二者结果相当一致，但也存在一定差异：

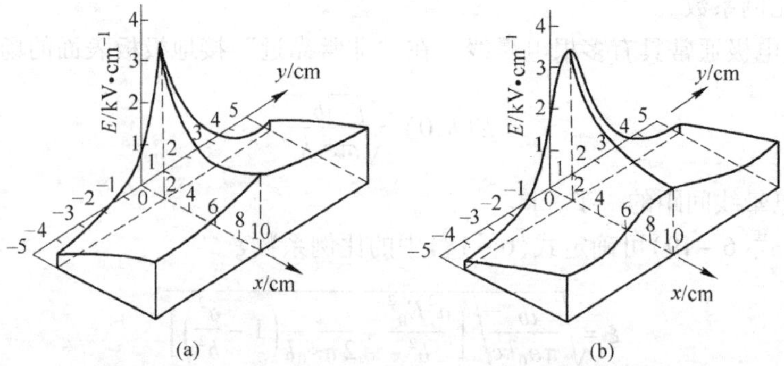

图 6-8 Oglesby 数值解与场强计算值的比较

(a) Oglesby 数值解；(b) 式(6-23)的计算值

(1) Oglesby 等的场强分布数值解在垂直于电晕线的 x 轴上不光滑，向两侧近似呈悬链线分布。但新的场强分布计算式表明，无论是单根还是多根电晕线，除电晕区内，在整个线-板式电极间，场强处处连续可导。所以，新计算式更符合物理意义。

(2) 对于有空间电荷的情况，Oglesby 等的场强分布数值解表现为：随 x 的增加，场强衰减很快，但在离收尘极板较近时，场强开始上升。于是，在平行于收尘极板的任意两截面的面积（即电通量）不相等，如在收尘极板表面（$x=b$）的电通量高于中部截面的电通量，这不符合高斯定理。但新的计算式表明，在平行于收尘极板的任意截面的面积相等，满足高斯电通量定理。换句话说，如果要保证平行于收尘极板的任意截面的电通量相等，其场强分布必呈正态分布，从而证明场强服从正态分布的假设是合理的。

上述分析方法可扩展到研究非圆形断面的电晕线的情况，如星形线，甚至芒刺电晕极。对于非圆形断面的电晕线，如果确定了电晕区半径 a，就能采用正态分布模式建立非圆形电晕线与收尘极板间的场强分布计算式，有文献称电晕区边缘限制在距电晕极表面 2mm 的范围内。

通过上面的讨论，确定了粒子荷电量 q 和外加电场强度 E（近似为荷电场强 E_p）后，就可由式(6-1)计算电场力 F_E。

例 6-2 已知线-板电极结构如图 6-9 所示，异极距 $b=0.15$m。在标准状态下，外加电压 $U=60$kV 时，测得线电流密度 $i=0.1\times10^{-3}$ A/m。光滑圆形电晕线半径 $r_0=1\times10^{-3}$m，试计算：电场为正态分布时，在 $x=0.1$m 的平面上，$y=0$m、0.075m 和 0.15m 处的场强；绘出场强分布曲线。

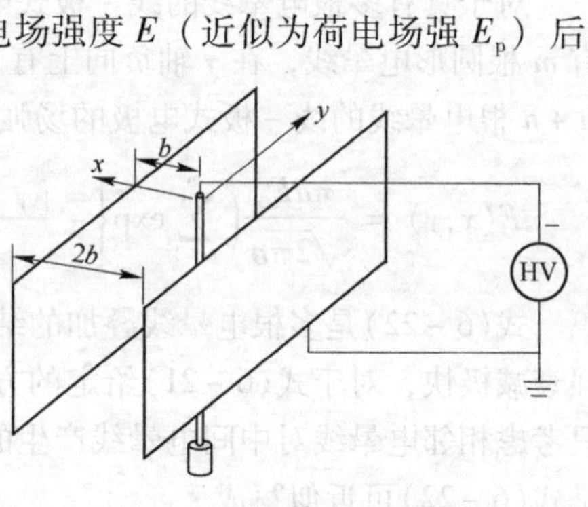

图 6-9 单电晕线-板电极结构

解：

(1) 求圆形线电晕区半径，由式(6-13)

$$a=r_0+0.03\sqrt{r_0}=0.001+0.03\sqrt{0.001}=0.002=2\times10^{-3}\text{m}$$

(2) 求电晕区边缘场强，由皮克公式(6-11)

$$E_0=3\times10^6 f(\delta+0.03\sqrt{\delta/a})=3\times10^6\times1\times(1+0.03\sqrt{1/0.002})=5\times10^6\text{V/m}$$

(3) 求比例系数 ξ，由式(6-20)

$$\xi=\sqrt{\frac{ib}{\pi\varepsilon_0 kc}\Big/\left[\frac{a^2E_0^{\ 2}}{b^2}+\frac{i}{2\pi\varepsilon_0 k}\left(1-\frac{a^2}{b^2}\right)\right]}$$

$$=\sqrt{\frac{1.5\times10^{-5}}{1.83\times10^{-16}\left(\frac{10^8}{2.25\times10^{-2}}+\frac{10^{-4}}{1.17\times10^{-14}}\right)}}=2.5$$

(4) 求在 $x=0.1$m 平面上场强分布方差，由式(6-21)

$$\sigma\approx\frac{\pi aE_0}{\xi\sqrt{2\pi\left[\frac{(aE_0)^2}{x^2}+\frac{i}{2\pi\varepsilon_0 k}\right]}}=\frac{3.14\times2\times10^{-3}\times5\times10^6}{2.5\times\sqrt{2\times3.14\times\left[\frac{10^8}{0.1^2}+\frac{10^{-4}}{1.17\times10^{-14}}\right]}}$$

$$=3.68\times10^{-2}$$

(5) 求在 $x=0.1$m 平面上，$y=0$m、$y=0.075$m、$y=0.15$m 处的场强，由式(6-17)

$$E(x,y)=\frac{\pi aE_0}{\sqrt{2\pi}\sigma}\exp\left(-\frac{y^2}{2\sigma^2}\right)$$

得

$$E(0.1,0)=\frac{3.14\times2\times10^{-3}\times5\times10^6}{\sqrt{2\times3.14}\times3.68\times10^{-2}}\times\exp(-0)=3.4\times10^5\text{V/m};$$

$$E(0.1,0.075)=3.4\times10^5\times\exp\left(-\frac{0.075^2}{2\times0.0368^2}\right)=0.44\times10^5\text{V/m};$$

$$E(0.1,0.15)=3.4\times10^5\times\exp\left(-\frac{0.15^2}{2\times0.0368^2}\right)=0.92\times10^2\text{V/m}。$$

(6) 距离电晕线 $x=0.1$m 平面上的场强分布曲线如图 6-10 所示（单根电晕线的线-板电极）。

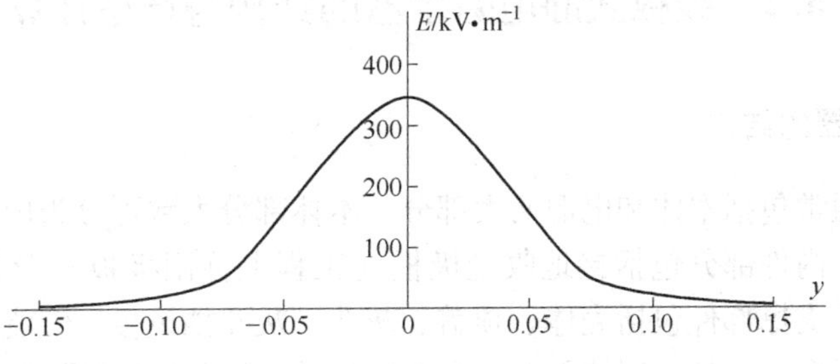

图 6-10 距离电晕线 $x=0.1$m 平面上的场强分布（外加电压 60kV、异极距 0.15m）

6.1.5 静电除尘器的捕集效率

得到了粒子的荷电量 q 和场强 E 后，就能讨论带电粒子在电场力作用下向收尘极板的运动速度，该速度称带电粒子的驱进速度，驱进速度的推导结果已由第 2 章中式(2-34)给出。

无论是管式还是板式静电除尘器，其紊流分级捕集效率可按经典的多依奇（Deutsch）公式计算，其推导方法与第三种中关于紊流情况下的粉尘重力沉降效率表达式(3-11)

相同

$$\eta = 1 - \exp\left(-\frac{L\omega}{bv}\right) = 1 - \exp\left(-\frac{A}{Q}\omega\right) \qquad (6-24)$$

式中 L——集尘极长度，m；

ω——粒子电驱进速度，m/s；

b——电晕线到沉降极板(接地极板)的距离，常称异极距，m；

v——集尘区电极间的气流速度，m/s；

A——收集极板总面积，m^2；

Q——处理气体流量，m^3/s。

由于实际情况的影响因素很多，理论确定驱进速度是困难的。通常用有效驱进速度 ω_e 代替 ω。于是式(6－24)就表示总效率，而不是分级效率。表 6－3 列举了一些粉尘的有效驱进速度。

表 6－3 一些粉尘的有效驱进速度

粉尘种类	有效驱进速度 $\omega_e/m \cdot s^{-1}$	粉尘种类	有效驱进速度 $\omega_e/m \cdot s^{-1}$
锅炉飞灰	0.080～0.122	高炉粉尘	0.057
水泥	0.095	镁砂	0.045
铁矿烧结灰尘	0.060～0.200	氧化锌、氧化铅	0.040
氧化亚铁	0.070～0.230	石膏	0.195
焦油	0.030～0.05	氧化铝熟料	0.130
石灰石粉尘	0.047	氧化铝粉尘	0.084

6.2 线板式静电除尘器的结构与选型计算

6.2.1 静电除尘器的结构

静电除尘器通常包括本体和电源两大部分。本体部分大致可分为内件、支撑部件和辅助部件三大部分。内件部分包括接地收尘极板（工程上称阳极板）及其振打系统、电晕线及其振打系统。支撑部件包括壳体、顶盖、灰斗、灰斗挡风板、气流均分布装置等。辅助部件包括走梯平台、支架、壳体保温、灰斗料位计、卸灰装置等。图 6－11 为两电场线板式静电除尘器结构示意图。

静电除尘器的主要部件是电晕极线和收尘极板。电晕线形式很多，常用电晕线如图 6－12 所示。芒刺电晕极的放电效果好，它不仅能产生较强的电晕电流，而且芒刺尖产生较强烈的离子风，能促使尘粒向收尘极运动，增大粒子的驱进速度。

工业静电除尘器的收尘极板常为型板。目前多采用 Z 形或大 C 形极板，如图 6－13 所示。Z 形板具有较好的电性能（板电晕电流密度较均匀），防风沟有利于减轻二次扬尘，振打加速度较均匀，质量较轻等。但由于其两端防风沟朝向相反，极板在悬吊后易出现扭曲变形。大 C 形板保持了 Z 形板的良好性能，并克服了 Z 形板易扭曲的缺点。

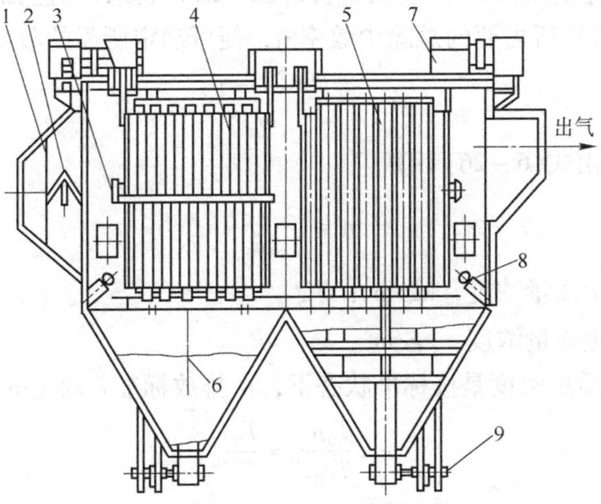

图 6－11　线板式静电除尘器结构示意图

1—气流分布板；2—分布板振打装置；3—电晕线振打结构；4—电晕线；5—收尘极板；6—灰斗挡风板；7—高压电源保温箱；8—收尘极板振打；9—卸灰装置

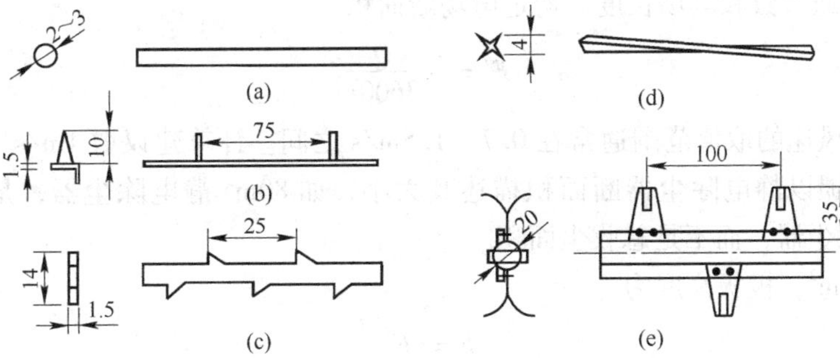

图 6－12　常用电晕线形式

（a）圆形线；（b）角钢芒刺线；（c）锯齿线；（d）星形线；（e）R－S 芒刺线

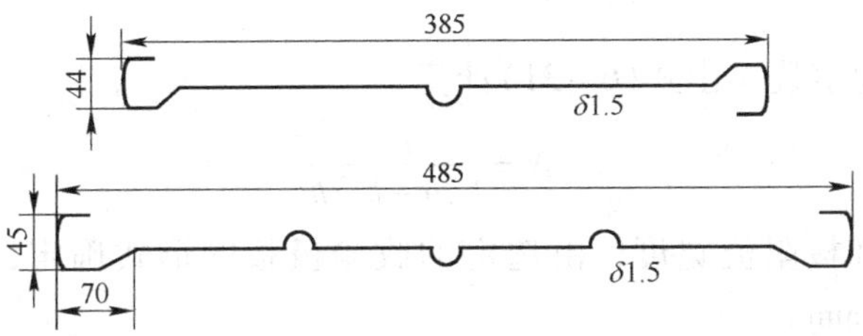

图 6－13　Z 形板和大 C 形板的结构

6.2.2　静电除尘器的选型计算

目前，国内静电除尘器生产厂家很多，作为常规静电除尘器，不需要自行设计制造，只需会选型就可以了。选型计算步骤如下：

（1）计算收尘极板总面积。由多依奇公式(6－24)可知，当已知烟气处理量 Q、有效驱进速度 ω_e 和实际设计所需要的总除尘效率 η，便可确定所需的收尘极板总面积 A

$$A = -\frac{Q\ln(1-\eta)}{\omega_e} \tag{6-25}$$

式中的设计效率由式(6－26)计算

$$\eta = 1 - \frac{c}{c_0} \tag{6-26}$$

式中 c_0——入口含尘质量浓度，kg/m^3；

c——出口含尘质量浓度，kg/m^3。

通常，出口含尘质量浓度是按标准状态下，由排放标准 c 确定的

$$c = \frac{T_0 p}{T p_0} c_0 \approx \frac{T_0}{T} c_0 \tag{6-27}$$

式中 T_0——绝对温度，K，$T_0 = 273K$；

T——烟气实际温度，K；

p_0——标准大气压，$p_0 = 101.325kPa$；

p——烟气实际压力，Pa。

（2）确定通道数和电场长度。初定电场断面积

$$F' = -\frac{Q}{3600v} \tag{6-28}$$

其中电场风速的取值范围通常在 0.7～1.5m/s 之间。计算建议取 1m/s。需要说明的是，工程上习惯以静电除尘器断面积描述其大小，如 $80m^2$ 静电除尘器，是指断面积为 $80m^2$ 的静电除尘器，而不是总收尘面积。

当 $F' < 80m^2$，极板高度为

$$h = \sqrt{F'} \tag{6-29}$$

当 $F' \geqslant 80m^2$，应采取双进进口，进口断面应接近正方形，其电场高度为

$$h = \sqrt{F'/2} \tag{6-30}$$

电场高度（极板高度）需圆整，当 $h < 8m$，以 0.5m 为一级；当 $h > 8m$，以 1m 为一级。

静电除尘器的通道数 N 由式(6－31)计算

$$N = \frac{F'}{(2b-k')h} \tag{6-31}$$

式中 k'——收尘极板阻流宽度，由选定的收尘极板的形式确定，如对于大 C 形板，$k' = 45mm$。

通道数要圆整。静电除尘器的有效宽度为

$$B_e = N(2b-k') \tag{6-32}$$

实际有效断面积为

$$F = hB_e \tag{6-33}$$

静电除尘器的总长度 L 为

$$L = A/2Nh \tag{6-34}$$

单一电场的长度 l 通常选 $l=3\sim4\text{m}$。于是电场数 n 为

$$n=L/l \tag{6-35}$$

有了烟气总流量、静电除尘器断面积、通道数、电场长度和电场数等参数，就能容易地进行静电除尘器的选型。当然，在选型时还要综合考虑温度、湿度、粉尘的特性等，这样才能更合理地选择合适的静电除尘器。

6.3 静电除尘器的研究课题

多依奇公式的建立基于4个基本假设：任意断面浓度分布均匀；整个电场中气流速度均等；电场中的粒子很快达到饱和荷电量；没有二次扬尘、沉积尘的反电晕和离子风的影响。在实际工业电除尘器中，这些假设都很难实现，实际捕集效率远低于式(6-24)的理论计算结果。于是，所有的科学问题与工程应用问题几乎全部集中在式(6-24)。为了尽可能接近多依奇的上述假设，提高静电除尘器捕集效率，下面介绍几个重要的研究课题。

6.3.1 分电场控制技术研究

工业电除尘器分多个电场，每个电场长度为4m左右。电场数通常为2~4个。第一电场含尘浓度高，随后电场的含尘浓度越来越低。供电控制的指导思想是对于第一电场需高电压、低电流，随后电流依次提高。原因是：前电场的粉尘浓度高、粗颗粒所占比例大，采取低电流可降低空间电荷量，防止电晕闭塞（粒子荷电所形成的空间电荷会抑制电晕线的放电，称电晕闭塞），采取高电压是为了增强电场强度，提高捕集效率。高电压、低电流的另一个突出作用是降低了沉降在极板上粉饼反电晕的可能性：低电晕电流使粉饼积累的电量少，反向静电场强就小，不易反电晕；高电压供电产生的正向场强如果高于粉饼反向场强，粉饼难反电晕。后电场粉尘浓度低、细粒子多、效率提高难，但有一个好处是反电晕的可能性减小。此时，在保证较高的场强情况下，尽可能提高放电效果、使微细粒子达到饱和荷电量，使电场力达到最大，实现微细粒子高效捕集。

静电除尘器的极间电压和电流不是想象的那样可以任意调控，它取决于伏安特性。对于给定的电晕线形式和极配形式，电压和电流的关系是相互制约的，称之为伏安特性。曲率半径较小的电晕线，能在较低电压产生较高电流，如图6-14所示。为获得高效，静电除尘器各电场应在接近火花电压下运行。但由于烟尘性质和极配形式的制约，高电压和高电流会导致静电除尘器的电击穿，使电除尘器难以正常运行，出现电压加不上去的情况。对于燃煤烟尘净化的电除尘器，其击穿场强 $E_{\max}<6\text{kV/cm}$。一般来说，如果电除尘器平均场强能达到4kV/cm并能正常运行已经是较理想了。因此，明确不同烟尘性质（浓度、粒度分布、温度等）条件下不同电极形式的伏安特性是合理优化地进行分电场控制的前提。

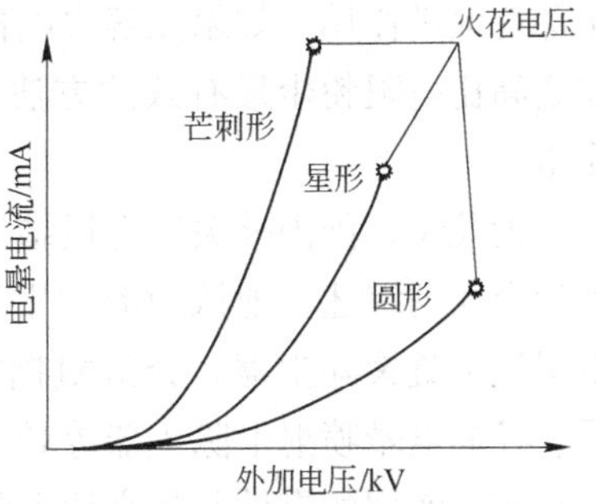

图6-14 不同形式电晕线的伏安特性

6.3.2 反电晕控制技术

适合于静电除尘器收集的粉尘比电阻范围大致在 $10^4 \sim 5\times10^{10}\Omega\cdot cm$。而高比电阻（$\rho>5\times10^{10}\Omega\cdot cm$）微尘会对静电除尘器的性能产生很大影响。因为在电除尘器中，不断沉积于收尘极板上的高比电阻粉尘层所带电荷不易通过接地极板释放而导致电荷积累。当电荷积累所形成的附加电场达到粉尘层孔隙内气体的击穿场强，就出现反电晕，并向放电极释放大量正离子流，导致粉尘荷电量减少，二次扬尘加剧，火花电压降低，除尘效率下降，除尘器无法稳定运行。

认识高比电阻粉尘反电晕机理是有效收集高比电阻粉尘的前提。考虑到粉尘层是一种多孔介质，由欧姆定律可得粉尘层反电晕判定式

$$E=\rho j\geqslant E_a \tag{6-36}$$

式中 ρ——比电阻，$\Omega\cdot m$；

j——电流面密度，A/m^2；

E_a——空气击穿场强，常温常压下 $E_a\approx3\times10^6V/m$。

式(6－36)的物理意义是电流通过粉尘层时所形成的场强超过气隙击穿场强就出现反电晕。

提高对高比电阻微尘的收集效果的主要技术方法有烟气调质、电极结构改进、湿式电除尘、脉冲供电等。烟气调质是将能降低粉尘比电阻的气体或液体气溶胶注入烟气中：如注入氨气（氨水雾），其运行成本提高；或直接注入水雾，增加烟气湿度，但有可能导致极板结露、电晕线肥大、清灰困难等问题。高频脉冲供电能提高静电除尘器对高比电阻烟尘的适应性，其原理是高电压、低电流。电压峰值超过普通外加电压的数倍，高压脉冲宽度微秒级，在高压瞬间，高比电阻沉积尘正要反电晕，电压又回到粉尘无法反电晕的低压值。平均电晕电流值较低，可减少粉尘层的电荷积累，所以高频脉冲供电对反电晕有很好的抑制作用。事实上，不管是否为高比电阻粉尘，高频脉冲供电方式对电除尘器的净化性能都有促进作用。如果能解决电极结垢问题和运行短路问题，从机理上讲，湿式电除尘是收集高比电阻粉尘最有效的方法，也是防止二次扬尘最有效的方法，它相当于荷电水雾除尘。

近几年，国内外关于电极结构改进的研究与应用取得了许多新进展。Chang 对此作了较为全面的综述，他认为诸如用于控制 PM2.5，乃至粒径小于 0.1μm 气溶胶粒子的窄间距层流电凝聚除尘器、介电阻挡放电等离子体电除尘器、薄膜电除尘器、电晕炬电除尘器、径向电晕喷射电除尘器等是未来有发展前景的高效电除尘器。但到目前为止，还很少有经济、实用的有效收集高比电阻微尘的干式电除尘方法。

通过电极结构改进提高对高比电阻微尘收集性能的最具实用性和创新性的方法有两个：宽间距电除尘、双极（偶极）电除尘。

20 世纪 60 年代后，随着高压供电技术的进步，德国、美国等提出宽间距（通道宽大于 300mm）电除尘器。极距加宽，外加电压提高，有利于粒子的荷电，离子风增强，加快了带电粉尘的驱进速度，进而提高了对微细粒子的除尘效率。更有意义的是宽间距电除

尘器增强了对收集高比电阻粉尘的适应性。宽极距电除尘器因具有除尘效率高、处理烟气量大、阻力低、日常运行费用低、对收集高比电阻飞灰有明显的效果等优点而得到普遍应用。

双极电除尘的特征是在电场中同时存在异极性荷电方式。图6-15是1987年武汉大学陈学构和陈仕修教授提出的透镜式电除尘器。荷电粉尘一旦进入收尘室内，如同进入陷阱，便很难从透镜口逸出。图6-16是1998年林秀丽提出的双极交替荷电静电除尘器。其特点是：电场力和惯性力共同作用加速了粉尘在横向极板迎风面的沉降，在横向极板的背后低速区，有利于尘粒在横向极板的背风面沉降。对于在气流和离心力作用下进入负电场区的粉尘，将荷以负电荷而沉降到槽形板表面。这种双极荷电比原来的单极荷电对高比电阻粉尘的适应性和除尘效率有较大提高。

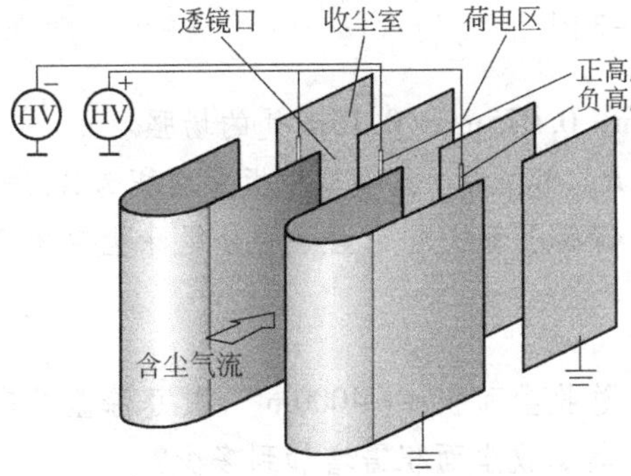

图6-15　透镜式电除尘器结构示意图

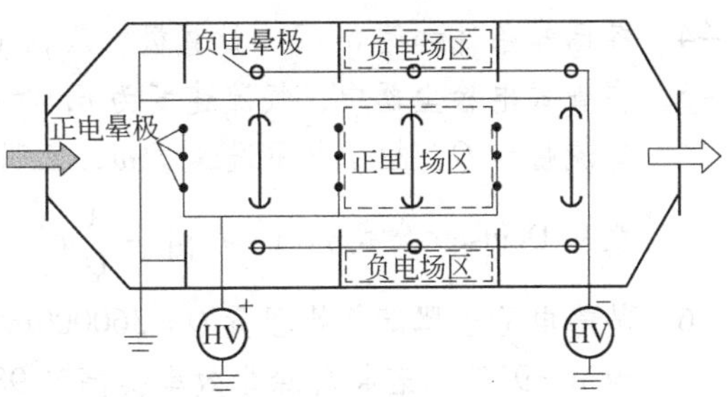

图6-16　双极交替荷电静电除尘器结构示意图

6.3.3　离子风效应

为提高电晕放电效果和电晕线的机械强度，工业上越来越多地采用芒刺电晕线（R-S形芒刺、鱼骨芒刺、锯齿线、角钢芒刺、针-板芒刺等）。芒刺尖端放电会产生较强的离子风。一方面，朝集尘极方向流动的离子风能促进粒子的沉降速度，提高收尘作用。但另一方面，离子风增加收尘空间的湍流程度，不利于带电荷粒子的沉降。如何有效利用离子风的捕尘作用是一个值得研究的问题。对于芒刺线，陈仕修等的静态测试结果接近2m/s，较为一致。对于圆形电晕线，Liang和Lin曾利用半经验公式估算出圆形电晕线与接地极板间的平均离子风风速为1.2m/s左右。这说明芒刺电晕极能够产生比线-板式电极更强烈的离子风。

习　题

6-1　如果线-板式静电除尘器采取正高压供电，简述正电晕的放电机理。

6-2　已知场强$E=400\text{kV/m}$，真空介电常数$\varepsilon_0=8.85\times10^{-12}\text{C/(V}\cdot\text{m)}$，粒子相对介电常数$\varepsilon=6$。试分别计算0.1μm，1μm和10μm粒子的荷电量。

6-3　线-管式电极如图6-17所示，已知外加电压为U，管半径r_c，电晕线半径r_0。

(1) 如果线-管电极之间无空间电荷，试推导管内场强分布；

(2) 如果已知线-管电极之间的空间电荷密度为 $\rho_e = \dfrac{i}{2\pi rkE}$，当 $r = a$，场强 $E = E_0$，试推导管内场强分布。

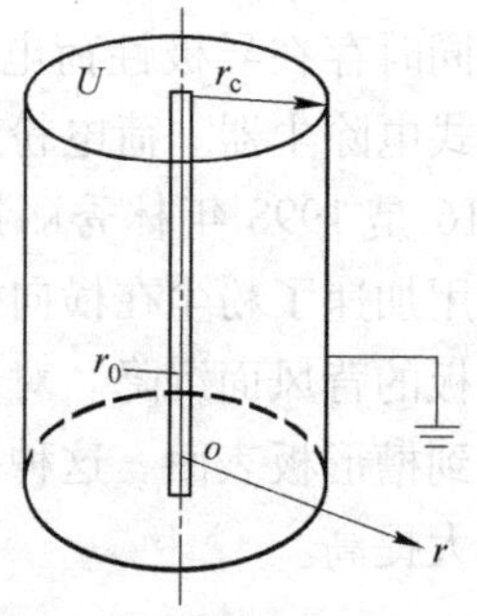

图6-17　习题6-3图

6-4　各已知条件如例6-2。计算极板表面 $y = 0$m，0.075m 和 0.15m 处的场强。

6-5　在管式电除尘器中，气流速度为 v，半径为 R，管长为 L，收集极板总面积为 A，气体流量为 Q，粒子电驱进速度 ω，证明紊流情况下管式电除尘器的分级除尘效率仍服从 Deutsch 公式 $\eta = 1 - \exp\left(-\dfrac{A}{Q}w\right)$。

6-6　某静电除尘器烟气处理量 $Q = 360000\text{m}^3/\text{h}$，总收尘面积 $A = 4000\text{m}^2$，其总除尘效率为 $\eta = 95\%$。若将总除尘效率提高到 98%，其总收尘面积需增加到多少？

7　除尘新技术

随着环境质量要求的日益严格，近十几年来除尘技术又得到了很大发展，出现了许多新型高效的除尘设备。为提高除尘效率，达到节能减排，所采取的技术路线主要是多机理复合除尘。其中静电增强机理的应用在除尘技术的发展中起到了重要的促进作用。

7.1　惯性静电除尘器

7.1.1　基本原理

通常静电除尘器是顺流式的，即气流的运动方向与收尘极板的布置方向是平行的。因此气流方向与带电粒子的电驱进方向是垂直的，这使电场中的气流速度无法进一步提高（一般含尘气流速度在 1m/s 左右），否则会影响除尘效果。为了在静电除尘器中结合空气动力分离作用，出现了收尘极板垂直于气流方向的新结构，使空气动力与电场力的方向相同，相当于提高了驱进速度，从而提高净化效果。适当地提高气流速度，惯性作用增强，还有助于除尘效率的进一步提高，这就意味着，在相同的烟气处理量下，减少了收尘面积，降低了设备投资。

7.1.2　除尘效率

惯性静电除尘器不仅有电场力作用，同时还要考虑惯性分离作用。其电流体动力学分析是比较困难的。张国权通过建立荷电尘粒的运动方程，严格地推导出对于垂直冲击极板情况下的惯性静电除尘器的除尘效率，可称为除尘理论与技术方面的一个经典。其分析模型如图 7－1 所示。

对于图 7－1 所示的坐标系，由第 1 章气体对垂直壁的绕流可知，在第一象限的速度分量是

$$u_x = \frac{u_0}{b}x,\ u_y = -\frac{u_0}{b}y \qquad (7-1)$$

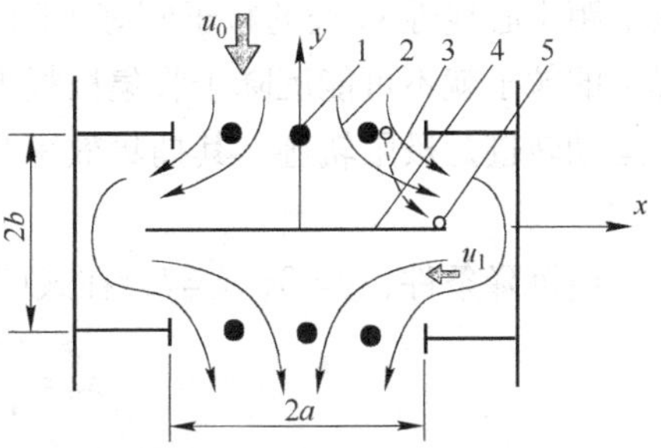

图 7－1　惯性静电除尘器分离除尘机理分析图

1—电晕线；2—流线；3—尘粒轨迹线；4—收尘极板；5—尘粒

下面设流动为层流，用粒子极限轨迹分析法建立惯性静电除尘器分离效率。在电场力 $F = Eq$ 作用下，粒子的运动方程是

$$-3\pi\mu d_p(\omega_x - u_x) = m\frac{d\omega_x}{dt} \qquad (7-2)$$

$$Eq - 3\pi\mu d_p(\omega_y - u_y) = m\frac{d\omega_y}{dt} \qquad (7-3)$$

式中　m——粒子质量，kg；

ω_x，ω_y——粒子分 x 和 y 方向的速度分量，m/s。

将 $m=\pi d_p^3\rho_p/6$ 和式(3－33)代入运动方程，并引入张弛时间 $\tau=\rho_p d_p^2/18\mu$，有

$$x''+\frac{1}{\tau}x'-\frac{u_0}{\tau b}x=0 \tag{7-4}$$

$$y''+\frac{1}{\tau}y'+\frac{u_0}{\tau b}y=\frac{1}{\tau}EqB \tag{7-5}$$

式中 B——粒子迁移率

$$B=\frac{1}{3\pi\mu d_p} \tag{7-6}$$

上述微分方程满足以下初始条件

$$t=0，x=x_0，y=b，\omega_x=\frac{dx}{dt}=0，\omega_y=\frac{dy}{dt}=-u_0 \tag{7-7}$$

解方程式(7－4)、式(7－5)，得粒子的轨迹方程

$$x=\frac{1+\alpha}{2\alpha}x_0\exp\left[-\frac{(1-\alpha)t}{2\tau}\right]-\frac{1-\alpha}{2\alpha}x_0\exp\left[-\frac{(1+\alpha)t}{2\tau}\right] \tag{7-8}$$

$$y=\left[\frac{1+\beta}{2\beta}\left(1+\frac{EqB}{u_0}\right)b-\frac{\tau u_0}{\beta}\right]\exp\left[-\frac{(1-\beta)t}{2\tau}\right]-EqB\frac{b}{u_0} \tag{7-9}$$

其中

$$\alpha=\sqrt{1+4\tau u_0/b}，\beta=\sqrt{1-4\tau u_0/b} \tag{7-10}$$

因式(7－8)中，$(1+\alpha)\exp\left[-\frac{(1-\alpha)t}{2\tau}\right]>>(1-\alpha)\exp\left[-\frac{(1+\alpha)t}{2\tau}\right]$，式(7－8)简化为

$$x=\frac{1+\alpha}{2\alpha}x_0\exp\left[-\frac{(1-\alpha)t}{2\tau}\right] \tag{7-11}$$

因张弛时间 τ 很小，$\frac{\tau u_0}{\beta}\to 0$，式(7－9)简化为

$$y=\frac{1+\beta}{2\beta}b\left(1+\frac{EqB}{u_0}\right)\exp\left[-\frac{(1-\beta)t}{2\tau}\right]-EqB\frac{b}{u_0} \tag{7-12}$$

现在，用极限轨迹法建立单一横向极板捕尘效率。在进口处不同位置上的粒子，在极板上沉降的位置是不同的，离中心越远，粒子在极板上沉降的位置也越远。如果在进口平面上距中心线性 x_0 处的粒子刚好沉降于极板的末端 l 处（极板长度之半），那么大于 x_0 位置上的粒子就不可能沉降于收集极板上。所以，x_0 是粒子极限沉降距离，x_0 到极板末端 l 的运动轨迹是极限轨迹。其捕集效率为

$$\eta=x_0/a \tag{7-13}$$

由沉降条件，$y=0$，$x=l$，在式(7－11)中，令 $x=l$，可求出 x_0

$$x_0=\frac{2\alpha}{1+\alpha}l\exp\left[\frac{(1-\alpha)t}{2\tau}\right] \tag{7-14}$$

在式(7－12)中，令 $y=0$，得粒子从 x_0 到极板末端 l 的运动时间为

$$t=\frac{2\tau}{1-\beta}\ln\left[\frac{1+\beta}{2\beta}\left(1+\frac{u_0}{BqE}\right)\right] \tag{7-15}$$

将式(7－14)代入式(7－13)得极板正面的收集效率

$$\eta = \frac{2\alpha}{1+\alpha}\frac{l}{a}\exp\left[\frac{(1-\alpha)t}{2\tau}\right] \tag{7-16}$$

工业除尘器内的流态是紊流，于是，根据层流和紊流效率之间的关系（层流分级效率式恰是紊流分级效益式的指数部分见第3章第1节），得紊流状态下的效率公式

$$\eta = 1-\exp\left\{-\frac{2\alpha}{1+\alpha}\frac{l}{a}\exp\left[\frac{(1-\alpha)t}{2\tau}\right]\right\} \tag{7-17}$$

对于惯性静电除尘器，单一极板的除尘效率是有限的。为提高除尘效率，实用中需要多段串联，如图7-2所示。

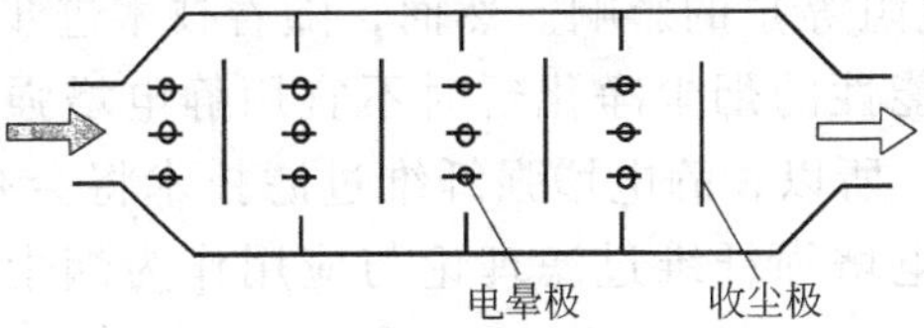

图7-2　惯性静电除尘器内部结构示意图

按串联系统分级效率的定义，对于n级串联的惯性静电除尘器，有

$$\eta_n = 1-\left\{\exp\left[-\frac{2\alpha}{1+\alpha}\frac{l}{a}\exp\frac{(1-\alpha)t}{2\tau}\right]\right\}^n \tag{7-18}$$

因为利用了空气动力作用，可使电场中的气流速度成倍提高，有文献介绍其风速可达3m/s以上。惯性静电除尘器的压力损失比常规静电除尘器要大些，它与挡板式惯性除尘器的压力损失相当。

7.2　静电增强纤维过滤

人们很早就注意到：无论是让粉尘带电，或是纤维带电，还是粉尘和纤维同时带电，都会显著提高纤维层的捕尘效率。如果对不可燃粉尘有解决清灰的方法和对可燃性粉尘有可行的防爆措施，静电增强纤维过滤将显示出许多优越的性能：

（1）对于微细粒子、特别是对粒径为0.01～1μm的气溶胶粒子有极高的捕集效率，常超过90%；

（2）由于静电作用，纤维表面沉积的粉尘层具有更蓬松的结构，过滤阻力降低；

（3）与静电除尘器相比，静电增强纤维过滤器对粉尘比电阻有更宽的适应范围；

（4）与普通纤维过滤器相比，由于过滤速度（气布比）较高，阻力较小，所以器体较小，运行费用减少。

静电增强纤维过滤器和静电除尘器的区别在于：静电增强纤维过滤器的收尘间距是纤维间距，比静电除尘器小2～3个数量级；在静电除尘器中，只有带电粒子才能被捕集。而静电增强纤维过滤，由于带电纤维使粒子产生极化现象，因此，即使不带电的粒子也能被捕集。

7.2.1　静电增强纤维过滤器的主要结构形式

最初关于静电增强纤维过滤除尘的研究是从静电除尘器和布袋除尘器的复合增效开始

的。20 世纪 70 年代后，静电增强纤维过滤的理论与试验研究有了较快的发展。由于静电增强纤维过滤具有压力损失较低，不仅能确保对超细微粒的高效净化，且投资相对较少，从而在空气污染控制领域引起普遍关注。对于小烟气量情况，如在暖通空调、室内空气净化等方面，以及对于小规模开放式阵发性尘源、烟尘浓度较低，滤料一次性使用（可抛弃），或虽然重复使用，但生产工艺允许滤料可随时更换、再生的场合，静电增强纤维过滤技术的工业应用是成功的。但对于冶炼、燃煤锅炉、水泥建材等烟尘浓度较高、烟气量较大且连续产尘的污染防治中，静电增强纤维过滤技术的应用进展是缓慢的。其原因是多方面的，可能最主要的问题是清灰困难，其次是烟尘的物化性质（如湿度、可燃性、比电阻等）的影响。然而，随着技术进步，从安全可靠的角度考虑，除了有燃烧爆炸可能性的烟尘净化暂时不宜用静电增强纤维过滤方法外，其他工艺难点是可以克服的。所以，静电增强纤维过滤技术将会有很大的潜在应用价值，这也正是目前仍然把静电增强纤维过滤理论与应用作为烟尘净化的前沿科学技术研究内容的原因。

目前，从理论到应用已相当成熟。静电增强纤维过滤的一般形式是：含尘气流通过一预荷电区，尘粒带电。荷电粒子随气流进入过滤段被纤维层收集。尘粒即可荷正电，也可荷负电。纤维滤料可加电场，也可不加电场。若加电场，可加与尘粒极性相同的电场，也可加极性相反的电场。有实验表明，加相同极性的电场，效果更好些。其原因是：极性相同时，电场力与气流流向相反（排斥），尘粒不易透过纤维层，效率提高，提前出现表面过滤，滤料内部较洁净，清灰要容易些。不仅如此，由于排斥作用，沉积在滤料表面的粉尘较蓬松，过滤阻力减小，使清灰变得更容易。基于上述静电增强的不同荷电方式，可以设计成多种结构形式。早期有两种静电增强纤维过滤器较典型：预荷电增强袋滤器和电场增强袋式过滤器。

1970 年，一种名为 Apitron 的静电增强袋滤器投入半工业实验。Apitron 静电增强袋滤器内部结构与净化清灰过程如图 7-3 所示。

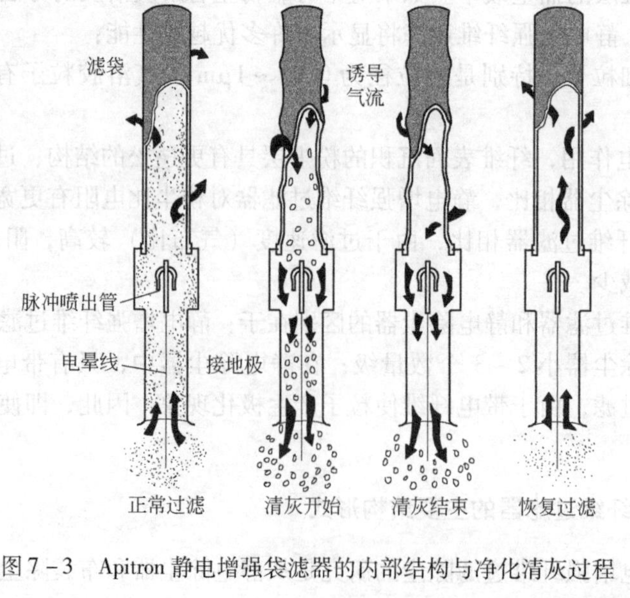

图 7-3　Apitron 静电增强袋滤器的内部结构与净化清灰过程

Apitron 是一种预荷电增强袋滤器，采用单独的清灰气源，脉冲高速气流从安装在电晕线吊挂装置上的喷嘴射出，在清除管状接地极和电晕极线上沉积粉尘的同时，由高速射流诱导产生的二次气流使滤袋得到清灰。Apitron 脉冲喷吹静电增强袋滤器与传统袋式除尘器的脉冲清灰有所不同：脉冲喷吹位于滤袋下部，而不是从滤袋顶部吹出；滤袋采取内滤方式，而不同于传统脉冲喷吹袋式除尘器那样是外滤式。

Apitron 脉冲喷吹静电增强袋滤器的放电极位于下部，电晕火花和反电晕火花不会破坏滤袋。另外，为防止接地极上沉积荷电粉尘的反电晕，采取了双层圆筒接地极，层间通循环冷却水，从而达到控制粉尘比电阻的作用，这对保持粉尘稳定有效地荷电是很重要的。

在 EPA(美国环境保护署)的资助下，SRI(美国南方电力研究院)进行了 Apitron 脉冲喷吹静电增强袋滤器的中间实验，并公布了少量关于 Apitron 在喷粉燃煤锅炉使用的中试数据。虽然报道的数据有限，但有两个重要结论值得注意：与传统脉冲喷吹袋式除尘器相比，采用泰氟龙针刺毡滤料时，Apitron 的滤料压力损失降低 1 倍左右，透过率减少 5 倍左右。Apitron 静电增强袋式除尘器从 20 世纪 70 年代开始在许多工业领域投入应用，其中包括烧结、高炉、粉体输送、电弧炉和工厂循环通风除尘系统等，但用量仍然有限。

施加外电场会有更好的增强作用。20 世纪 70 年代初，美国纺织研究院（TRI）提出一种棒帷电极结构的电场增强袋式过滤器，如图 7－4 所示。它是利用滤袋骨架的竖向钢筋作为电极，相邻钢筋的极性相反，横向扎箍一方面起竖向钢筋定位作用，另一方面将同极性钢筋连通，当穿越异极性钢筋时，用绝缘子隔开，形成交错电极布置结构。于是，在纤维滤料内形成电场。这种电极形式除了避免反电晕、过滤阻力减小、效率提高外，最大优点是不改变传统袋式除尘器的结构。

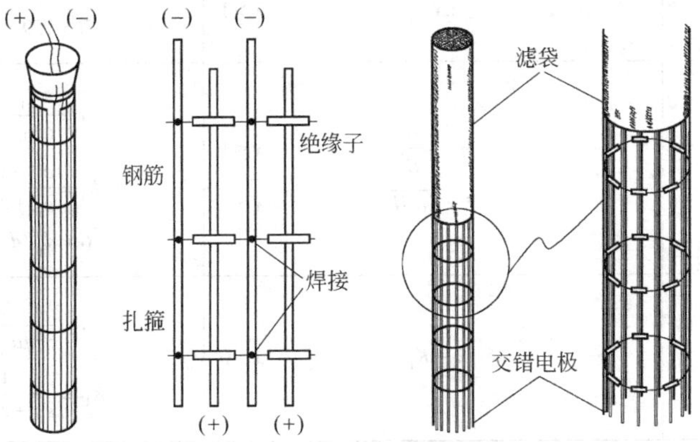

图 7－4　TRI 电场力静电增强袋式过滤器的结构

中试对比试验结果(见图 7－5)表明，随场强增加，静电增强袋滤器的过滤阻力下降。

7.2.2　单根纤维静电过滤效率

研究尘粒和纤维间静电力作用的主要目的就是讨论静电捕集效率。因为纤维过滤层的过滤风速一般都很低，通常小于 0.05m/s。所以，对于工业烟尘纤维过滤，势流条件几乎不存在。关于粒子向圆柱体上的电力沉降，Pich 做过较系统的理论分析，因此，这里不

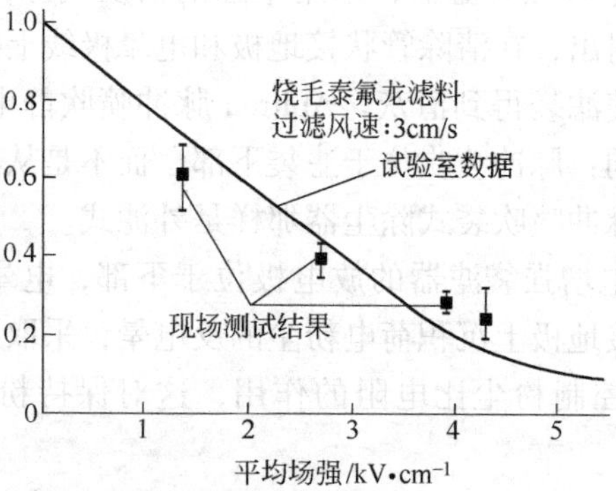

图 7-5 TRI电场力静电增强袋滤器的压力损失与场强的关系

作详细推导。为简洁和查阅方便，将黏性流情况下，Pich 给出的主要静电捕集效率的理论结果列在表 7-1 中。

表 7-1 不同电力作用下静电捕集效率的理论结果

带电情况	静电捕集效率 η_1		式中参数
粒子带电 q 圆柱体带电 Q（库仑力）	$\eta_R\sqrt{1-x^2}-K_c(\pi-\arccos x)$ $K_c\pi$	$x\leqslant 1$ $x>1$	$K_c=\dfrac{4C_uQq}{3\pi\mu d_p d_f v_0}$ $x=K_c/\eta_R$
粒子中性 圆柱体带电 Q（感应力）	$\eta_R[x(\pi-\arccos x)+\sqrt{1-x^2}]$ $\pi x\eta_R$	$x\leqslant 1$ $x>1$	$x=\dfrac{\varepsilon_p-1}{\varepsilon_p+2}\left(\dfrac{4C_uQ^2H}{3\pi\mu d_f v_0}\right)$ $H=1.9\times10^{-3}$
粒子带电 q 圆柱体中性（感应力）	$\eta_R+\dfrac{K_I}{G^2}$ $2\sqrt{K_I/H}$	$x\leqslant 1$ $x>1$	$x=\dfrac{K_I}{G^2\eta_R}$ $K_I=\dfrac{\varepsilon_p-1}{\varepsilon_p+2}\left(\dfrac{4C_uq^2H}{3\pi\mu d_f v_0}\right)$ $G=d_p/d_f$
外加电场力 粒子带电 q	$1+K_E$	$x>0$	$x=\dfrac{C_uEq}{3\pi\mu d_p v_0}$ $K_E=\dfrac{\varepsilon_p-1}{\varepsilon_p+2}\left(\dfrac{x-1}{x+1}\right)$

表 7-1 中给出的是单根纤维在一种静电力作用下的捕集效率。对于多种电力同时存在，问题会变得十分复杂，且多种电力联合作用不一定高于单一电力的过滤效率。

例 7-1 已知场强 100kV/m，过滤风速 0.05m/s，粒子相对介电常数 6。试计算常温下直径 30μm 的单根纤维对 1μm 粒子的静电捕集效率。

解： 由式(2-11)，1μm 粒子的库宁汉修正系数 $C_u=1.15$，由式(6-5)算出在场强 $E=100$kV/m 时，粒子的饱和荷电量 $q=0.62\times10^{-17}$ C

由表 7-1，无量纲参数

$$x=\frac{C_{\mathrm{u}}Eq}{3\pi\mu d_{\mathrm{p}}v_0}=\frac{1.15\times1\times10^5\times0.62\times10^{-17}}{3\times3.14\times1.85\times10^{-5}\times10^{-6}\times0.05}\approx0.081$$

单根纤维的静电捕集效率为

$$\eta_1=1+K_{\mathrm{E}}=1+\frac{6-1}{6+2}\left(\frac{0.081-1}{2+0.081}\right)=0.71$$

纤维层对 1μm 粒子的静电捕集效率为

$$\eta_{\mathrm{E}}=1-\exp\left[-\frac{4\eta_1(1-\varepsilon)h}{\varepsilon\pi d_{\mathrm{f}}}\right]=1-\exp\left(-\frac{4\times0.71\times0.4\times0.002}{0.6\times3.14\times30\times10^{-6}}\right)=99.99\%$$

由此看出，对于有外电场力存在的情况下，纤维层的理论静电捕集效率趋于100%。

7.2.3 静电增强方式对过滤效果的影响

如前所述，对静电增强纤维过滤来说，形成外加电场的方式有多种，这往往也是静电增强纤维过滤理论与技术的创新点。

图7-6是两种常见的电极布置形式。

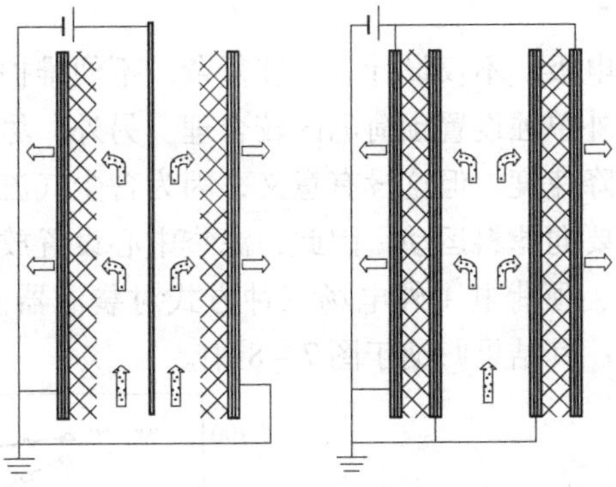

图7-6 静电增强纤维过滤常见的电极布置形式示意图

（a）预荷电增强过滤；（b）电场增强过滤

图7-6（a）称为预荷电增强过滤，这是较早出现的一种电极布置形式，非常类似于静电除尘器。其工作原理是：在滤袋中心有一电晕极使粉尘带电，然后，带电粉尘在电场力作用下向滤料层沉积，与此同时，滤料层也会带有与粉尘极性相同的电荷，多数电荷通过接地金属网（线）流走，还有部分电荷会留在纤维层和沉积粉尘层上。这种累积电荷将在纤维层外产生一个与外加电场相反的场强，如果积累的电荷量过高，可能会形成反电晕，烧坏滤袋，必须及时清灰。图7-6（b）是电场增强过滤，其纤维层（滤布）内侧为接地金属网，纤维层外侧施加电压，在纤维层间形成外加电场。这种布置形式的特点是：由于极间距短，虽然所加电压小，场强却比较高，由于利用的是极化作用，通过极间的电流极小，纤维层内不易产生电荷积累，反电晕出现的可能性小，清灰效果较好。当断电后，纤维层以及沉积尘的极化电荷随即消失。根据这两种布置形式的工作原理，可对二者的净化性能作初步评判：

（1）从净化效果来看，虽然在电场增强过滤器中粉尘粒子上的净带电量（静电感应带电）远小于预荷电增强过滤器，作用到粒子和纤维上的外加电场力很小，但纤维对尘粒的捕集是近距的，而极化效应恰恰表现为近距作用，其镜像力会比较明显。另外，虽然电场增强过滤器所施加的电压低，但场强却可以达 4kV/cm 以上，电泳力也会起重要作用。因此，电场增强过滤器与预荷电增强过滤器相比，其综合静电效应不会有很大的差距。

（2）从经济性和安全性考虑，因为电场增强过滤器所施加的电压低、极间电流小，所以，电功率低、操作安全、电器费用低。

（3）从操作运行及工艺考虑，由于电场增强过滤器电极间的纤维层内积累的净电荷量很少，所以较容易清灰，同时，出现火花或反电晕的可能性小。另外，在电场增强过滤器中可以利用滤袋骨架作为电极，也可以在纤维层内侧加电压，在纤维层外侧接地，即与图 7－4 所示的连接相反，这不影响静电增强效果，所以工艺布置比较灵活。因此，电场增强过滤器可能更具有实用价值。

当然，在电场增强过滤器中，尘粒的带电量少毕竟是一个缺陷。为此，可以将图 7－6 中（a）和（b）两种布置形式的优势互补，这就出现了器外预荷电袋滤器，其结构示意图如图 7－7 所示。

如果每条滤袋设置放电极，不仅设计、安装复杂，不便维护，而且会改变传统袋式除尘器的结构，所以，在器外单独设置预荷电区较合理。另外，尽管在袋内设置放电极可以提高粒子向滤袋表面的沉降速度，但这没有意义，因为含尘气流总是要流经滤袋。也就是说，不管快慢，尘粒总是要向滤料运动，因此，滤袋中心设置放电极没有特别的好处。

关于预荷电、外电场、预荷电＋外电场三种方式对袋滤器静电增强作用，Penney 做了相当全面的实验室研究。其结果归纳于图 7－8 中。

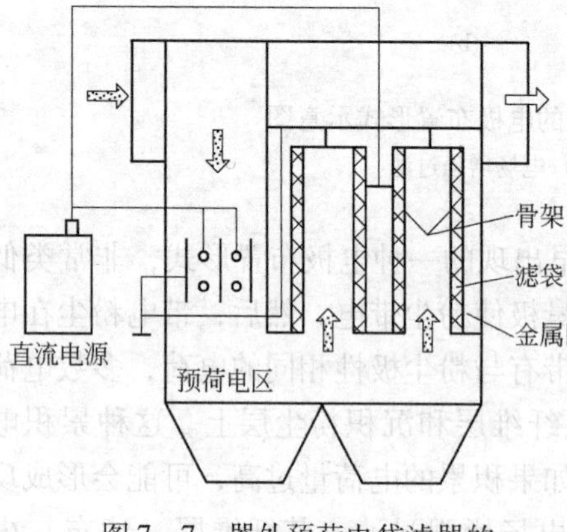

图 7－7　器外预荷电袋滤器的结构示意图

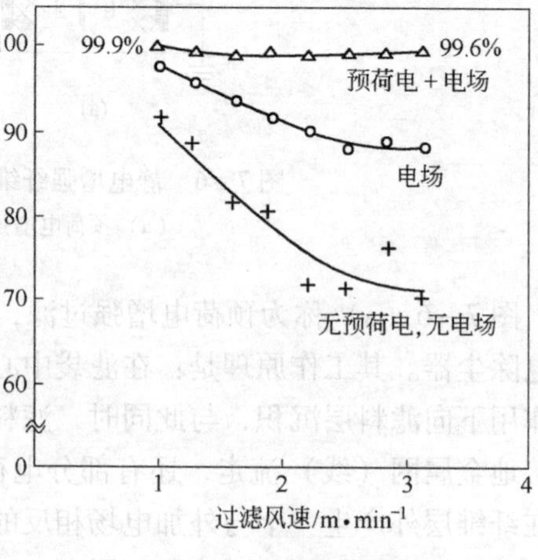

图 7－8　静电力作用袋滤器的收集效率比较

静电增强纤维过滤器的电场形成方式也是灵活的。当滤袋两侧加与带电尘粒极性相同的电场时，尘粒所受电场力与含尘气流的流向是反向的，称此电场为反向电场。当滤袋两侧加与带电尘粒极性相反的电场时，电场力与含尘气流的流向一致称顺向电场。器外预荷电袋式过滤器可加反向电场，也可加顺向电场。有试验表明，加反向电场，效果会更好。

其原因是电场力与流向相反（排斥），带电尘粒不易透过滤袋（效率提高），主要表现为表面过滤，滤料内部较洁净，清灰容易。不仅如此，由于排斥作用，沉降在滤料表面的粉尘层较疏松，过滤阻力减小，同时使清灰变得更容易些。图 7－7 所示的器外预荷电袋滤器就是滤袋两侧加与尘粒极性相同的反向电场的供电连接方式。由于袋式除尘器分内滤和外滤两种方式，若采用反向电场不便，也可采用顺向电场。如果滤料为导电纤维，采用静电增强纤维过滤技术是有利的。

7.2.4 静电增强袋滤器存在的问题与发展

因为静电增强纤维过滤器的除尘效率极高，对大多数含尘气体的净化总效率常超过 99.9%。所以，从静电增强纤维过滤方法出现到现在的 40 多年来，关于静电增强纤维过滤器的除尘机理和应用技术研究一直没有停止过。然而，静电增强袋滤器的应用主要局限于室内低浓度的气体污染物净化，而对于高浓度的工业烟尘净化的应用却很少。值得注意的是，最近几年静电增强袋滤器出现了飞跃发展，以福建龙净环保股份有限公司为代表的“电袋复合”静电增强纤维过滤器已走向产业化。为了推动静电增强纤维过滤器的技术进步，静电增强袋滤器的过滤机理和优化设计仍然是当前和今后的研究主题。

需要进一步研究的问题主要有：

（1）带电粉尘与带电纤维间的黏附行为、粉尘在滤料内沉积和滤料表面生长对静电增强作用的影响；

（2）电极形状、电极与布袋（滤布）间的布置方式及其对电荷和电场形成的影响；

（3）烟气的温度、湿度、化学成分，以及粉尘的粒度、黏性、电性等对静电增强作用的影响；

（4）纤维的材质、空间结构、细度、电性，以及滤料的组织、表面形态、孔隙率等对静电增强作用的影响；

（5）静电增强袋式除尘器的清灰。

虽然静电增强纤维过滤技术还存在许多不足之处，但其高效、低阻已得到除尘界的认同。根据静电增强纤维过滤器的研究现状，从技术的角度对未来发展趋势作如下分析和估计：

（1）电场增强方式可能是静电增强纤维过滤器走向实用的关键技术。基于已有的试验研究，即使粉尘不预荷电，而只在纤维层两侧加外电场，也能达到相当好的静电增强效果。从理论和试验来看，虽然不如同时有预荷电和加外电场的效率高，但却给操作管理带来很大的好处：因为纤维层两侧只加外电场，纤维和沉积尘是感应荷电，极间电流几乎为零，无反电晕；当停电后，感应电荷很快消失，静电附着力小，较容易清灰，这一点对除尘器正常运行尤为重要。在工艺上，可考虑在清灰前停止加电压，在清灰后加压。因此，电场增强袋滤器可能成为经济、安全、可靠、简易、实用的静电增强袋式除尘器。

（2）预荷电反向电场静电增强方式的静电增强纤维过滤器具有重要的开发价值和实用前景。这种静电增强纤维过滤器具有更高的静电增强作用，电极布置形式可以灵活多样，理论和应用研究空间更广阔。如果采用导电纤维滤料，会扩大这种静电增强袋式除尘器的应用范围。

（3）电极布置、滤袋结构和清灰方式的优化设计仍然是静电增强袋式除尘器的发展方向。其中，电极形状和滤料选择是一个重要的研究课题。由于不同工业烟尘性质及工况有其特殊性，因此，一种形式的静电增强纤维过滤器不能适用于所有工况。实际工程要求除尘系统运行可靠，所以，在多数情况下，半工业试验是必要的。

7.3 静电增强水雾除尘技术

静电增强水雾除尘通常称为荷电水雾除尘，它被认为是净化微尘的最有效技术之一。荷电水雾净化技术不仅可以高效除去微粒，同时可脱除有毒有害气体。荷电水雾净化技术应用于烟气脱硫，可显著地改进湿法和半干法烟气脱硫工艺的性能，如减少耗液量、提高吸收剂利用率、加快吸收速度、增加脱硫率、减少污水处理量、降低运行费用等。荷电水雾净化技术可广泛用于很多工业领域的烟尘净化，如冶炼、电力、矿业、垃圾焚烧、工业锅炉等，也非常适合净化含有生物化学药剂的气体、采暖通风循环气流中对人体有害的微小生物颗粒、电子产品制造车间内空气净化。

7.3.1 基本原理

荷电水雾的捕尘过程分3步：（1）雾化；（2）荷电；（3）捕尘。水雾除尘机理与纤维过滤除尘机理相同，主要是惯性碰撞、拦截、扩散和静电引力等效应的综合。如果水雾的荷电接近饱和荷电量，其捕尘效果将显著提高。显然，水雾的荷电是静电增强水雾除尘的技术关键。

电晕荷电是目前普遍采用水雾荷电方法，其捕尘原理如图7-9所示。

评价液滴荷电效果的重要指标是荷质比。实践表明，采用电晕荷电方法形成的荷电水雾的荷质比较低，远未达到给定液滴的饱和荷电量。于是，提高荷电水雾荷质比成为荷电水雾除尘的核心研究课题。

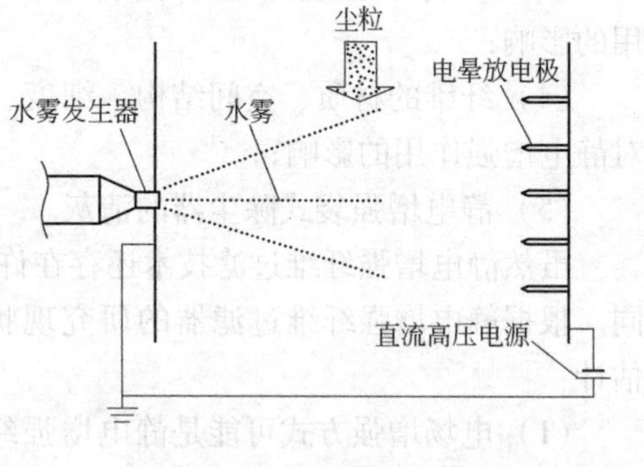

图7-9 水雾荷电原理

7.3.2 荷电水雾捕尘机理

讨论荷电水雾捕尘机理就是讨论荷电液滴对气溶胶粒子捕集效率。

7.3.2.1 静电捕集效率

带电液滴与粉尘之间的电力有库仑力、感应力和外加电场力。

当气溶胶粒径 d_p，带电 q，球形液滴直径 d_w，带电 Q，其库仑力捕集效率为

$$\eta_{E_c} = -4K_c,\ K_c = \frac{C_u Qq}{3\pi^2 \varepsilon_0 \mu d_p d_w{}^2 v_0} \tag{7-19}$$

如果气溶胶粒子和球形液滴带异极性电荷，式(7-19)中的 K_c 为负。

当气溶胶粒子中性，球形液滴带电 Q，静电感应力效率为

$$\eta_{E_I} = \left[\frac{15\pi}{8}\left(\frac{\varepsilon_p - 1}{\varepsilon_p + 2}\right)\frac{2C_u d_p^2 Q^2}{3\pi\mu d_w v_0 \varepsilon_0}\right]^{0.4} \tag{7-20}$$

有外加电场 E_0 时，气溶胶粒子带电 q，静电捕集效率为

$$\eta_{E_0}=\frac{K_E}{1+K_E}\left(1+2\frac{\varepsilon_w-1}{\varepsilon_w+2}\right),\ K_E=\frac{C_u q E_0}{3\pi^2\mu d_p v_0} \tag{7-21}$$

以上各式中，ε_0、ε_p、ε_w 分别为真空介电常数、气溶胶粒子相对介电常数和水滴的相对介电常数，其他符号意义同前。对于多种电力同时存在时，捕集效率的确定较困难，通常静电感应捕集效率较小，有时可忽略。

7.3.2.2 惯性碰撞效率

理论与实验分析发现，斯托克斯数 S_{tk} 是表征碰撞效应的重要参数，其定义为

$$S_{tk}=\tau\frac{2v_0}{D_c}=\frac{\rho_p d_p^2 v_0}{9\mu d_w} \tag{7-22}$$

惯性碰撞效率很难给出分析解。在实际应用中，常给出数值解或经验表达式。Herne 对势流提出的计算式为

当 $S_{tk}>0.3$ 时

$$\eta_I=\frac{S_{tk}^2}{(S_{tk}+0.25)^2} \tag{7-23}$$

由式(7-22)和式(7-23)可以看出，惯性碰撞效率随着尘粒直径的增大和水雾粒径的减小而提高，因此惯性碰撞机理对较大尘粒的捕尘作用较大。

7.3.2.3 拦截捕集效率

势流下，Ranz 给出

$$\eta_R=\left(1+\frac{d_p}{d_w}\right)^2-\frac{d_w}{d_w-d_p} \tag{7-24}$$

7.3.2.4 扩散捕集效率

很细小的尘粒，特别是直径小于 0.1μm 的粉尘，在气流中受到气体分子的撞击后，并不均衡地跟随流线，而是在气体中作布朗运动，由于这种不规则的热运动，在紧靠雾滴附近，微细尘粒可能与雾滴相碰撞而被捕集，称为扩散效应。随着粉尘颗粒减小，流速减慢，温度的增加，尘粒的热运动加速，从而与雾滴的碰撞概率也就增加，扩散效用增强。

扩散效率通常是气流绕液滴流动的雷诺数（Re_D）和粒子皮克列特数（Pe）的函数。Crawford 给出

$$\eta_D=4.18Re_D^{1/6}Pe^{-2/3} \tag{7-25}$$

在荷电水雾捕尘中，经常是几种机理同时存在，各效应同时作用下的综合效率近似为

$$\eta_S=1-(1-\eta_E)(1-\eta_I)(1-\eta_R)(1-\eta_D) \tag{7-26}$$

7.3.3 水雾的荷电

水滴的荷电方法有摩擦荷电、电晕荷电和感应荷电 3 种。

摩擦荷电主要是利用液体的导电特性通过水与水管及喷嘴的摩擦使水雾荷电，液滴上的带电量极低，水雾荷质比量级通常不超过 10^{-7} C/kg，所以工业应用不采用摩擦荷电方法。

电晕荷电是通过高压电极尖端电晕放电产生离子而使液滴荷电，其荷电方式与电除尘器完全相同。液滴的荷电量可用式(6-5)或式(6-6)计算。目前，电晕荷电仍是普遍采

用水雾荷电方法。

感应荷电是当具有一定导电率的液滴与加有电压的电极靠近或接触时，液滴表面将产生具有与电极极性相反的电荷，液滴感应荷电所用电压远低于电晕荷电电压。应用液滴感应荷电方式，液滴在离开带电体（电极）时，液滴上的电荷随即消失，因此，液滴带电量极低。所以，液滴感应荷电方法在气溶胶粒子捕集中极少应用。

然而，科学总能创造奇迹。当对液体施加高压静电时，会出现因高压导致的液丝或细射流破裂，这一现象称为液体破裂荷电和射流体破裂荷电，其结果会产生高荷电量的水雾。

人们很早就观察到在静电场中液体破裂荷电现象。1745 年，Bose 在他的自然哲学文稿中记载了液体破裂成荷电液滴的现象。1917 年，Zeleny 将几千伏直流高压分别加在从玻璃细管流出的酒精、甘油上，观测液体分裂现象，当施加电压达到临界值 V_c 时，液体前端的液丝开始分裂成许多微粒，再加大电压则发生雾化现象。临界电压 V_c 与液滴半径 r 及液体表面张力 γ 之间有如下的关系式

$$V_c = kr\gamma \tag{7-27}$$

式中 k——比例系数。

对液体破裂荷电和射流破裂荷电研究做出突出贡献者当属瑞利（Rayleigh）。Rayleigh 在前人的实验基础上，建立了较系统全面的理论体系，提出了带电液滴表面场强稳定条件

$$E^2 \leqslant (n+2)\gamma/\varepsilon_0 r \tag{7-28}$$

式中 n——大于 2 的整数；

ε_0——真空介电常数，$C^2/(N \cdot m^2)$。

对于半径为 r 的液滴，当表面场强 E 满足条件式(7-28)时，呈稳定状态，此式称为 Rayleigh 电场稳定极限，超过这个极限液滴就会破裂。研究发现：液滴带电会导致其表面张力降低和内外压力差增加，有利于液体雾化。增加液滴带电量可以加速这一过程。式(7-28)具有重要的物理意义和应用价值，通过式(7-28)可反求半径为 r 液滴的带电量。如果液滴自带电量所形成的电场接近其周围空气的击穿场强时，液滴就会破裂。即将式(7-28)中场强用空气击穿场强 E_a（常温、常压下 $E_a \approx 35\text{kV/cm}$）代替，所得电量为 Rayleigh 电荷极限值。Rayleigh 的另一项重要贡献是对液体射流破裂所成的液滴大小作了预测："在静止空气中当射流破裂成等径链状珠时，所形成液滴的直径是射流直径的 1.79 倍。" Rayleigh 理论至今仍是静电雾化现象的研究基础。

射流破裂感应荷电的原理如图 7-10 所示。在紧靠喷嘴端部设置一高压金属环，射流

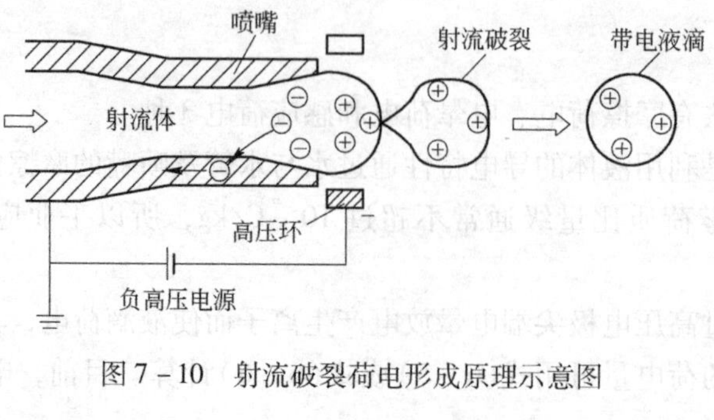

图 7-10 射流破裂荷电形成原理示意图

细丝穿过圆环，射流体接地，在射流体和金属环之间形成高压电场，此时射流体有感应电荷分布，如果射流体不破裂，射流体总体呈中性，或感应电量极低。如果射流体破裂，液体中的负电荷沿射流体流入接地极，而带正电荷的液体形成荷电水雾。

射流破裂的最大荷电量为 Rayleigh 电量极限值，随液滴直径减小，荷电液滴表面场强增大，当该场强达到空气击穿场强，液滴炸裂，变成直径更小的雾滴。研究证实，电晕饱和荷电量仅为 Rayleigh 电量极限值的百分之几。

图 7－11 为不同荷电方式液滴带电量示意图。需要指出的是，Rayleigh 区中的液滴带电量与射流速度的关系并不一定是连续的曲线，有可能是非连续的突变。

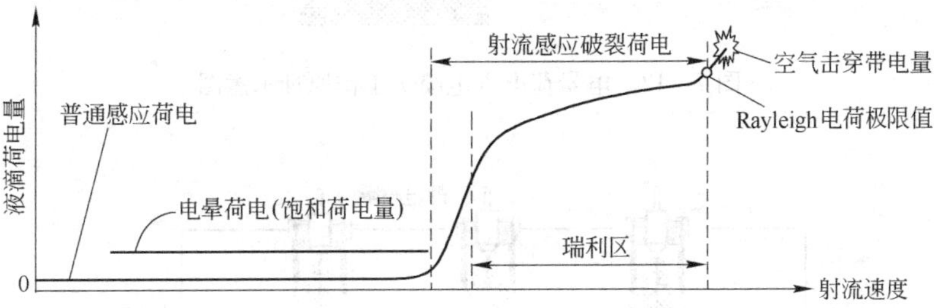

图 7－11 不同荷电方式液滴带电量示意图

由图 7－11 可以看出，液滴的 Rayleigh 电量极限值对电晕荷电来说是“超饱和”！这一结果令众多雾滴荷电研究者兴奋不已。

Cross，Fowler 和 Xiao 对液体在感应荷电和电晕荷电两种情形下液体荷质比和单个液滴的荷电量进行了实验比较，其中一个重要的比较条件是所施加的电压。感应荷电情况下，所施加的电压为 1000～1500V，而电晕荷电时，所加电压超过万伏。选择适当的气液两相射流，发现感应荷电的液滴荷质比远高于电晕荷电。这一重要结果使人们看到了射流破裂感应荷电的潜在工业应用前景。

7.3.4 荷电水雾喷嘴

要实现静电增强水雾除尘，其技术关键是研发产生荷电液滴的喷嘴，称荷电水雾喷嘴，又称静电喷嘴。

7.3.4.1 电晕荷电喷嘴

产生荷电水雾的常用方法是电晕荷电。图 7－12 是静电喷头工作原理示意图。在喷孔下端有一电晕放电极，因电晕极处于潮湿环境，如果施加高压会很不安全，于是电晕极采取接地连接，而筒体施加高压。如果施加的是负高压，则电晕线为正电晕放电（反电晕原理）。水雾荷正电荷。高压圆筒半径通常小于 100mm，外加电压小于 30kV。液滴的荷电量计算可参见第 9 章。实际上，液滴的荷电量远低于饱和荷电量。

静电喷嘴用于烟尘净化示意如图 7－13 所示。图 7－13 是单纯的荷电水雾捕尘，如果想进一步提高净化效果，可使烟尘预荷电（采取负电晕放电使烟尘带负电荷），然后进入喷雾区。如果在喷雾区设置放电极和收集极板，图 7－13 就变为湿式静电除尘器，水雾在经过线－板电极之间时就能够被电晕荷电，所以采用普通喷嘴就可以了，使用静电喷头意义不大。

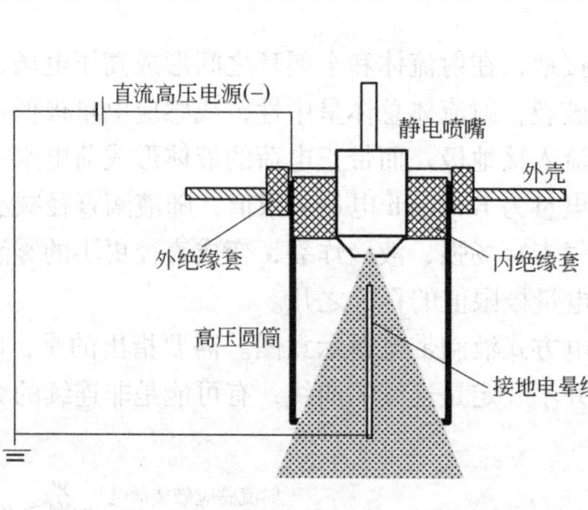

图 7－12 电晕荷电静电喷头工作原理示意图

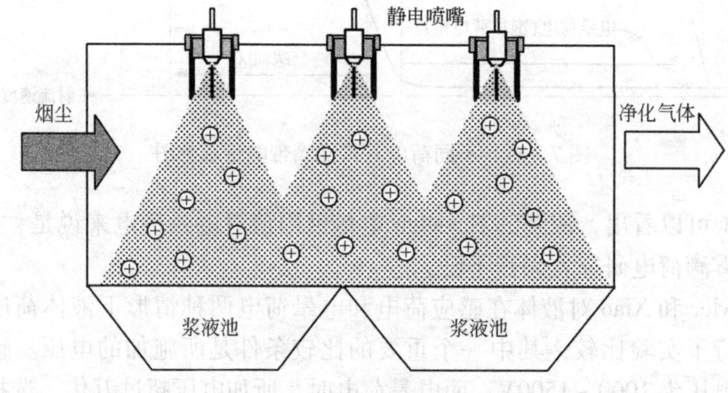

图 7－13 静电喷嘴用于烟尘净化示意图

7.3.4.2 射流破裂感应荷电喷嘴

静电学理论告诉我们：用一个带电体靠近另一个中性物体的时候，这个中性物体会产生感应电荷，这是一种极化现象，所表现出的电性极弱。带电体移开，感应电荷消失。实际上，无论带电体多么靠近中性体，其净带电量总为零。若此时把净带电量为零但有电荷分布的中性体从中断开，将产生两个极性相反的带电体，如图 7－14 所示。

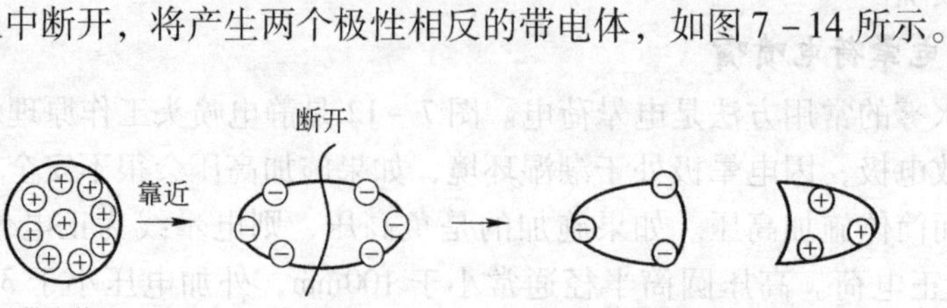

图 7－14 感应荷电产生新带电体示意图

现在的问题是如何把有电荷分布的中性体断开？水体是可以分开的，通常不易；把水流断开就比较容易；把有电荷分布的细水流加压后，从喷孔喷出形成射流，通过气液相互作用使水流变为水滴就更容易。这就是射流破裂感应荷电。

如前所述，气液两相喷嘴有助于射流破裂。图7-15是气液两相射流破裂感应荷电喷嘴工作原理示意图。在靠近喷孔处装一金属圆环，金属圆环半径一般小于20mm，圆环上施加直流高压（1~5kV），金属喷管和液体接地。如果施加负高压，雾滴带正电荷，反之，如果施正高压，雾滴带负电荷。若施负高压，在喷孔处的液流感应产生正电荷密集区，同时产生等量的负电荷。其速度远高于射流速度，以万倍计。因此，不必担心带负电荷的液滴也被喷出。

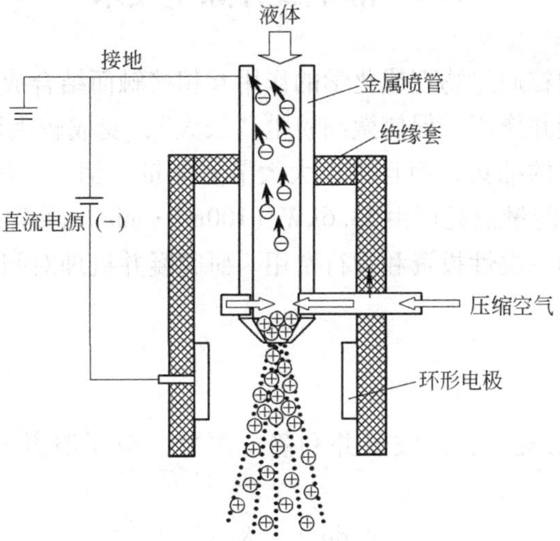

图7-15 射流破裂感应荷电喷嘴工作原理示意图

射流破裂感应荷电喷嘴与电晕荷电喷嘴在结构上的最大区别是：射流破裂感应荷电喷嘴没有电晕放电极线。其次，射流破裂感应荷电喷嘴所施加的电压（一般2kV）远小于电晕荷电喷嘴的电压（一般为20kV）。另外，静电感应所产生的电荷，理论上全部用于液滴荷电，耗能低，电晕荷电只有极少部分用于液滴荷电，耗能较高。再有，对于有可燃易爆的气体和液体，静电感应没有火花，相对安全。而电晕放电有火花，通常不能使用。

射流破裂感应荷电是一个既古老又崭新的课题。说他古老，是因为早在1745年，Bose就在他的自然哲学文稿中记载了液体破裂成荷电液滴的现象。说它崭新，是因为在最近几年，射流破裂感应荷电成为液体雾化技术的一个研究热点，并开始走向实际应用。研究表明，射流破裂感应荷电（Rayleigh极限）比电晕饱和荷电量高几十倍！但实践中还没有得到有力的支持，这很大程度上可能是射流破裂感应荷电喷嘴的结构和工艺条件达不到理论上的要求。要在应用上取得根本性突破，尚需理论研究与科学实验方面的努力。

7.3.5 静电增强水雾除尘技术的应用

目前，电晕荷电水雾洗涤器在空气污染控制中的应用较多。早期较有代表性的荷电湿式洗涤器是华盛顿大学Pilat等提出的静电洗涤器，它是由两个或多个串联的喷淋塔组成。含尘气流进入每个塔之前都通过电晕放电使粉尘荷负电。在洗涤器内设有喷嘴产生水雾，使雾滴荷正电。水滴与尘粒带不同极性的电荷而加强了相互间的凝并，然后用脱水器捕集含尘水雾。这一装置在电炉烟尘治理得以应用，其最大优点是除尘器阻力小（250Pa），效率最大达到了99.6%。

我国荷电水雾除尘器的研究始于20世纪70年代。马鞍山矿山研究院的荷电水雾振弦栅高效除尘技术及设备是国内很有特点的荷电水雾洗涤净化器。该装置综合了振弦凝集、静电捕集效应，水雾荷电方法是电晕荷电。从国内现状看，荷电水雾多采用电晕荷电方式。

7.4　静电凝并除尘技术

粉尘静电凝并是颗粒通过物理或化学的作用互相接触而结合成较大颗粒的过程。如果利用微粒之间存在的凝并作用，促使微细粉尘“长大”，变成较大颗粒的粉尘，这样不仅有利于微细气溶胶粒子的捕集，而且可以大大节省能量。例如，将0.1μm的微粒凝并成1.0μm，则净化设备的能量消耗可由53.6kW/(100m³·min)降至7.0kW/(100m³·min)，相应地也减少了设备的一次性投资和运行费用。研究凝并机理对间接收集微细粒子具有特别重要的意义。

7.4.1　凝并机理

凝并主要分为布朗凝并、声波凝并和静电凝并。粒子凝并机理，都可以用Smoluchowski凝并方程描述

$$\frac{\mathrm{d}n}{\mathrm{d}t}=-\frac{K}{2}n^2 \tag{7-29}$$

式中　n——粒子数量浓度，个/m³；

K——凝并系数，m³/s。

对于多分散性粒子，当粒子直径大于气体平均自由程的粒子，K的表达式为

$$K=4\pi d_{\mathrm{p}}D=\frac{2k_{\mathrm{B}}TC_{\mathrm{u}}}{3\mu}\quad d_{\mathrm{p}}>\lambda \tag{7-30}$$

式中　D——粒子扩散系数，m²/s；

μ——气体黏度，Pa·s；

k_{B}——玻耳兹曼常数，1.38×10^{-23} J/K；

C_{u}——库宁汉滑移修正系数。

解式(7－29)可得

$$n=n_0\Big/\left(1+\frac{1}{2}Kn_0t\right) \tag{7-31}$$

式中　n_0——时间$t=0$时初始尘粒的计数浓度，粒子个数/m³。

方程式(7－29)或式(7－31)是经典的凝并理论公式。无论是何种凝并，其凝并方程是相同的，所不同的是凝并系数的大小。所以，讨论凝并过程的主要任务是确定凝并系数的大小。

对于布朗凝并，如果粒径为0.2μm的单分散性球形粒子的初始数量浓度N_0为10^{14}/m³，由式(7－30)得凝并率$K=1.1\times10^{-15}$ m³/s。粒子从直径$d_0=0.2$μm凝并成粒径$d=2$μm的密实聚合粒子，即体积增大1000倍。由式(7－31)，布朗凝并时间需要近3h！虽

然呈葡萄状的凝并态粒子间有空隙，其等效径会比2μm大很多，但仅依赖于布朗碰撞作用使亚微米粒子凝并到超过微米级的粒子，时间太漫长。

1975年，Volk和Moroz运用高频声波凝并作用分离粒径为0.02～1μm的亚微米炭黑粒子。实验表明，在声频3000Hz，声压100～130dB，凝并40s后，炭黑粒子数量中位径超过4μm。和布朗凝并相比，时间缩短约200倍。虽然声波凝并大幅度提高了亚微米粒子的凝并速度，但要产生高声压和高频声波，耗能较大，且高频声波可能对人造成伤害，从而限制了声波凝并的工业应用。

为提高凝并速度，采用静电凝并的方法是必要的。静电凝并方法主要有库仑凝并、低频交变电场凝并和高频交变电场凝并。

7.4.2 库仑凝并

给气溶胶粒子施加不同极性的电荷，利用库仑静电引力可提高亚微米的凝并系数。关于粒子的静电凝并研究早有记载，但对于气流量较大情况下的带电气溶胶粒子静电凝并研究始于20世纪70年代末Eliasson等的双极静电凝并实验。实验装置分三个区：预荷电区、凝并区、捕集区，如图7－16所示。

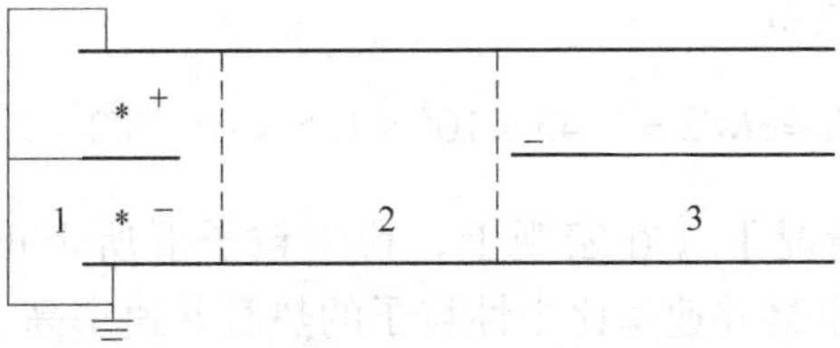

图7－16 三区式双极静电凝并示意图

1—预荷电区；2—凝并区；3—捕集区

其工作原理是：气溶胶粒子分两股，一股荷正电，而另一股荷负电，然后进入凝并区混合，在库仑引力作用下聚集成较大的颗粒，最后进入捕集区中被收集下来。实验结果表明：双极静电凝并率比中性粒子的布朗凝并率提高2～3个数量级。Gutsch和Loffler用类似的方法研究了纳米微粒的双极静电凝并，得到同样的结果。

Williams和Loyalka给出了严格的库仑凝并系数K_c计算式

$$K_c = \frac{z(e^z+1)}{2(e^z-1)}K \tag{7-32}$$

式中

$$z = \frac{q_1 q_2}{2\pi k_B T \varepsilon_0 (x_1 + x_2)} \tag{7-33}$$

式中 x_1，x_2——分别为尘粒1及尘粒2的直径，m；

q_1，q_2——分别为粒径为x_1和x_2的尘粒所带的电量，C；

k_B——玻耳兹曼常数，J/K；

T——气体的绝对温度，K；

ε_0——空气介电常数，$\varepsilon_0 = 8.85 \times 10^{-12}$ C/(V·m)。

例7－2 假定气溶胶粒子群为单分散性，在荷电场强$E = 4$kV/cm条件下，固体颗粒

的相对介电常数 $\varepsilon=6$。试计算带异极性饱和荷电量的 1μm 粒子的库仑凝并系数。

解：1μm 粒子的荷电包括电场荷电和扩散荷电，按 Cochet 公式(6－6)得粒子饱和带电量

$$q=\pi\varepsilon_0 Ed_{\mathrm{p}}^2\Big[\Big(\frac{\varepsilon-1}{\varepsilon+2}\Big)\Big(\frac{2}{1+2\lambda/d_{\mathrm{p}}}\Big)+(1+2\lambda/d_{\mathrm{p}})^2\Big]$$

$$=3.14\times8.85\times10^{-12}\times4000\times10^2\times1\times10^{-12}\Big[\Big(\frac{6-1}{6+2}\Big)\frac{2}{1+2\times0.0665/1}+(2\times0.0665/1)^2\Big]$$

$$=1.245\times10^{-17}\mathrm{C}$$

由式(7－32)得

$$z=\frac{q_1q_2}{2\pi k_{\mathrm{B}}T\varepsilon_0(x_1+x_2)}=\frac{(1.245\times10^{-17})^2}{2\pi\times1.38\times10^{-23}\times293\times8.85\times10^{-12}\times(1+1)\times10^{-6}}$$

$$=3.45\times10^2$$

由式(7－30)得热凝并系数

$$K=4\pi d_{\mathrm{p}}D=\frac{2k_{\mathrm{B}}TC_{\mathrm{u}}}{3\mu}=2\times1.38\times10^{-23}\times293\times1.01/(3\times1.85\times10^{-5})$$

$$=1.5\times10^{-16}\mathrm{m^3/s}$$

由式(6－13)得库仑凝并系数

$$K_{\mathrm{c}}=\frac{z(\mathrm{e}^z+1)}{2(\mathrm{e}^z-1)}K\approx zK/2=3.45\times10^2\times1.5\times10^{-16}/2=2.6\times10^{-14}\ \mathrm{m^3/s}$$

在对称异极性荷电情况下（在宏观上，粉尘粒子群所带正电荷与所带负正电荷相等），虽然亚微米粒子的电凝并速率比中性粒子的热凝并速率高 $10^2\sim10^4$ 倍。但对于实际应用来说，异极性荷电粉尘的库仑凝并的速率仍然是非常缓慢的。为再进一步增强凝并速率，引入外电场力是必要的。

7.4.3 低频交变电场中荷电粒子的电凝并

1995 年，Kildes 等对 Eliasson 凝并器进行了一个重要改进：在凝并区引入低频交变电场，如图 7－17 所示。这不仅加快了异极性荷电微粒在凝并区内混合，而且荷电粒子在交变电场力作用下产生振动，增加了粒子间相互碰撞的概率。

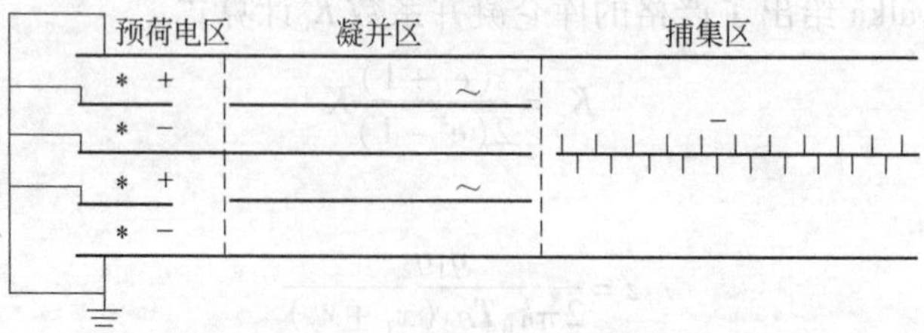

图 7－17　三区式低频交变电场双极电凝并示意图

Kari 等的对比研究发现，异极性荷电粉尘在交变电场中的凝并作用远大于同极性荷电粉尘在交变电场中的凝并。对于粒径为 1μm 的尘粒，在电场 $E=4\mathrm{kV/cm}$ 条件下，交变电场中的静电凝并率 $K\approx10^{-12}\mathrm{m^3/s}$，比库仑凝并高 10 倍以上。Watanabe 等和 Koizumi 等的试验表明尘粒当交变电场频率为 5～10Hz 时能获得较佳的凝并效果。

引入交变电场的双极凝并是一个具有里程碑意义的技术进步，它在很大程度上消减了在凝并区异极性荷电微粒因混合不均匀导致的非对称现象，提高了静电凝并速度，缩短了凝并区长度。

7.4.4　高频交变电场荷电粒子的电凝并

上面谈到的交变电场双极静电凝并技术采用的是低频高压交流电。许多研究证实，当频率高于50Hz，静电凝并作用很快衰减。理由是，亚微米粒子虽然很小，但总存在惯性作用，过高的频率产生的交变电场力会使粒子的振幅减小，甚至在原地不动。通常认为交流电频率不宜超过10Hz。基于这个原因，人们没有过多地考虑频率远超过100Hz情况下带电粒子在交变电场中的凝并。

然而，不可思议的事情发生了：当交流电频率在接近10^4Hz时，电凝并作用突然增强。目前工业应用的电凝并器，无论是美国的Cosa/Tron电凝并空气过滤器，还是澳大利亚的Indigo电凝并器，频率居然达到10^6Hz，可以说是“超高频”！这两种高频电凝并器在国内都有应用，它不仅能耗低，且凝并效果远优于低频电凝并器，如Cosa/Tron对亚微米粒子的去除可以达到洁净室标准。

可见，先前认为只有在低频情况下才会有较强的双极静电凝并作用的观点有片面性。在结构形式上，高频电凝并器与低频电凝并器大同小异，但在凝并机理上却发生了很大变化。定性地说，高频静电凝并激增效应是等离子体和微粒子的微振碰撞、静电力和分子力的协同作用的结果。

目前，国内外关于荷电粒子在高频交变电场中的电凝并理论研究尚不成熟，在此做如下推理：这种高频电凝并现象非常类似于高频声波凝并，表现为：

（1）高频声波的频率和高频交变电场的频率很接近，都是$10^3 \sim 10^5$Hz量级。

（2）粒子的声凝并是声波压和空气分子振动的协同作用，高频电凝并是在电场脉冲激荡下的微细颗粒和空气分子的共同振动碰撞作用，从相对运动来看很类似，这种高速“微震”现象增强了“近距”凝并作用。

（3）高频交变电场导致离子（带电气体分子）的剧烈震动，气体分子间的相互摩擦产生热量，促进了热凝并和热泳作用。关于高频电凝并或超高频电凝并的理论和实践作为气溶胶科学领域中一个非常前沿的课题还有待深入研究。

习　题

7-1　已知粒子带电，纤维中性，过滤风速0.05m/s，粒子相对介电常数6。纤维层孔隙率为0.6，纤维层厚度2mm，纤维直径30μm。试计算常温下纤维层对带电量为1×10^{-17}C的1μm粒子的静电捕集效率。

7-2　已知粒子直径5μm，纤维直径20μm，粒子带电量为-1×10^{-16}C，1m长纤维带电量为5×10^{-9}C，试确定其最大清灰作用力（提示：$r\approx(d_p+d_f)/2$，真空介电常数$\varepsilon_0=8.85\times10^{-12}$ F/m）。

7-3　粉尘粒径$d_p=1\mu m$，带电$q=1\times10^{-17}$C，球形水滴直径$d_w=1mm$，带电$Q=1\times10^{-14}$C，过滤风速$v_0=0.05m/s$，计算库仑力捕集效率。

7-4　荷电液滴处于稳定与分裂的临界状态时的带电量为Rayleigh极限。试根据关系式

$Q_o = 8\pi\sqrt{\varepsilon\gamma}R^{3/2}$ 绘出 10～1000μm 带电水滴破裂时的带电量与水滴半径变化曲线（水的表面张力系数 72×10^{-3}N/m，空气介电常数 8.85×10^{-12}F/m）。

7-5 根据静电学原理计算：在 Rayleigh 极限电量时，100μm 水滴表面的电场强度。

7-6 粒子的凝并主要有哪几种？

7-7 直径为 1μm 的异极性荷电尘粒，在电场 $E = 4$kV/cm，$K_\omega \approx 10^{-12}\text{m}^3/\text{s}$ 的条件下，当忽略惯性作用时，若初始多分散气溶胶粒子的数量浓度为 3×10^{13} 个/m³，求经过 1h 后的粒子计数浓度。

7-8 在标准状态下，氧化铜气体初始数量浓度为 10^{12} 个/m³。计算直径为 0.1μm 的单分散性气溶胶因热凝并使数量浓度减半的时间。

7-9 假定带对称正负电荷气溶胶粒子群为单分散性的，计算带电量为 2×10^{-16}C 的 5μm 粒子在静止空气中的库仑凝并系数。

8 除尘系统设计

所有的除尘系统基本类似，其设计（或选型）内容包括集气罩、通风除尘管网、除尘器、风机、输灰系统和除尘器的保温。

8.1 集 气 罩

集气罩，又称排气罩、吸气罩、吸尘罩等。集气罩是用来控制开放性污染源向空气中扩散和飞扬的汇风装置。

8.1.1 罩口气流分布的基本理论

集气罩的功能是汇集污染气体，但有时为了增强控制效果和减少抽风量，会采取吹吸气相结合的方式。对于吸气是汇流，对于吹气是射流。

一个敞开的吸气管口，当面积较小时，可看作“点汇”。假定流动无阻力，吸气口外的流线是以吸气口为中心的经向线，等速面是以吸气口为球心的球面，如图 8－1 所示。

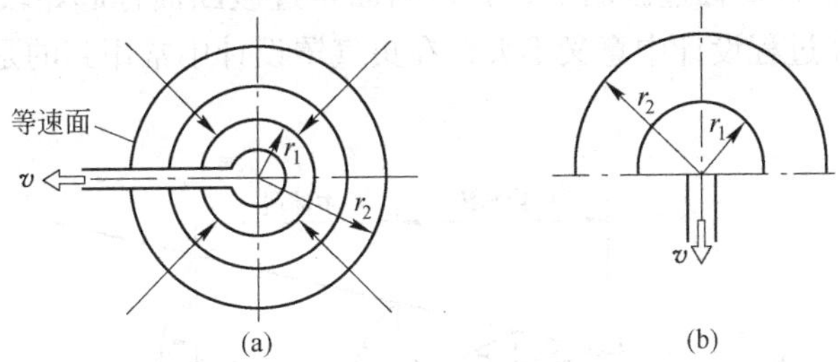

图 8－1 点汇气流分布

（a）无界空间的点汇；（b）半无界空间的点汇

在图 8－1(a)中，因通过每个等速面的流量相等，设点汇的流量为 Q，等速面半径分别为 r_1 和 r_2，相应的速度为 v_1 和 v_2，由连续性方程

$$Q = 4\pi r_1^2 v_1 = 4\pi r_2^2 v_2 \tag{8-1}$$

于是，速度比与半径比的关系为

$$\frac{v_1}{v_2} = \left(\frac{r_2}{r_1}\right)^2 \tag{8-2}$$

由此可见，点汇外某点的速度与该点至吸气口距离的平方成反比。吸气口外速度衰减很快，因此，在设计集气罩时，应尽量减少罩口到污染源间的距离。如吸气口的四周加上挡板，如图 8－1(b)所示，其等速面为半球形。由连续性方程，在相同的吸气量的情况下，点汇外的速度提高一倍。因此，在设计集气罩时，应尽量减少吸气范围，以增强控制

效果。

实际上，吸气口总是有一定大小的，空气流动也是有阻力的。所以，吸气区内空气流动的等速面不是球面，而是椭球面。设罩口直径为 d_0，某点离罩口距离为 x，则式(8-1)只能适用于 $x/d_0>0.5$ 的情况。$x/d_0<0.5$ 时，流速分布可按下列经验公式计算。圆形罩口轴线上的流速为

$$v_x=v_0\Big/\left[1+7.7\left(\frac{x}{\sqrt{A_0}}\right)^{1.4}\right] \tag{8-3}$$

$$v_x=v_0\Big/\left[1+7.7\left(\frac{a_0}{b_0}\right)^{0.34}\left(\frac{x}{\sqrt{A_0}}\right)^{1.4}\right] \tag{8-4}$$

式中 v_0——罩口平均流速，m/s；

v_x——距罩口距离为 x 处的流速，m/s；

A_0——罩口断面积，m^2；

a_0，b_0——分别为矩形罩的长边和短边，m。

空气从孔口吹出，在空间形成一股气流称为射流。按射流所在空间的固体边壁对射流的约束条件，射流分为自由射流和受限射流；按射流内部温度的变化情况分为等温射流和非等温射流；按射流管口的形状分为圆射流、矩形射流和扁射流（长短边之比大于10：1）。等温自由圆射流是常见的一种流型。射流形成过程如图8-2所示。假设管口速度均匀，从管口吹出的射流范围不断扩大，其边界是圆锥面。圆锥顶点称极点，圆锥的半顶角 α 称射流的扩散角。射流中保持原出口速度 v_0 的部分（图中的 AOD 锥体）称射流核心。射流核心消失的断面 BOE 称过渡断面，管口断面至过渡断面称起始段。过渡段以后称主体段。射流起始段在过程设计中意义不大，在集气罩设计中常用到的是圆射流和扁平射流主体段的流动参数。

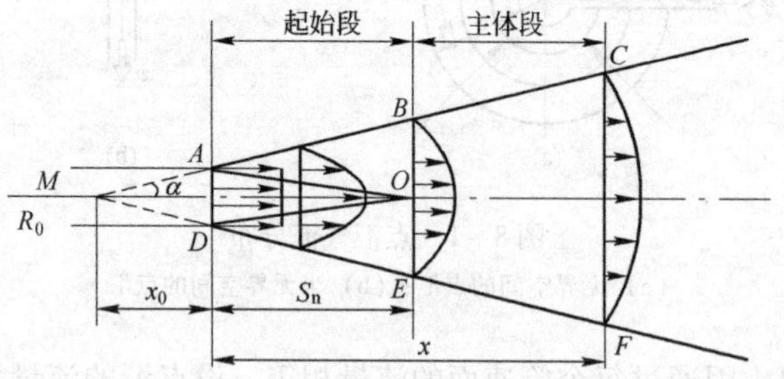

图8-2 射流的结构

等温自由圆射流一般具有以下特征：

(1) 射流边缘有卷吸周围空气的作用，这主要是由于紊流动量交换引起的，射流流量随长度增加而增大。

(2) 由于射流边缘的卷吸作用，射流断面不断扩大。射流扩散角 α 为

$$\tan\alpha=a\varphi \tag{8-5}$$

式中 a——紊流系数；

φ——射流管口形状系数。

圆射流 $\alpha=0.08$，$\varphi=3.4$；扁射流 $\alpha=0.11\sim0.12$，$\varphi=2.44$。

（3）射流核心区呈锥形不断缩小。

（4）核心段后，射流速度逐渐下降。各断面的流速虽不同，但其无因次速度分布相似。射流中的静压与周围空气的压力相同。

（5）射流各断面的动量相等。

射流参数的计算公式见表8－1。由表中公式可看出，圆射流速度与射程的1次方成反比，扁射流与射程的1/2次方成反比。而在吸入流动时，集气罩口外的空气速度与罩口距离的平方成反比。因此，射流具有对空气更远的影响（控制）距离。

表8－1　自由射流主体段参数计算公式

参数名称	圆 射 流	扁 射 流
扩散角 α	$\tan\alpha=3.4a$	$\tan\alpha=2.44a$
起始段长度 s_n/m	$s_n=8.4R_0$	$s_n=9.0b_0$
轴心速度 v_m/m·s^{-1}	$\frac{v_m}{v_0}=\frac{0.966}{\frac{ax}{R_0}+0.41}$	$\frac{v_m}{v_0}=\frac{1.2}{\sqrt{\frac{ax}{b_0}+0.41}}$
断面流量 Q_x/m·s^{-1}	$\frac{Q_x}{Q_0}=2.2\left(\frac{ax}{R_0}+0.294\right)$	$\frac{Q_x}{Q_0}=1.2\sqrt{\frac{ax}{b_0}+0.41}$
断面平均速度 v_x/m·s^{-1}	$\frac{v_x}{v_0}=\frac{0.1915}{\frac{ax}{R_0}+0.294}$	$\frac{v_x}{v_0}=\frac{0.942}{\sqrt{\frac{ax}{b_0}+0.41}}$
射流半径 R/m 或半高度 b/m	$\frac{R}{R_0}=1+3.4\frac{ax}{R_0}$	$\frac{b}{b_0}=1+2.44\frac{ax}{b_0}$

注：R_0 为圆射流管口半径；Q_0 为管中流量；b_0 为扁射流管口半高度；a 为紊流系数。

8.1.2　集气罩的基本形式

集气罩按流动方式分两类：吸气罩和吹吸罩。吸气罩按密闭情况和相对位置分为密闭罩、半密闭罩和外部集气罩。

8.1.2.1　密闭罩

密闭罩是将污染源的局部或整体密闭起来的一种集气罩。其作用是将污染物的扩散限制在一个很小的密闭空间内，仅在适当的位置留出缝隙以便吸入空气，使罩内保持负压，防止污染物外逸。和其他的集气罩相比，其吸气量最小，控制效果最好。所以，在设计中应考虑优先选用。按密闭罩的结构特点，可将其分为局部密闭罩、整体密闭罩和大容积密闭罩，如图8－3所示。

局部密闭罩是对局部产尘点进行密闭，产尘设备及传动装置留在罩外，或部分在罩外，便于观察和检修。罩的容积较小，抽风量少，适用于污染气流速度小，且连续散发的地点。

整体密闭罩是对产尘设备全部或大部分密闭，只有传动部分留在罩外，适用于有振动或气流速度较高的设备。

大容积密闭罩是将污染设备或地点全部密闭起来的密闭罩，又称密闭小室。其特点是

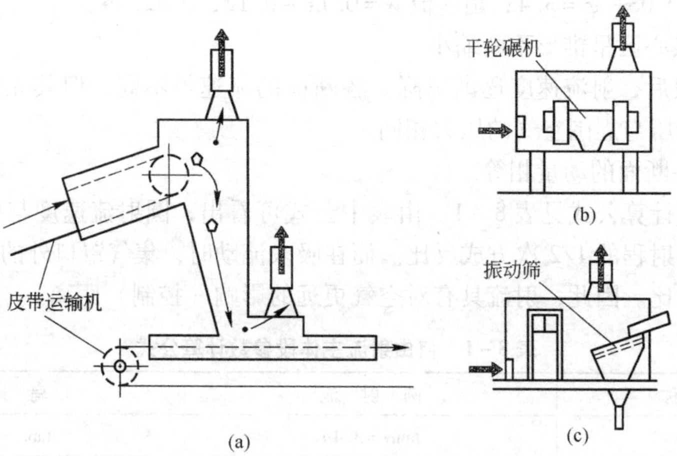

图 8-3 密闭罩形式

（a）局部密闭罩；（b）整体密闭罩；（c）大容积密闭罩

容积大，适用于多点、阵发性、污染气流速度大和设备检修频繁的场合。它的缺点是占地面积大，材料消耗多。

8.1.2.2 半密闭罩

有些生产工艺需要人在设备旁进行操作，可采用半密闭罩，罩的一面全部敞开。半密闭罩又称通风柜或柜式排气罩，如图 8-4 所示。

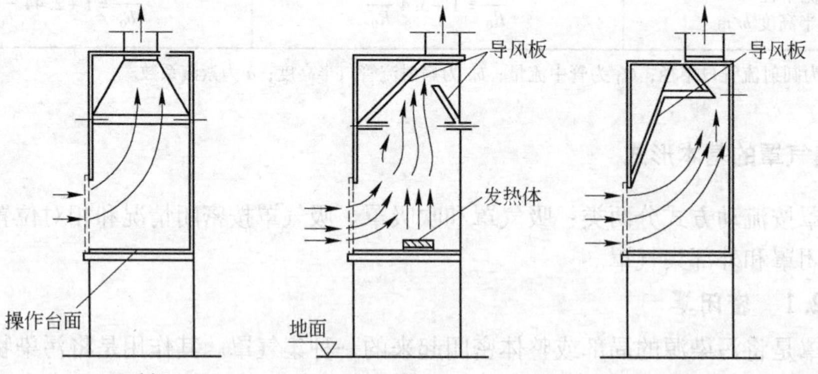

图 8-4 柜式排气罩

（a）对称板导流；（b）斜板导流；（c）异形板导流

操作口的速度分布对气流的控制效果有很大影响，当产生有害气体的浓度较大时，为防止有害气体从通风柜上操作口下部泄出，在柜状空间下部增设排气口，如图 8-5 所示。

柜式排气罩的抽风量按式(8-6)计算

$$Q = CAv + Q_{in} \tag{8-6}$$

式中 Q——抽风量，m^3/s；

C——形状系数，一般取 1.05 ~ 1.2；

A——操作口面积，m^2；

v——操作口平均流速，m/s；

Q_{in}——柜内污染物气体发生量，m^3/s。

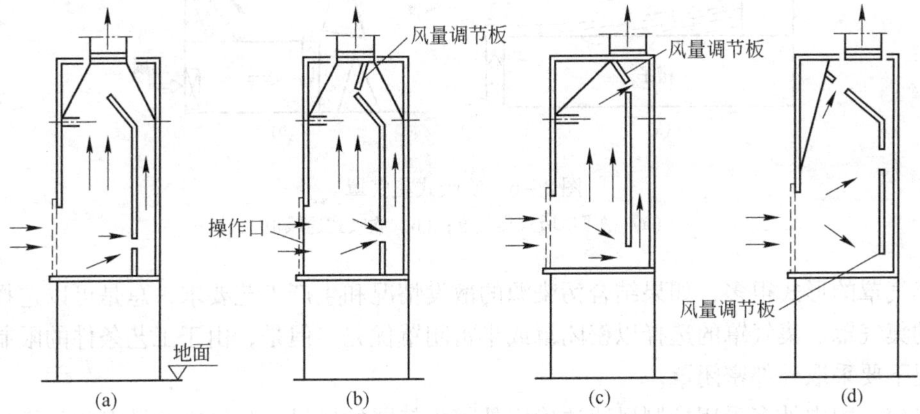

图 8－5　上下部均设排气口的柜式排气罩

(a)～(c) 双口节板对称导流；(d) 三口斜板导流

操作口平均风速可参照表 8－2 选取。

表 8－2　柜式排气罩操作口平均风速的选取

柜内散发污染物的性质	操作口吸入风速/$m \cdot s^{-1}$
无毒污染物	0.25～0.375
有毒或有危险的污染物	0.4～0.5
极毒或少量放射性污染物	0.5～0.6

8.1.2.3　外部集气罩

由于工艺条件的限制，无法对污染源进行密闭时，只能在污染源附近设置集气罩。依靠罩口外气流的运动把污染物吸入罩内，这类集气罩称外部集气罩。外部集气罩的形式多种多样，按外部集气罩和污染源的相对位置分上部集气罩、下部集气罩和侧吸罩 3 类。

8.1.2.4　吹吸式集气罩

在外部集气罩的对面设置一个或一排条缝形吹气口，它和吸气罩结合起来称为吹吸式集气罩，如图 8－6 所示。喷吹气流形成一道气幕，把污染物限制在一个很小的空间内，使之不外逸，同时还诱导污染气流向集气罩运动。由于气幕的作用，使室内空气混入量大大减少，又由于射流的速度衰减较慢，因此，控制距离远，耗风量少。此外，它还有抗横向气流干扰和不影响工艺操作等优点。因此，近年来在控制大面积污染源方面，其在国内外得到了较多的应用。

8.1.3　集气罩的设计

集气罩设计的内容主要是集气罩形式的选择、集气量的确定和压力损失的计算。

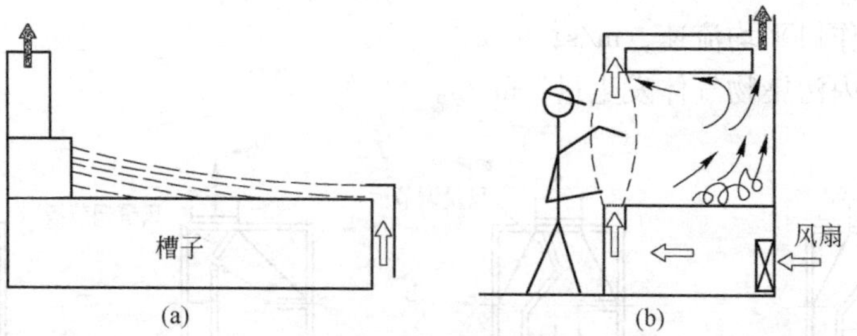

图8-6 吹吸式集气罩
(a) 槽子吹吸式集气罩；(b) 吹吸式通风柜

集气罩的形式很多，如果结合污染源的散发情况和生产工艺要求，总是可以选择比较理想的集气罩。集气罩的选择以密闭罩或半密闭罩优先。但是，由于工艺条件的限制，很多情况下要采取外部密闭罩。

目前，国内外多采用控制风速法确定外部集气罩的风量。从污染源散发的污染物具有一定的飞扬速度，飞扬速度减小到0的位置称为控制点，如图8-7所示。控制点到罩口的距离 x 称控制距离，为使距罩口最远点上的污染物能随气流进入罩内，所必需的最小吸入速度称控制风速 v_x。

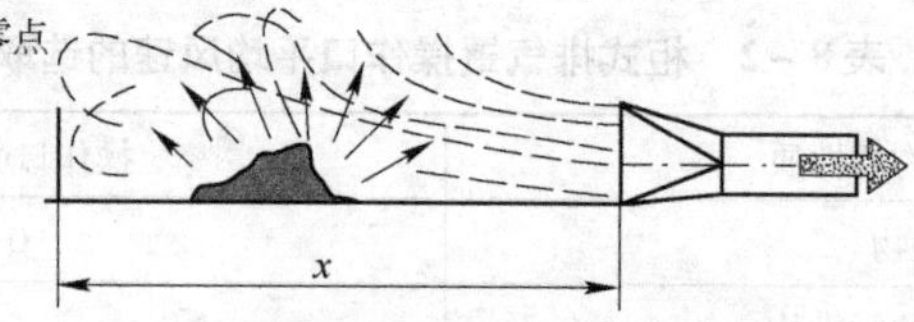

图8-7 控制点、控制距离和控制风速

在设计中，当已知控制风速 v_x，可根据罩口外的气流衰减规律求得罩口上的气流速度 v_0，若已知罩口面积 A_0，便可求集气量。控制风速的大小是根据经验确定的，见表8-3。

表8-3 污染物的控制风速

污染物的产生情况	举　　例	控制风速 v_x /m·s^{-1}
以轻微的速度放散到相当平静的空气中	蒸气的蒸发，气体或烟气在敞口容器中外逸	0.25~0.5
以轻微的速度放散到尚属平静的空气中	喷漆室内喷漆，连续地倾倒有尘屑的干物料到容器中，焊接	0.5~1.0
以较大的速度放散出来，或放散到空气运动较迅速的区域	翻砂、脱模、高速（大于1m/s）皮带运输机的转运点、混合、装袋或装箱	1.0~2.5
以高速放散出来，或放散到空气运动迅速的区域	磨床，重破碎，在岩石表面工作	2.5~10

在集气罩设计前，需先通过现场操作情况和污染源散发情况的观察和测定，以确定罩形、罩口尺寸和控制点至罩口的控制距离 x 以及控制风速 v_x，便可根据罩口外的气流衰减规律求得罩口上的气流速度 v_0。由罩口面积 A_0 便可求得集气量 Q。控制风速 v_x 的值与污染源情况和周围气流运动情况有关，一般应通过实测，如果缺乏现场数据，可参考表 8－3 确定。由于罩形和安装形式多种多样，不同罩形的罩口外气流分布差别很大，所以无法用统一的公式确定控制距离 x 和罩口风速 v_0。

下面仅介绍几种较典型的外部集气罩的流速和风量计算式。

8.1.3.1 圆形和矩形侧吸罩

对于罩口为圆形和矩形（宽长比 $W/L \geqslant 0.2$）的侧吸罩，沿罩轴线的气流速度 v_x 和罩口速度 v_0 的关系为

$$v_0/v_x = C(10x^2 + A_0)/A_0 \tag{8-7}$$

显然，其吸风量为

$$Q = C(10x^2 + A_0)v_x \tag{8-8}$$

式中 C——形状系数。

前面无边壁，罩口四周无边时，$C = 1$，如图 8－8 所示。有边的侧吸罩取 $C = 0.75$，如图 8－9 所示。

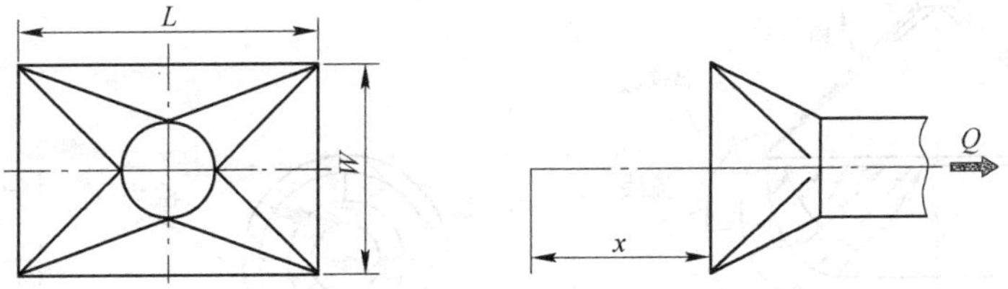

图 8－8 无边壁的侧吸罩

对于有边壁侧吸罩，图 8－9（a）、图 8－9（b）和图 8－9（c）的流量计算式分别为

$$Q = (5x^2 + A_0)v_x \tag{8-9}$$

$$Q = (x^2 + A_0)v_x \qquad A_0 = a + 0.5h \tag{8-10}$$

$$Q = (12x^2 + A_0)v_x \tag{8-11}$$

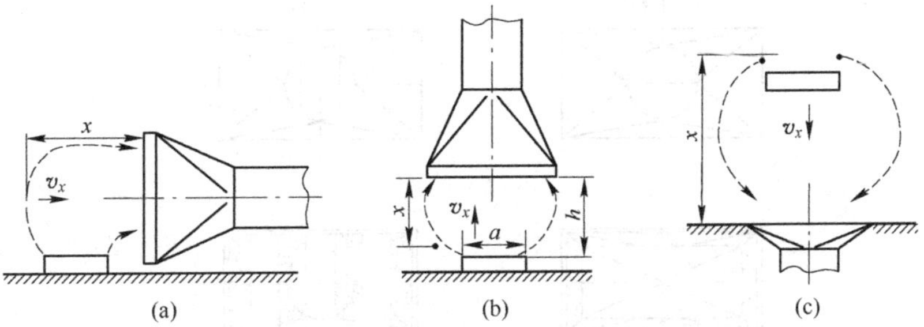

图 8－9 有边壁的侧吸罩

（a）旁吸；（b）顶吸；（c）底吸

8.1.3.2　冷过程上部集气罩

在污染设备上方设置集气罩，由于前面有障碍物，气流只能从侧面流入罩内，如图8－10所示。为避免横向气流干扰，应尽可能使罩口至污染源距离 H 不大于 $0.3L$，L 为罩口边长，其吸风量由式(8－12)计算

$$Q = KPHv_x \tag{8-12}$$

式中　P——罩口敞开面周长，m；

H——罩口至污染源距离，m；

K——考虑速度分布不均匀的安全系数，通常取 $K=1.4$。

为减少横向气流的影响，最好靠墙壁布置，或罩口四周加挡板。为使罩口吸气速度均匀，集气罩扩张角不应大于60°。

由罩口外气流分布特征可知，罩口加法兰边，可减少无效气流的吸入量。基于这一原理，圆形和矩形侧吸罩还可改进成如图8－11所示的形式，以进一步提高集气效果，减少污染物外逸的可能性，同时提高进气均匀性和节省吸风量，也可以在罩口内设置曲折挡板的形式，如图8－12所示。

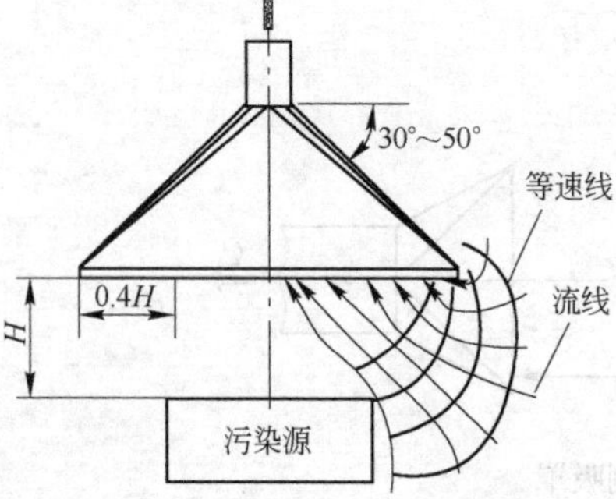

图8－10　冷过程上部集气罩

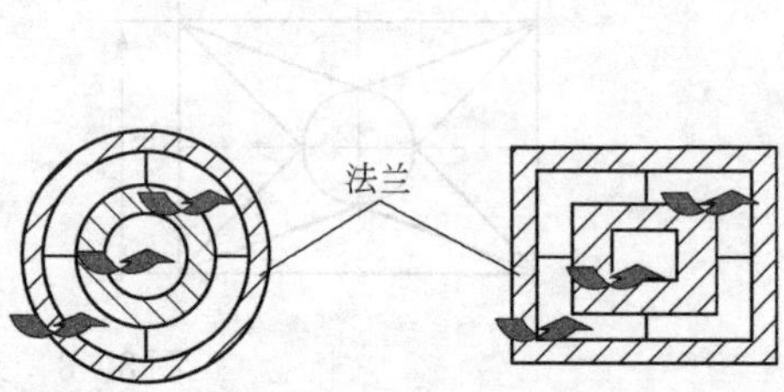

图8－11　圆形和矩形侧吸罩加辅助挡板

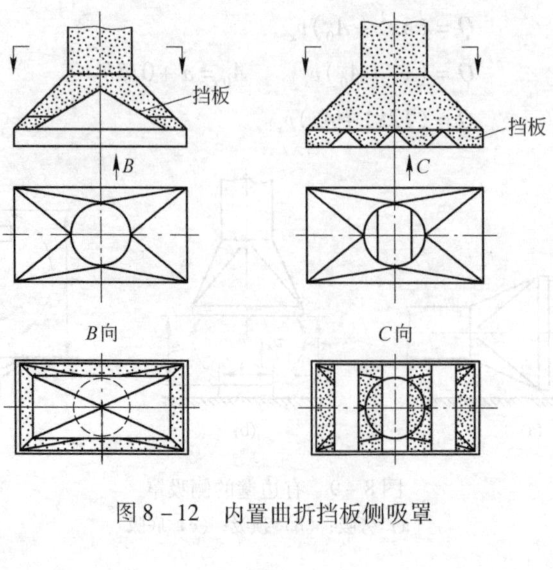

图8－12　内置曲折挡板侧吸罩

8.1.3.3 热源上部接受式集气罩

有些生产过程或设备本身会产生或诱导一定的气体流动，带动有害气体一起运动，如高温热源的对流气流、砂轮旋转的诱导气流等。对于这种情况，应尽可能把集气罩设在污染气流的前方，让它直接进入罩内。这类罩称接受罩。

热源上部的热射流主要有两种形式。一种是设备本身散发的热射流，如炼钢电炉炉顶散发的热烟气；一种是高温设备表面对流散热时形成的热射流。对于前者，必须实测确定。这里主要介绍热源上部热射流的流量计算方法。

热射流上升过程中，由于不断混入周围空气。其流量和横断面积会不断增大。若热源的水平投影面积用 S 表示，当热射流上升高度 $H<1.5\sqrt{S}$，或 $H<1\text{m}$ 时，称低悬罩。因上升高度较小，混入空气量较少，可近似认为热射流流量和断面积 S 基本不变，其热射流起始流量 Q_0 可按式(8－13)计算

$$Q_0=0.403(qHS^2)^{1/3} \tag{8-13}$$

式中 Q_0——射流初始流量，m^3/s；

S——热源的水平投影面积，m^2；

q——热源水平面对流散热量，kJ/s；

H——罩口离热源水平面的距离，m。

热源水平面对流散热量 q 可由式(8－14)计算

$$q=\frac{8.98\Delta T^{1.25}S}{3600} \tag{8-14}$$

式中 ΔT——热源水平表面与周围空气温度差，K。

当热射流上升高度 $H\geqslant 1.5\sqrt{S}$时，称高悬罩。热射流的流量和断面积会显著增大，则热射流在不同上升高度上的流量、流速及热射流断面直径按下列公式计算（几何尺寸如图 8－13 所示）

$$Q_z=8.07\times10^{-2}z^{1.5}q^{1/3} \tag{8-15}$$

$$d_z=0.245z^{0.88} \tag{8-16}$$

$$v_z=0.51z^{-0.29}q^{1/3} \tag{8-17}$$

式中 Q_z——计算断面上热射流的流量，m^3/s；

d_z——计算断面上热射流横断面直径，m；

v_z——计算断面上热射流平均速度，m/s；

z——极点至罩口距离，m。

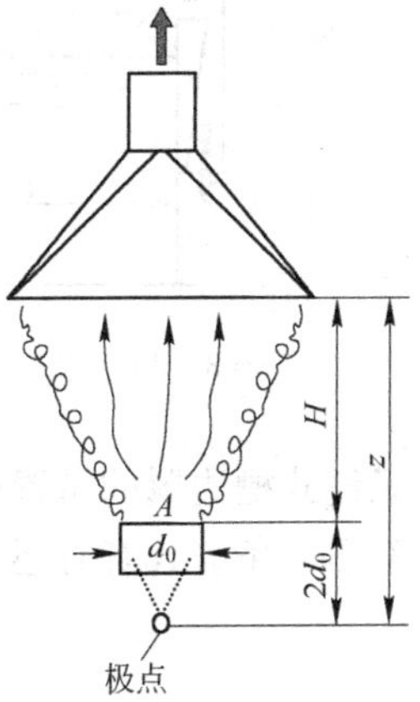

图 8－13 热源上部接受罩

上述公式是把热源近似为点源来考虑的。当热源具有一定尺寸时，可用外延法近似求得热射流极点，如图 8－13 所示。于是，在上述公式中，$z=H+2d_0$。

在工程设计中，考虑横向气流的影响，接受罩的吸风量应等于罩口断面上的热射流流量，同时，接受罩的断面尺寸应等于罩口上热射流的尺寸。对低悬罩，实际流量为

$$Q=Q_0+v'S' \tag{8-18}$$

式中 Q——考虑横向气流影响的接受罩吸风量，m^3/s；

v'——罩口扩大的面积上气流吸入速度，通常取 $v'=0.5\sim0.75\text{m/s}$；

S'——考虑横向气流影响罩口扩大的面积，即实际罩口面积减去热射流断面积，m^2。

低悬罩的罩口尺寸按下式确定

圆形 $$D=d+0.8H \tag{8-19}$$

矩形 $$A_1=A+0.8H,\ B_1=B+0.8H \tag{8-20}$$

对高悬罩，实际流量为

$$Q=Q_z+v'S' \tag{8-21}$$

$$D=d_z+0.8H \tag{8-22}$$

8.1.3.4 槽边罩

槽边罩是外部集气罩的一种特殊形式，专门用于各种工业槽的污染控制。目前，常用的槽边罩有两种形式：平口式和条缝式。

平口式槽边罩分单侧和双侧两种，当槽宽 $B<500\text{mm}$ 时，可采用单侧平口式槽边罩；当槽宽 $B>500\text{mm}$ 时，可考虑双侧平口式槽边罩，如图 8-14 所示。

条缝式槽边罩的结构特点是截面高度 E 较大，如图 8-15 所示。$E\geqslant250\text{mm}$ 称高截面，$E<250\text{mm}$ 称低截面。增大截面高度，如同设置了法兰边，可以减少吸气范围。因此，其排风量比平口小些，但阻力也较大。条缝口应保持较高的吸气速度，一般采用 7～10m/s。

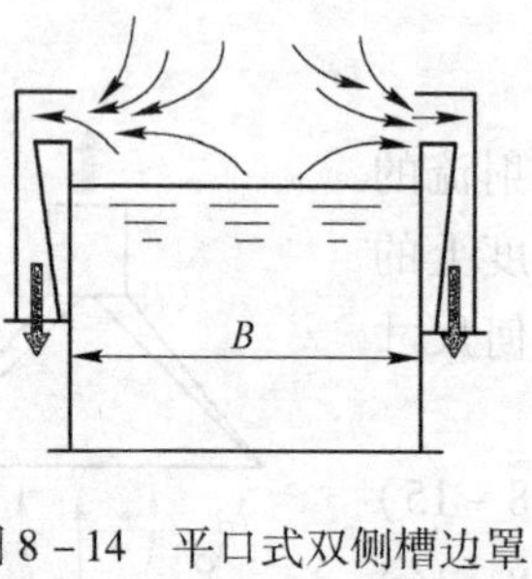

图 8-14 平口式双侧槽边罩

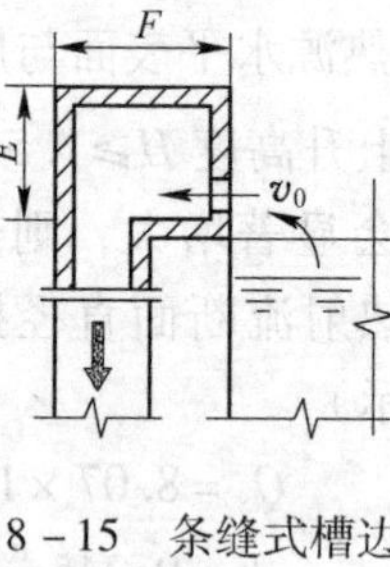

图 8-15 条缝式槽边罩

条缝式槽边罩的布置可分单侧和双侧两种，单侧适用于槽宽 $B\leqslant700\text{mm}$，$B>700\text{mm}$ 时用双侧。条缝式有时还可按图 8-16 的形式布置，称为周边型槽边罩。

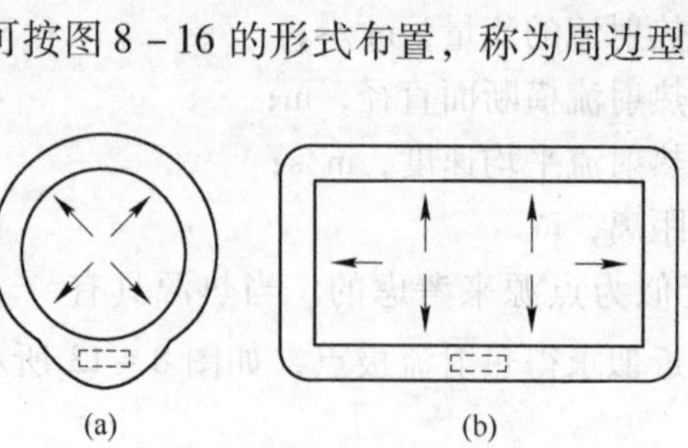

图 8-16 周边型槽边罩

条缝口上的速度分布是否均匀，条缝式槽边罩的控制效果有很大影响，设计时采取如下措施：

(1) 减小条缝口面积 f 和断面积 S 之比，即通过增大条缝口阻力，促使速度均匀分布。f/S 愈小，速度分布愈均匀。$f/S \leqslant 0.3$ 时可近似认为是均匀的。

(2) 槽长大于 1500mm 时，可沿槽长方向分设 2 个或 3 个条缝罩。

(3) 采用图 8-17 所示的楔形条缝口。楔形条缝的高度可近似按表 8-4 确定。

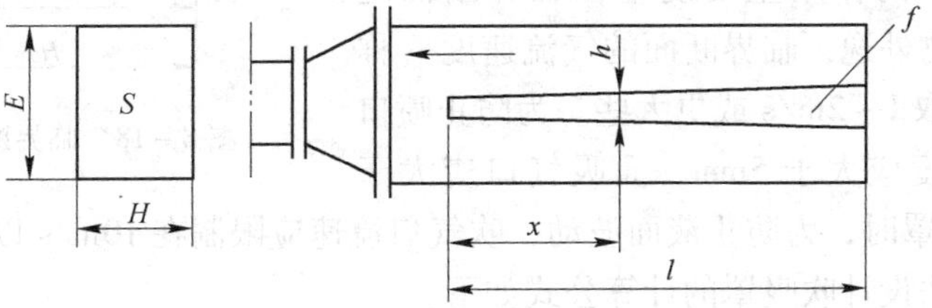

图 8-17 楔形条缝口槽边罩

表 8-4 楔形条缝口高度的确定

f/S	$\leqslant 0.5$	$\leqslant 1.0$
条缝末端高度 h_1	$1.3h_0$	$1.4h_0$
条缝始端高度 h_2	$0.7h_0$	$1.6h_0$

注：h_0 为缝口平均高度，m。

槽边罩的吸气量 Q 按下列公式计算

高截面单侧排风量 $$Q = 2v_x AB\left(\frac{B}{A}\right)^{0.2} \tag{8-23}$$

低截面单侧排风量 $$Q = 3v_x AB\left(\frac{B}{A}\right)^{0.2} \tag{8-24}$$

高截面双侧排风量 $$Q = 2v_x AB\left(\frac{B}{2A}\right)^{0.2} \tag{8-25}$$

低截面双侧排风量 $$Q = 3v_x AB\left(\frac{B}{2A}\right)^{0.2} \tag{8-26}$$

高截面周边排风量 $$Q = 1.57v_x D^2 \tag{8-27}$$

低截面周边排风量 $$Q = 2.36v_x D^2 \tag{8-28}$$

式中 A——槽长，m；

B——槽宽，m；

D——圆槽直径，m；

v_x——控制风速，其值的选取参见孙一坚主编的《工业通风》，通常 v_x 的取值范围为 0.25 ~0.5m/s。

8.1.3.5 吹吸式集气罩

用吹吸式集气罩控制污染物的扩散，具有风量小、控制距离远、抗干扰性强和不影响工艺操作的特点。吹吸式集气罩是射流和汇流的组合，其流动情况较复杂。目前，国内外学者提出许多计算方法，每种方法都有一定的假设条件和适用范围。下面仅介绍较易工程计算的临界断面法。

吹吸气流是由射流和汇流两股气流合成的，射流速度随吹气口距离增加而逐渐减小，

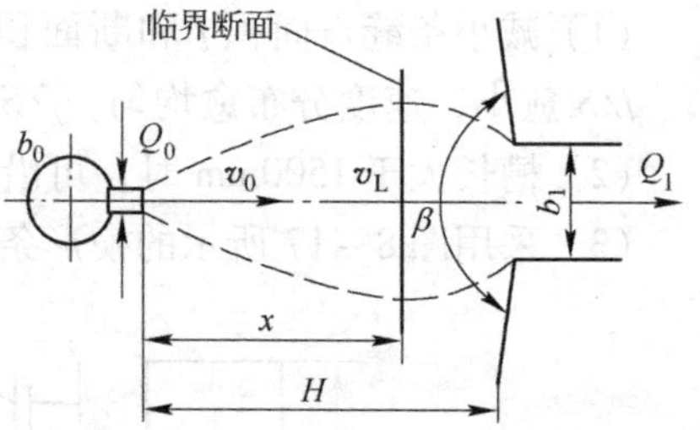

图 8－18 临界断面法示意图

而汇流的速度随着对吸气口的靠近而增加。因此，吹吸气口之间必存在一个射流和汇流控制能力均较弱的截面，此界面为临界断面，如图 8－18 所示。吹气口的控制作用的临界断面一般在 $x/H=0.6\sim0.8$ 之间，吸气口的作用主要发生在临界断面之后。为控制污染物外逸，临界断面的气流速度（称临界速度 v_L）应取 1～2m/s 或更大些。为防止喷口堵塞，吹气口高度应大于 5mm，而吸气口应大于 50mm，设计槽边罩时，为防止液面波动，吹气口流速应限制在 10m/s 以下。

由临界断面法设计吹吸罩的计算公式如下

临界断面位置 $$x=KH \tag{8-29}$$

吹气口吹风量 $$Q_0=K_0Ha_0\ (v_L/v_0)^2 \tag{8-30}$$

吸气口吸风量 $$Q_1=K_1Ha_1v_L \tag{8-31}$$

吹风口高度 $$b_0=K_0H\ (v_L/v_0)^2 \tag{8-32}$$

吸风口高度 $$b_1=K_2H \tag{8-33}$$

式中 H——吹气口至吸气口距离，m；

a_0——吹风口宽度，m；

a_1——吸风口宽度，m；

v_L——临界速度，m/s；

v_0——吹气口上平均速度，一般取 8～10m/s；

K,K_0,K_1,K_2——系数，由表 8－5 查取。

表 8－5 临界断面法有关系数表

扁平射流	吸入气流夹角 β	K	K_0	K_1	K_2
两面扩张	$3\pi/2$	0.803	1.162	0.736	0.304
	π	0.760	1.073	0.686	0.283
	$5\pi/6$	0.735	1.022	0.657	0.272
	$2\pi/3$	0.706	0.955	0.626	0.258
	$\pi/2$	0.672	0.878	0.620	0.107
一面扩张	$\pi/2$	0.760	0.537	0.345	0.142
	$3\pi/2$	0.870	0.660	0.400	0.165
	π	0.832	0.614	0.386	0.158

注：表中数值是在紊流系数 $a=0.2$ 的条件下得出的。

8.1.4 集气罩的设计举例

胶带运输机转运点是生产中最常见的产尘点。胶带运输机受料点单层局部密闭罩如图 8－19 所示。其除尘风量可按下述几种情况选取：

(1) 受料点在胶带运输机尾部时（见图 8－20(a)），根据胶带宽度 B、落差 H 和溜槽倾角 α，按表 8－6 查得。

表 8－6　胶带运输机转运点密闭罩排风量

溜槽角度 α /(°)	物料落差 H /m	物料末速度 v_k /m·s^{-1}	胶带运输机宽度(B)为下列规格时的除尘排风量/m^3·h^{-1}																	
			500			650			800			1000			1200			1400		
			L_1	L_2	L_1+L_2	L_1	L_2	L_1+L_2	L_1	L_2	L_1+L_2	L_1	L_2	L_1+L_2	L_1	L_2	L_1+L_2	L_1	L_2	L_1+L_2
45	1.0	2.1	50	750	800	100	850	950	150	900	1050	200	1100	1300	300	1100	1400	400	1300	1700
	1.5	2.5	50	850	900	100	1000	1100	200	1100	1300	300	1300	1600	400	1400	1800	550	1600	2150
	2.0	2.9	100	1000	1100	150	1200	1350	250	1200	1450	400	1450	1900	550	1600	2150	750	1800	2550
	2.5	3.3	100	1200	1300	200	1300	1500	300	1400	1700	500	1700	2200	700	1800	2500	1000	2100	3100
	3.0	3.6	150	1300	1450	250	1500	1750	400	1500	1900	600	1800	2400	850	1900	2750	1100	2300	3400
	3.5	3.9	150	1400	1550	300	1600	1900	450	1700	2150	700	2000	2700	1000	2100	3100	1300	2400	3700
	4.0	4.2	200	1500	1700	350	1700	2050	500	1800	2300	800	2100	2900	1100	2300	3400	1500	2600	4100
	4.5	4.4	200	1600	1800	350	1800	2150	550	1900	2450	850	2200	3050	1300	2400	3700	1700	2700	4400
	5.0	4.7	250	1700	1950	400	1900	2300	650	2000	2650	1000	2400	3400	1400	2500	3900	1900	2900	4800
50	1.0	2.4	50	850	900	100	1000	1100	150	1000	1150	250	1200	1450	350	1300	1650	500	1500	2000
	1.5	2.9	100	1000	1100	150	1200	1350	250	1200	1450	400	1500	1900	550	1600	2150	750	1800	2550
	2.0	3.3	150	1200	1350	200	1300	1500	300	1400	1700	500	1700	2200	700	1800	2500	1000	2100	3100
	2.5	3.7	150	1300	1450	250	1500	1750	400	1600	2000	600	1900	2500	900	2000	2900	1200	2300	3500
	3.0	4.1	200	1400	1600	300	1700	2000	500	1800	2300	700	2100	2800	1000	2200	3200	1500	2600	4100
	3.5	4.4	200	1600	1800	350	1800	2150	550	1900	2450	850	2200	3050	1300	2400	3700	1700	2700	4400
	4.0	4.7	250	1700	1950	400	1900	2300	650	2000	2650	1000	2400	3400	1400	2500	3900	1900	2900	4800
	4.5	5.0	300	1800	2100	450	2000	2450	700	2100	2800	1100	2500	3600	1600	2700	4300	2200	3100	5300
	5.0	5.3	300	1900	2200	550	2100	2650	800	2300	3100	1300	2700	4000	1800	2900	4700	2500	3300	5800
90	1.0	4.4	200	1600	1800	350	1800	2150	550	1900	2450	850	2200	3050	1300	2400	3700	1700	2700	4400
	1.5	5.4	350	1900	2250	550	2200	2750	850	2300	3150	1300	2700	4000	1900	2900	4800	2600	3400	6000
	2.0	6.3	450	2200	2650	750	2500	3250	1100	2700	3800	1800	3200	5000	2600	3400	6000	3500	3900	7400
	2.5	7.0	550	2500	3050	900	2800	3700	1400	3000	4400	2200	3500	5700	3200	3800	7000	4300	4400	8700

续表 8－6

溜槽角度 α /(°)	物料落差 H /m	物料末速度 v_k /m·s^{-1}	胶带运输机宽度(B)为下列规格时的除尘排风量/m^3·h^{-1}																	
			500			650			800			1000			1200			1400		
			L_1	L_2	L_1+L_2	L_1	L_2	L_1+L_2	L_1	L_2	L_1+L_2	L_1	L_2	L_1+L_2	L_1	L_2	L_1+L_2	L_1	L_2	L_1+L_2
90	3.0	7.7	650	2700	3350	1100	3100	4200	1700	3300	5000	2600	3900	6500	3800	4200	8000	5200	4800	10000
	3.5	8.3	800	2900	3700	1300	3300	4600	2000	3600	5600	3100	4200	7300	4400	4500	8900	6000	5200	11200
	4.0	8.9	900	3100	4000	1500	3600	5100	2300	3800	6100	3500	4500	8000	5100	4800	9900	7000	5600	12600
	4.5	9.4	1000	3300	4300	1700	3800	5500	2500	4000	6500	3900	4700	8600	5700	5100	10800	7800	5900	13700
	5.0	9.9	1100	3400	4500	1800	4000	5800	2800	4200	7000	4400	5000	9400	6300	5400	11700	8600	6200	14800
60	1.0	3.3	150	1200	1350	200	1300	1500	300	1400	1700	500	1700	2200	700	1800	2500	1000	2100	3100
	1.5	4.0	200	1400	1600	300	1600	1900	450	1700	2150	700	2000	2700	1000	2200	3200	1400	2500	3900
	2.0	4.6	250	1600	1850	400	1900	2300	600	2000	2600	950	2300	3250	1400	2500	3900	1900	2900	4800
	2.5	5.1	300	1800	2100	500	2100	2600	700	2200	2900	1200	2600	3800	1700	2800	4500	2300	3200	5500
	3.0	5.6	350	2000	2350	600	2300	2900	900	2400	3300	1400	2800	4200	2000	3000	5000	2800	3500	6300
	3.5	6.1	400	2100	2500	700	2500	3200	1100	2600	3700	1700	3100	4800	2400	3300	5700	3300	3800	7100
	4.0	6.5	500	2300	2800	800	2600	3400	1200	2800	4000	1900	3300	5200	2700	3500	6200	3700	4100	7800
	4.5	6.9	550	2400	2950	900	2800	3700	1400	3000	4400	2100	3500	5600	3100	3700	6800	4200	4300	8500
	5.0	7.3	600	2600	3200	1000	2900	3900	1500	3100	4600	2400	3700	6100	3400	3900	7300	4700	4600	9300
70	1.0	3.8	150	1300	1450	250	1500	1750	400	1600	2000	650	1900	2550	950	2100	3050	1300	2400	3700
	1.5	4.7	250	1700	1950	400	1900	2300	650	2000	2650	1000	2400	3400	1400	2500	3900	1900	2900	4800
	2.0	5.3	300	1900	2200	550	2100	2650	800	2300	3100	1300	2700	4000	1800	2900	4700	2500	3300	5800
	2.5	5.9	400	2100	2500	650	2400	3050	1000	2500	3500	1500	3000	4500	2200	3200	5400	3100	3700	6800
	3.0	6.5	500	2300	2800	800	2600	3400	1200	2800	4000	1900	3300	5200	2700	3500	6200	3700	4100	7800
	3.5	7.0	550	2500	3050	900	2800	3700	1400	3000	4400	2200	3500	5700	3200	3800	7000	4300	4400	8700
	4.0	7.5	650	2600	3250	1100	3000	4100	1600	3200	4800	2500	3800	6300	3600	4100	7700	4900	4700	9600
	4.5	8.0	700	2800	3500	1200	3200	4400	1800	3400	5200	2900	4000	6900	4100	4300	8400	5600	5000	10600
	5.0	8.4	800	2900	3700	1300	3400	4700	2000	3600	5600	3100	4200	7300	4500	4500	9000	6000	5200	11200

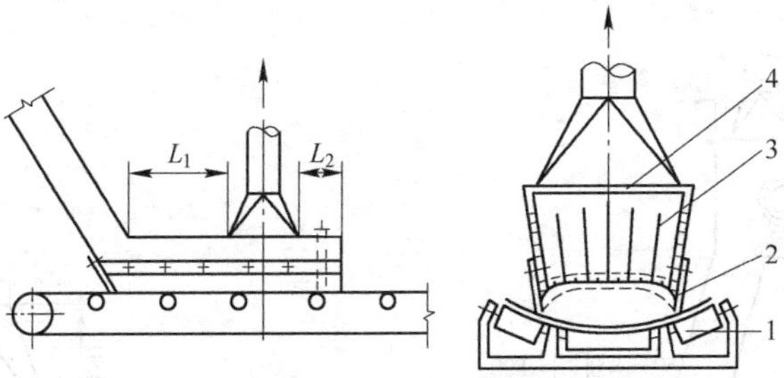

图 8－19　胶带运输机受料点单层密闭罩

1—托辊；2—橡胶板；3—遮尘帘；4—导向槽

（2）受料点在胶带运输机中部时（见图 8－20(b)），按表 8－6 查得数据后需将 L_2 乘以 1.3 的系数。

（3）当溜槽有转角 β 时（见图 8－20(c)），先由表 8－7 查出 K 值，计算出物料的末速度，再从表 8－6 中按值直接查得。物料末速度可按式(8－34)计算

$$v_k = \sqrt{(Kv_1)^2 + v_2^2} \tag{8-34}$$

式中　v_1——溜槽第一段的末速度，根据 H_1、α_1 由表 8－6 查得；

v_2——溜槽第二段的末速度，（假定初速为 0）根据 H_2、α_2 由表 8－6 查得。

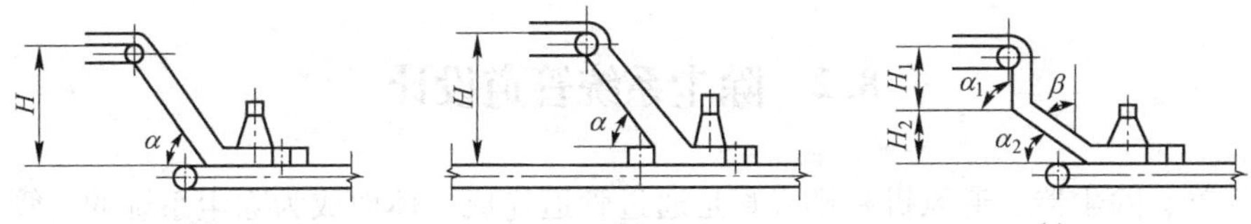

图 8－20　胶带运输机受料点吸风排尘形式

（a）受料点在胶带机尾部；（b）受料点在胶带机中部；（c）溜槽有转角

表 8－7　减速系数与转角的关系

转角 β/(°)	5	10	20	30	40	45
减速系数 K	1.0	0.97	0.93	0.85	0.75	0.65

胶带运输机受料点排风量还可按每米皮带宽排风量 $Q \geqslant 0.75\text{m}^3/\text{s}$ 近似计算。例如，对于 1.2m 皮带，其风量为 $Q \geqslant 1.2 \times 0.75 \times 3600 = 3240\text{m}^3/\text{h}$，可近似取 $3500\text{m}^3/\text{h}$。

若落差超过 3m，需上下部均设集气罩，如图 8－21 所示。皮带运输机转运点的粉尘扩散控制是靠导向槽周边的遮尘帘、橡胶板与胶带缝隙间的向内流速。因此，防止粉尘外逸取决于排风量。为减少集气罩局部阻力和抽走大尘粒，罩口风速不宜超过 4m/s，罩边倾角大于 60°，罩口面积约为风管面积的 6～8 倍。于是，根据流量、罩口张开角等可确定密闭罩几何尺寸。如设皮带宽 1.2m，已知流量为 $3500\text{m}^3/\text{h}$，管内风速 16m/s（通常在 14～20m/s），可计算密闭罩排气管径约 300mm。取 7 倍管面积，得罩口面积约为 0.48m^2。于是罩口尺寸设为：长×宽＝600mm×800mm。按扩张角 60°计算，密闭罩高约 450mm。本例的密闭罩设计结果如图 8－22 所示。

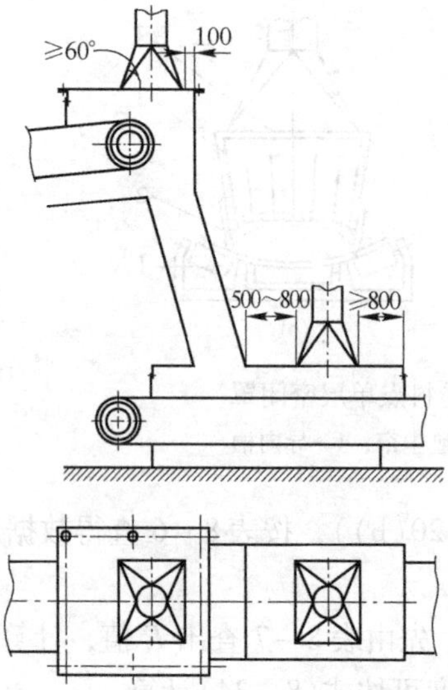

图 8－21 皮带运输机转运点局部密闭罩

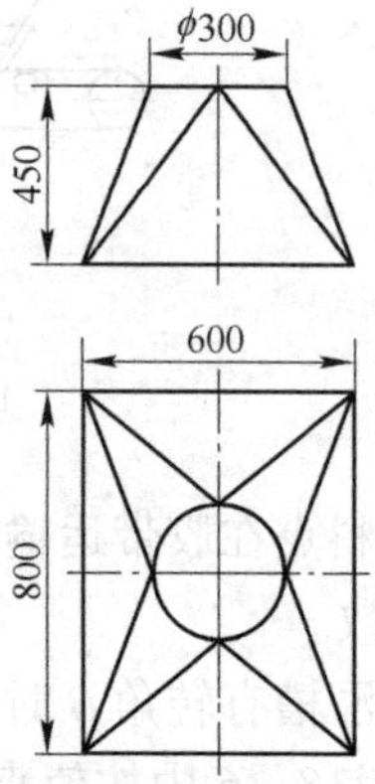

图 8－22 密闭罩设计举例图

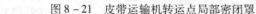

生产设备的产尘形式多种多样，关于其他类型的集气罩设计可参考孙熙编著的《袋式除尘技术与应用》和张殿印、王纯主编的《除尘工程设计手册》。

8.2 除尘系统管道设计

集气罩、除尘器、通风机和排气管是通过管道连成一体而成为除尘系统的。管道设计的目的是：在保证要求的风量分配前提下，合理地确定管道布置和尺寸，使系统的初始投资和运行费用最省。除尘系统管道设计的主要内容有管内气体流体的压力损失计算、管道尺寸计算、风压平衡计算、除尘设备的选择设计和风机选择计算等。

8.2.1 管内压力损失

管内气体流动服从能量守恒，考虑气体密度变化很小，在忽略高度的影响时，任意管道两截面间的压力损失服从伯努利方程

$$p_1 + \frac{1}{2}\rho v_1^2 = p_2 + \frac{1}{2}\rho v_2^2 + \Delta p \tag{8-35}$$

式中 ρ——气体密度，kg/m³；

p_1——截面 1 处的静压，Pa；

v_1——截面 1 处的气流速度，m/s；

p_2——截面 2 处的静压，Pa；

v_2——截面 2 处的流速，m/s；

Δp——压力损失，Pa。

任意截面的压力由静压和动压两部分组成，其全压为

$$p_t = p_s + p_d = p_s + \frac{1}{2}\rho v^2 \tag{8-36}$$

式中 p_t——全压，Pa；

p_s——静压，Pa；

p_d——动压，Pa。

对于抽出式风机和压入式风机，其管道某一截面的动压只取决于流速，而静压是不同的，如图 8－23 所示。

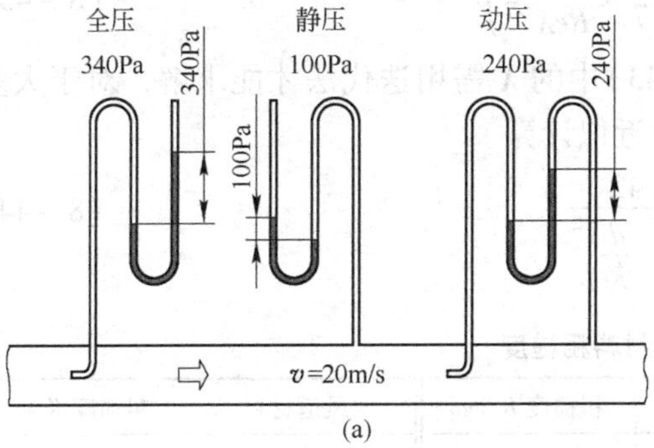

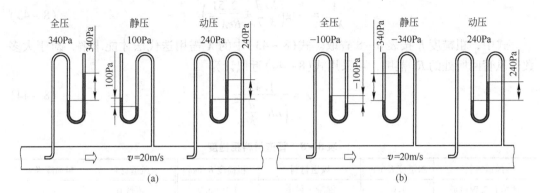

图 8－23　压入式风机和抽出式风机作用下静压、动压和全压的关系

（a）正压操作；（b）负压操作

管内气体流动的压力损失有两种，一种是由于气体本身的黏性及其与管壁间的摩擦而产生的压力损失，称为摩擦压力损失；另一种是气体经过管道中某些局部构件时，由于流速大小和方向改变以及产生涡流造成比较集中的能量损失，称为局部压力损失或局部阻力损失。

8.2.1.1 摩擦阻力损失

摩擦阻力损失又称沿程阻力损失。气流在直圆管中的摩擦阻力损失为

$$\Delta p_l = \lambda \frac{l}{d} \frac{\rho v^2}{2} \tag{8-37}$$

式中 Δp_l——摩擦压力损失，Pa；

λ——摩擦阻力系数；

l——管长，m；

d——管径，m。

对于非圆管，摩擦压力损失为

$$\Delta p_l = \lambda \frac{l}{4R_w} \frac{\rho v^2}{2} = R_m l \tag{8-38}$$

式中 R_m——单位管长的摩擦阻力，Pa/m，又称比摩阻

$$R_m = \frac{\lambda}{4R_w} \frac{\rho v^2}{2} \tag{8-39}$$

式中 R_w——管道水力半径，m。

它是指流体流经直管断面时，流体的断面积 A 与润湿周边 x 之比，其计算式为

$$R_w = A/x \tag{8-40}$$

显然，对于圆形管道，其水力半径为

$$R_w = \frac{\pi d^2}{4} \Big/ \pi d = \frac{d}{4} \tag{8-41}$$

对于矩形管道，其水力半径为

$$R_w = \frac{ab}{2(a+b)} \quad (8-42)$$

通风除尘管道内的气体流动大都处于紊流状态，式(8-38)中的摩擦阻力系数 λ 可按目前广泛采用的克里布洛克公式计算

$$\frac{1}{\lambda^{1/2}} = -\lg\left(\frac{K/d}{3.7} + \frac{2.51}{Re\lambda^{1/2}}\right) \quad (8-43)$$

式中，粗糙度 K 按表 8-8 查取。式(8-43)中的 λ 需用迭代法才能求解，对于大多数通风管网所处的 Re 范围，可采用式(8-44)近似计算

$$\lambda = \frac{1.42}{\left(\rho Re\,\frac{d}{K}\right)^2} \quad (8-44)$$

表 8-8 管道材料粗糙度

风道材料	粗糙度 K/mm	风道材料	粗糙度 K/mm	风道材料	粗糙度 K/mm
矿渣石膏板风道	1.0	混凝土风道	1.0~3.0	铸铁管	0.25
表面光滑的砖风道	4.0	木风道	0.2~1.0	生锈钢管	0.5~1.0
矿渣混凝土板风道	1.5	钢板风道	0.15~0.18	镀锌钢管	0.15
铁丝网抹灰风道	10~15	塑料管	0.05	普通钢管	0.02~0.10
胶合板风道	1.0	石棉水泥管	0.1~0.2		
墙内砖风道	5~10	涂沥青铸铁管	0.12		

为了便于计算，可由式(8-39)和式(8-43)绘制成线算图 8-24。只要已知流量 Q、管径 d，流速 v 中任意两参数，就可查得比摩阻 R_m。由于图 8-24 是在大气压力 $p_0 = 101.3\text{kPa}$，温度 $T_0 = 293\text{K}$，空气密度 $\rho_0 = 1.2\text{kg/m}^3$，动力黏度 $\mu_0 = 18.1\times10^{-6}\text{Pa}\cdot\text{s}$，粗糙度 $K = 0.15\text{mm}$ 的条件下得出的，当实际情况与上述条件不符时，应予以修正。

(1) 气体密度和黏度的修正。

$$R_{ma} = R_m\left(\frac{\rho_a}{\rho_0}\right)^{0.91}\left(\frac{\mu_a}{\mu_0}\right)^{0.1} \quad (8-45)$$

式中 R_{ma}——实际比摩阻，Pa/m；

ρ_a——实际气体密度，kg/m^3；

μ_a——实际气体动力黏度，Pa·s。

(2) 气体温度和大气压力的修正。

$$R_{ma} = \left(\frac{T_0}{T_a}\right)^{0.825}\left(\frac{p_a}{p_0}\right)^{0.9} R_m \quad (8-46)$$

式中 T_a——实际气体温度，K；

p_a——实际气体大气压力，Pa。

(3) 矩形风管的摩擦阻力计算。

为了利用图 8-24 计算矩形风管的摩擦阻力，必须把矩形风管换成当量直径。某一矩形风管相当于圆管直径的大小可直接令式(8-41) 和式(8-42) 相等求得

$$d_{ev} = \frac{2ab}{a+b} \quad (8-47)$$

式中 d_{ev}——矩形风管当量直径。

于是可根据矩形管内流速 v 和当量直径 d_{ev} 查比摩阻，但如果知道矩形管内流量，必须求出速度查比摩阻。

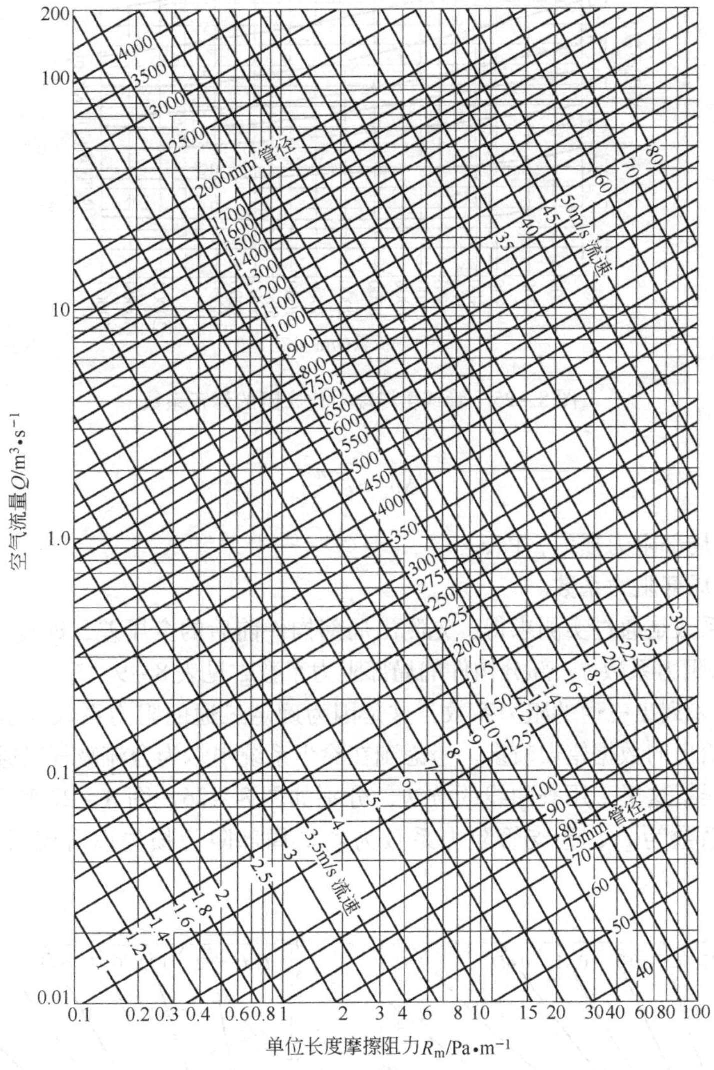

图 8－24 圆形风管比摩阻线算图

（$p_0=101.3$kPa，$T_0=293$K，$\rho_0=1.2\text{kg/m}^3$，$K=0.15$mm）

（4）管壁粗糙度的修正。

$$R_{ma}=yR_m \tag{8-48}$$

式中，管壁粗糙度对比摩阻的修正系数 y 由图 8－25 查得。如流量为 1000m³/h，管壁粗糙度为 1mm，修正系数为 $y=1.28$。

8.2.1.2 局部阻力损失

局部阻力损失在管道系统中通常占有很大比例，其计算式为

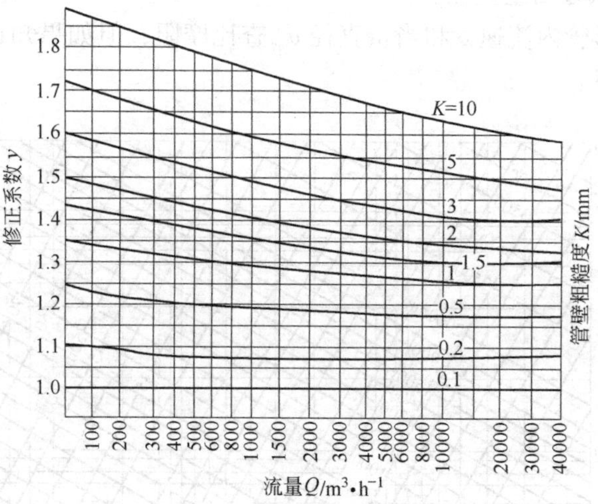

图 8－25 管壁粗糙度对比摩阻的修正系数

$$\Delta p_z = \zeta \frac{\rho v^2}{2} \tag{8-49}$$

式中 Δp_z——局部阻力损失，Pa；

ζ——局部阻力系数。

局部阻力系数是通过实测求得，先测出局部构件前后的全压差，即 Δp_z，然后，由式(8－49)求局部阻力系数 ζ。部分构件的局部阻力系数 ζ 见表 8－9。

表 8－9 中未列出三通的阻力系数，这是因为确定三通的阻力系数较繁琐。另外，目前许多手册所给出的数据错误较多。考虑到在除尘系统中多为合流吸气三通，为简化计算和避免计算错误，这里采用查曲线的方法，分别如图 8－26、图 8－27 和图 8－28 所示。图中干管阻力系数为 ζ_1，旁支管阻力系数为 ζ_2。局部阻力损失以合流后的管内风速计算。

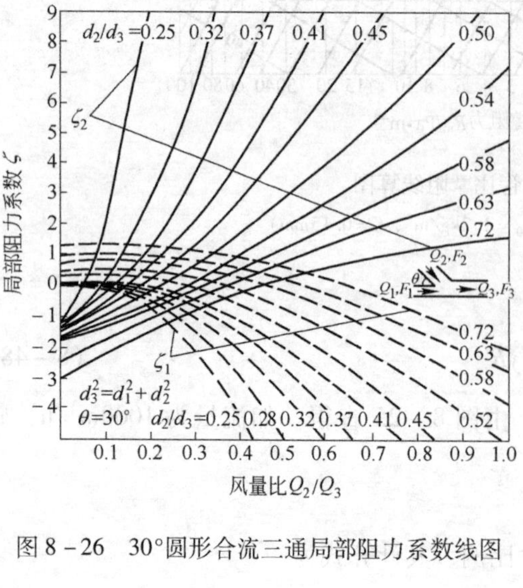

图 8－26 30°圆形合流三通局部阻力系数线图

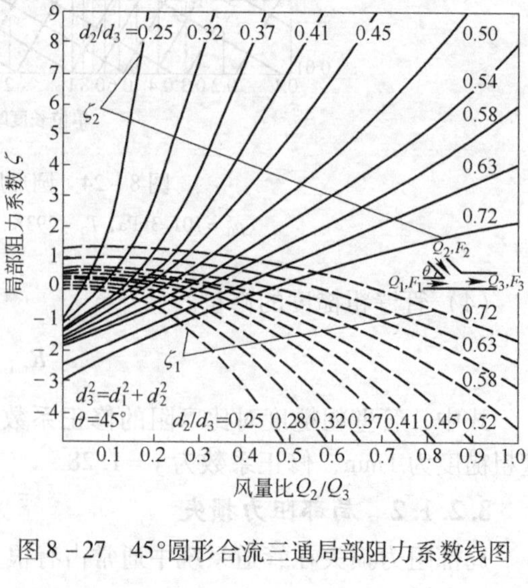

图 8－27 45°圆形合流三通局部阻力系数线图

表 8－9 局部阻力系数表

名 称	图形和断面	局部阻力系数 ζ 值（ζ 值以图内所示的速度 v 计算）											
伞形风帽（管边尖锐）	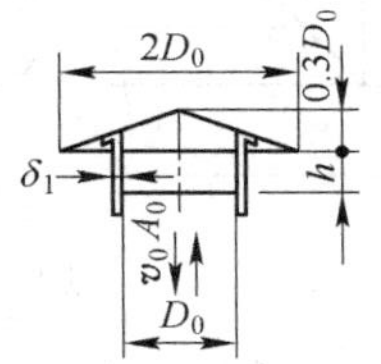	进风	2.63	1.83	1.53	1.39	1.31	1.19	1.15	1.08	1.07	1.06	1.06
		排风	4.00	2.30	1.60	1.30	1.15	1.10		1.00		1.00	
伞形风帽（管边较厚）	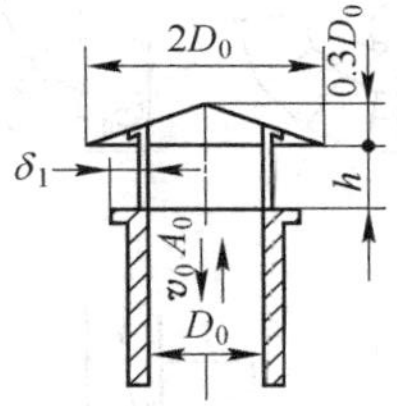	进风	2.13	1.30	0.95	0.84	0.75	0.70	0.65	0.63	0.60	0.60	0.60
		排风	4.00	2.30	1.60	1.30	1.15	1.10		1.00		1.00	
			h/D_0										
带有倒锥体的伞形风帽	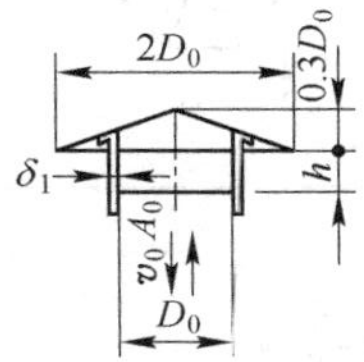	进风	0.1	0.2	0.3	0.4	0.5	0.6	0.7	0.8	0.9	1.0	∞
			2.9	1.90	1.59	1.41	1.33	1.25	1.15	1.10	1.07	1.06	1.06
		排风		2.90	1.90	1.50	1.30	1.20		1.10		1.00	
带扩散管的伞形风帽	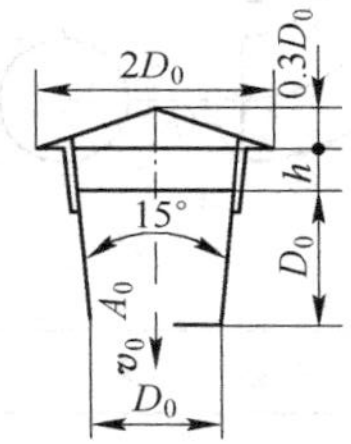	进风	1.32	0.77	0.60	0.48	0.41	0.30	0.29	0.28	0.25	0.25	0.25
		排风	2.60	1.20	0.80	0.65	0.60	0.60		0.60		0.60	

续表 8－9

<table>
<tr><th>名 称</th><th>图 形</th><th colspan="12">ζ_0 值</th></tr>
<tr><td rowspan="5">圆形管</td><td rowspan="5">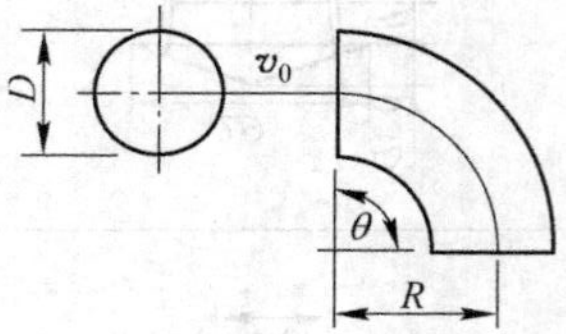
</td><td>R/D</td><td colspan="2">0.5</td><td colspan="2">0.75</td><td colspan="2">1.0</td><td colspan="2">1.5</td><td colspan="2">2.0</td><td>2.5</td></tr>
<tr><td>ζ_{90°</td><td colspan="2">0.71</td><td colspan="2">0.33</td><td colspan="2">0.22</td><td colspan="2">0.15</td><td colspan="2">0.13</td><td>0.12</td></tr>
<tr><td colspan="12">对于非 90°的圆弯管或圆节弯管：$\zeta = \zeta_{90^\circ}\varepsilon\theta$</td></tr>
<tr><td>α/(°)</td><td>0</td><td>20</td><td>30</td><td>45</td><td>60</td><td>75</td><td>90</td><td>110</td><td>130</td><td>150</td><td>180</td></tr>
<tr><td>θ</td><td>0</td><td>0.31</td><td>0.45</td><td>0.6</td><td>0.78</td><td>0.9</td><td>1.0</td><td>1.13</td><td>1.2</td><td>1.28</td><td>1.4</td></tr>
<tr><td rowspan="5">圆节弯管</td><td rowspan="5">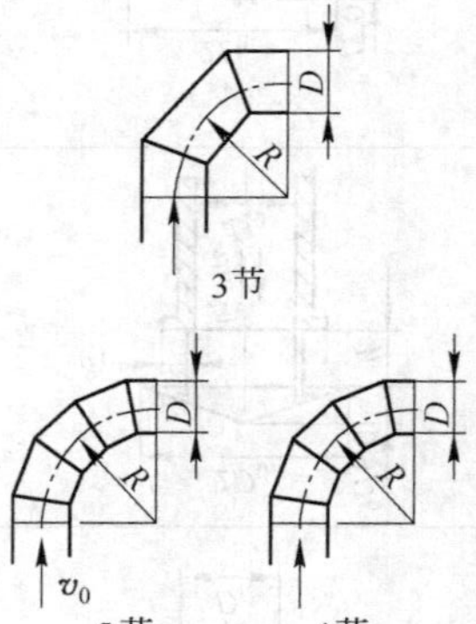
</td><td rowspan="2">分节情况</td><td colspan="11">$\zeta_{90^\circ}(R/D)$</td></tr>
<tr><td colspan="3">0.75</td><td colspan="3">1.0</td><td colspan="3">1.5</td><td colspan="2">2.0</td></tr>
<tr><td>5</td><td colspan="3">0.46</td><td colspan="3">0.33</td><td colspan="3">0.24</td><td colspan="2">0.19</td></tr>
<tr><td>4</td><td colspan="3">0.50</td><td colspan="3">0.37</td><td colspan="3">0.27</td><td colspan="2">0.24</td></tr>
<tr><td>3</td><td colspan="3">0.54</td><td colspan="3">0.42</td><td colspan="3">0.34</td><td colspan="2">0.33</td></tr>
<tr><td rowspan="2">圆形直角弯管</td><td rowspan="2">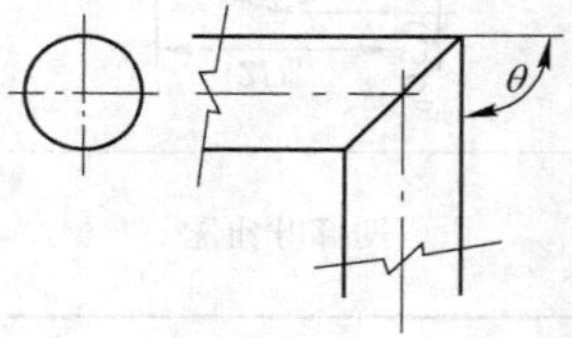
</td><td>θ/(°)</td><td colspan="2">20</td><td colspan="2">30</td><td colspan="2">45</td><td colspan="2">60</td><td colspan="2">75</td><td>90</td></tr>
<tr><td>ζ</td><td colspan="2">0.08</td><td colspan="2">0.16</td><td colspan="2">0.34</td><td colspan="2">0.55</td><td colspan="2">0.81</td><td>1.2</td></tr>
</table>

续表 8－9

名称	图形	ζ_0 值											
方弯管	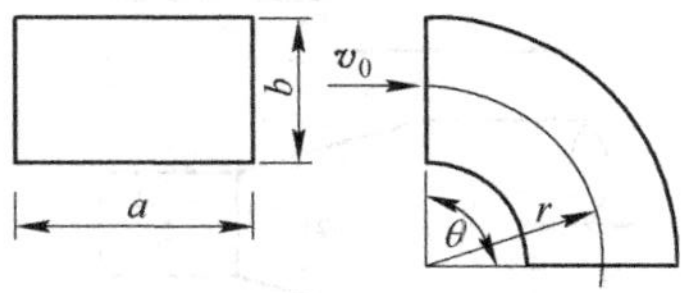	(r/b)	a/b										
			0.25	0.5	0.75	1.0	1.5	2.0	3.0	4.0	5.0	6.0	8.0
		0.5	1.5	1.4	1.3	1.2	1.1	1.0	1.0	1.1	1.1	1.2	1.2
		0.75	0.57	0.52	0.48	0.44	0.40	0.39	0.39	0.40	0.42	0.43	0.44
		1.0	0.27	0.25	0.23	0.21	0.19	0.18	0.18	0.19	0.20	0.27	0.21
		1.5	0.22	0.20	0.19	0.17	0.15	0.14	0.14	0.15	0.16	0.17	0.17
		2.0	0.20	0.18	0.16	0.15	0.14	0.13	0.13	0.14	0.14	0.15	0.15
方形直角弯管	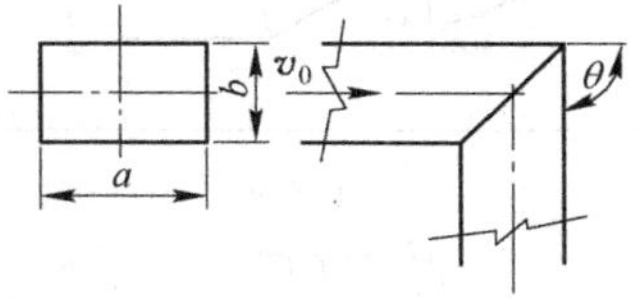	θ/(°)	a/b										
			0.25	0.5	0.75	1.0	1.5	2.0	3.0	4.0	5.0	6.0	8.0
		20	0.08	0.08	0.08	0.07	0.07	0.07	0.06	0.06	0.05	0.05	0.05
		30	0.18	0.17	0.17	0.16	0.15	0.15	0.13	0.13	0.12	0.12	0.11
		45	0.38	0.37	0.36	0.34	0.33	0.31	0.28	0.27	0.26	0.25	0.24
		60	0.60	0.59	0.57	0.55	0.52	0.49	0.46	0.43	0.41	0.39	0.38
		75	0.89	0.87	0.84	0.81	0.77	0.73	0.67	0.63	0.61	0.58	0.57
		90	1.3	1.3	1.2	1.2	1.1	1.1	0.98	0.92	0.89	0.85	0.83
变断面直角弯管	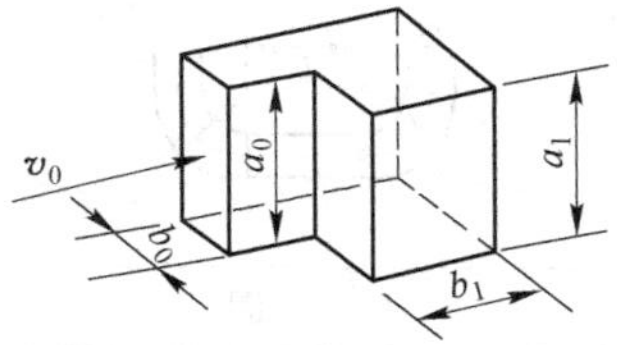	a_0/b_0	b_1/b_0										
			0.6	0.8	1.2	1.4	1.6	2.0					
		0.25	1.8	1.4	1.1	1.1	1.1	1.1					
		1.0	1.7	1.4	1.0	0.95	0.90	0.84					
		4.0	1.5	1.1	0.81	0.76	0.72	0.66					
		∞	1.5	1.0	0.69	0.63	0.60	0.55					

续表 8－9

名称	图形	ζ₀值						
圆形连接弯管	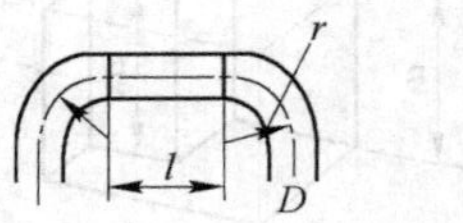 $r/D=1.5$	$l=0$		$l=D$		有导流叶片		
		0.43		0.31		0.15		
圆形连续弯管	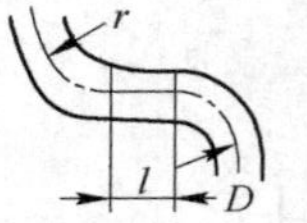 $r/D=1.5$	$l=0$		$l=D$		有导流叶片		
		0.62		0.68		0.10		
圆形连续弯管	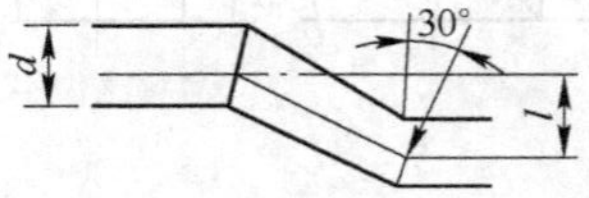	l/d	0	1.0	2.0	3.0	4.0	5～6.0
		ζ	0	0.15	0.15	0.16	0.16	0.16

名称	图形	Re	A_1/A_0	$\theta/(°)$								
				16	20	30	45	60	90	120	180	
圆形扩散管	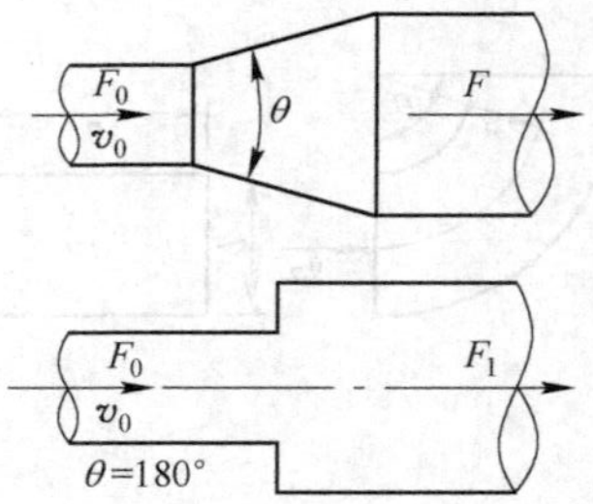	0.5×10^5	2	0.14	0.19	0.32	0.33	0.33	0.32	0.31	0.30	
			4	0.23	0.30	0.46	0.61	0.68	0.64	0.63	0.62	
			6	0.27	0.33	0.48	0.66	0.77	0.74	0.73	0.72	
			10	0.29	0.38	0.59	0.76	0.80	0.83	0.84	0.83	
			≥16	0.31	0.38	0.60	0.84	0.88	0.88	0.88	0.88	

续表 8-9

名称	图形	ζ₀值									
		Re	A_1/A_0	$\theta/(°)$							
				16	20	30	45	60	90	120	180
圆形扩散管	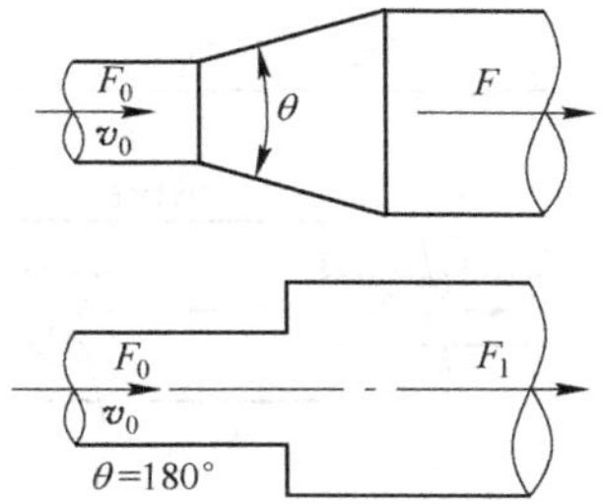	2×10^5	2	0.07	0.12	0.23	0.28	0.27	0.27	0.7	0.26
			4	0.15	0.18	0.36	0.55	0.59	0.59	0.57	0.57
			6	0.19	0.28	0.44	0.90	0.70	0.71	0.71	0.69
			10	0.20	0.24	0.43	0.76	0.80	0.81	0.81	0.81
			≥16	0.21	0.28	0.52	0.76	0.87	0.87	0.87	0.87
		$\geq6\times10^5$	2	0.05	0.07	0.12	0.27	0.27	0.27	0.27	0.27
			4	0.17	0.24	0.38	0.51	0.56	0.58	0.58	0.57
			6	0.16	0.29	0.46	0.60	0.69	0.71	0.70	0.70
			10	0.21	0.33	0.52	0.60	0.76	0.83	0.84	0.83
			≥16	0.21	0.34	0.56	0.72	0.79	0.85	0.87	0.89
矩形扩散管	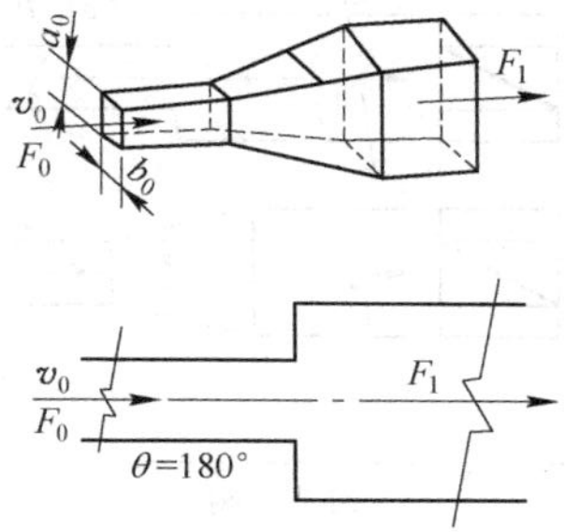	A_1/A_0		$\theta/(°)$							
				16	20	30	45	60	90	120	180
		2		0.18	0.22	0.25	0.29	0.31	0.32	0.33	0.30
		4		0.36	0.43	0.50	0.56	0.61	0.63	0.63	0.63
		6		0.42	0.47	0.58	0.68	0.72	0.76	0.76	0.75
		≥10		0.42	0.49	0.59	0.70	0.80	0.87	0.85	0.86

续表 8－9

名称	图形	ζ₀值							
矩形平面扩散管	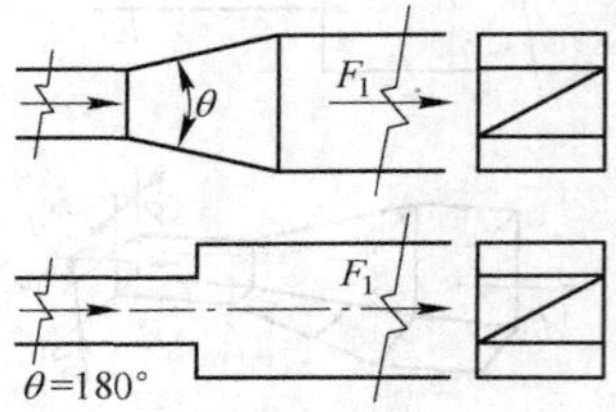	A_1/A_0	θ/(°) 14	20	30	45	60	90	180
		2	0.09	0.12	0.20	0.34	0.37	0.38	0.35
		4	0.16	0.25	0.42	0.60	0.68	0.70	0.66
		6	0.19	0.30	0.48	0.65	0.76	0.83	0.80
圆矩形收缩管	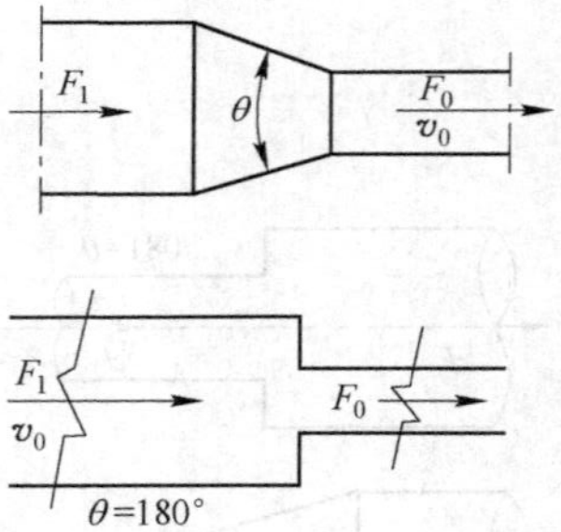	A_1/A_0	θ/(°) 10	15～40	50～60	90	120	150	180
		2	0.05	0.05	0.06	0.12	0.18	0.24	0.26
		4	0.05	0.04	0.07	0.17	0.27	0.35	0.41
		6	0.05	0.04	0.07	0.18	0.28	0.36	0.42
		10	0.05	0.05	0.08	0.19	0.29	0.37	0.43
扁形收缩管	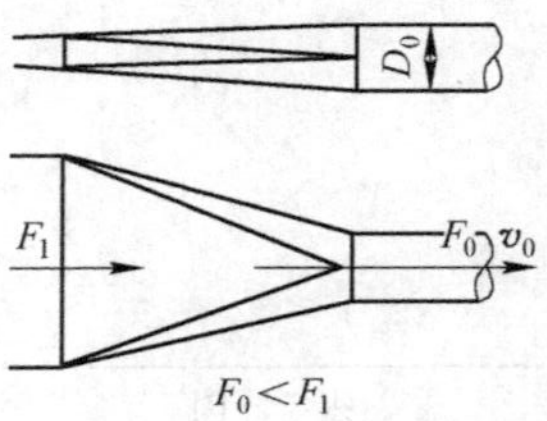	$Re\times10^4$	1	2	4	6	8	10	20	≥40
		ζ_0	0.27	0.25	0.2	0.17	0.14	0.11	0.04	0

续表 8－9

名称	图形	ζ₀值						
		$\theta/(°)$	A_1/A_0					
			1.5	2.0	2.5	3.0	3.5	4.0
风机出口扩散管	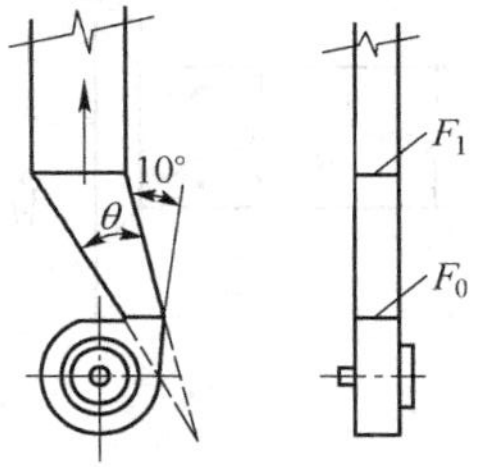	10	0.11	0.13	0.14	0.14	0.14	0.14
		15	0.13	0.15	0.16	0.17	0.18	0.18
		20	0.19	0.22	0.24	0.26	0.28	0.30
		25	0.29	0.32	0.35	0.37	0.39	0.40
		30	0.36	0.42	0.46	0.49	0.51	0.51
		35	0.44	0.54	0.61	0.64	0.66	0.66
		$\theta/(°)$	A_1/A_0					
			1.5	2.0	2.5	3.0	3.5	4.0
风机出口扩散管	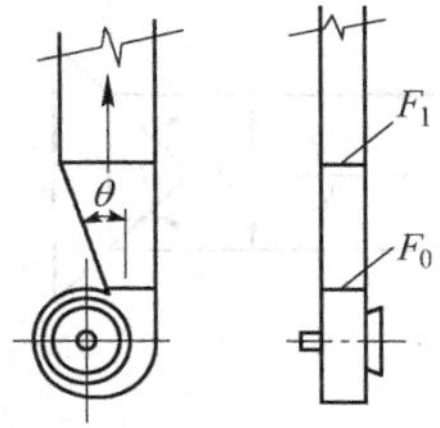	10	0.08	0.09	0.10	0.10	0.11	0.11
		15	0.10	0.11	0.12	0.13	0.14	0.15
		20	0.12	0.14	0.15	0.16	0.17	0.18
		25	0.15	0.18	0.21	0.23	0.25	0.26
		30	0.18	0.25	0.30	0.33	0.35	0.35
		35	0.21	0.31	0.38	0.41	0.43	0.44

名称	图形	r/D	0	0.01	0.02	0.03	0.04	0.05	0.06	0.08	0.10	0.12	0.16	≥0.20
吸风喇叭口	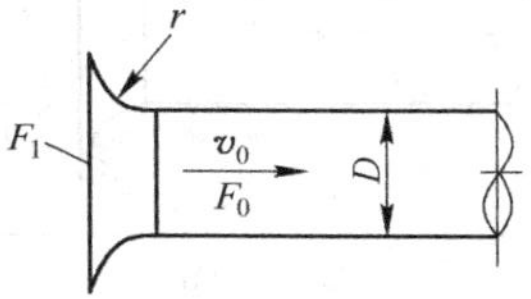	ζ_0	1.0	0.87	0.74	0.61	0.51	0.40	0.32	0.20	0.15	0.10	0.06	0.03

续表 8－9

名称	图形	ζ₀ 值											
吸风口	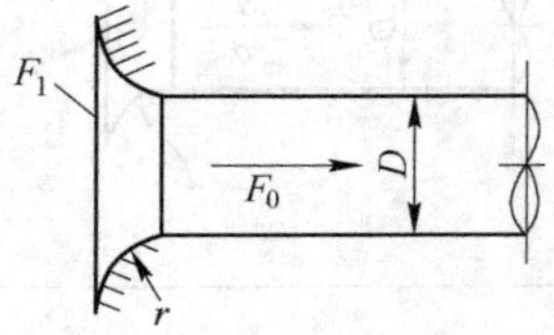	r/D	0	0.01	0.02	0.03	0.04	0.05	0.06	0.08	0.10	0.12	0.16	>0.20
		ζ_0	0.50	0.43	0.36	0.31	0.26	0.22	0.20	0.15	0.12	0.09	0.06	0.03

名称	图形	l/D	$\theta/(°)$								
			0	10	20	30	40	60	100	140	180
吸风喇叭口	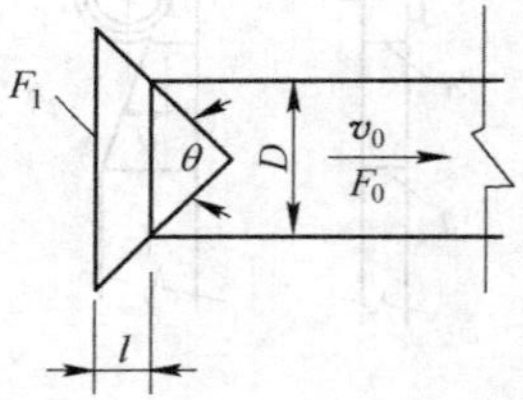	0.025	1.0	0.96	0.93	0.90	0.86	0.80	0.69	0.59	0.50
		0.05	1.0	0.93	0.86	0.80	0.75	0.67	0.58	0.53	0.50
		0.10	1.0	0.80	0.67	0.55	0.48	0.41	0.41	0.44	0.50
		0.25	1.0	0.68	0.45	0.30	0.22	0.17	0.22	0.34	0.50
		0.60	1.0	0.46	0.27	0.18	0.14	0.13	0.21	0.33	0.50
		1.0	1.0	0.32	0.20	0.14	0.11	0.10	0.18	0.30	0.50

名称	图形	l/D	$\theta/(°)$								
			0	10	20	30	40	60	100	140	180
吸风口	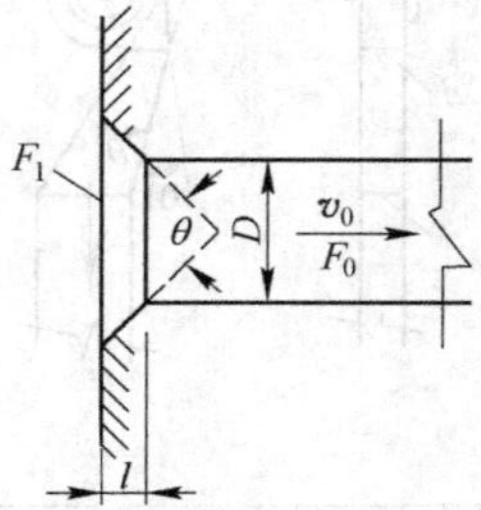	0.025	0.50	0.47	0.45	0.43	0.41	0.40	0.42	0.45	0.50
		0.05	0.50	0.45	0.41	0.36	0.33	0.30	0.35	0.42	0.50
		0.075	0.50	0.42	0.35	0.30	0.26	0.23	0.30	0.40	0.50
		0.10	0.50	0.39	0.32	0.25	0.22	0.18	0.27	0.38	0.50
		0.15	0.50	0.37	0.27	0.20	0.16	0.15	0.25	0.37	0.50
		0.60	0.50	0.27	0.18	0.13	0.11	0.12	0.23	0.36	0.50

续表 8 - 9

名称	图形	ζ_0 值										
管端吸风口	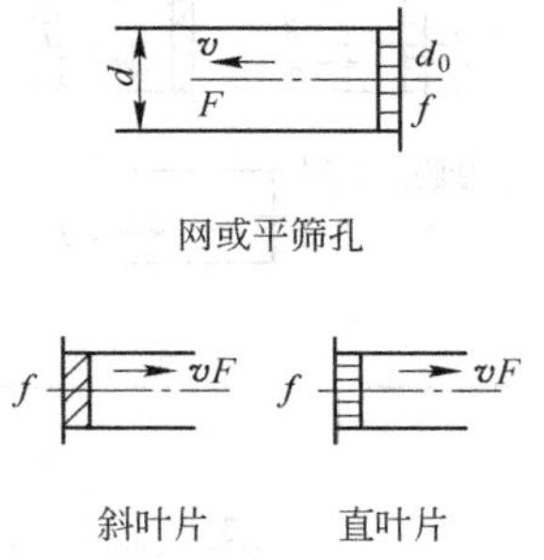	f/F	1.0	0.9	0.8	0.7	0.6	0.5	0.4	0.3	0.2	0.1
		网	0.14	0.91	0.93	1.0	1.3	2.0	3.4	6.6	16	80
		平筛孔	0.5	0.8	1.3	2.0	3.5	5.8	11	24	57	
		斜叶片	0.5	0.6	0.9	1.4	2.3	4.6	6.8	17	45	
		直叶片	0.5	0.52	0.79	1.3	2.2	3.8	6.0	13	33	

名称	图形
各种吸入孔缝	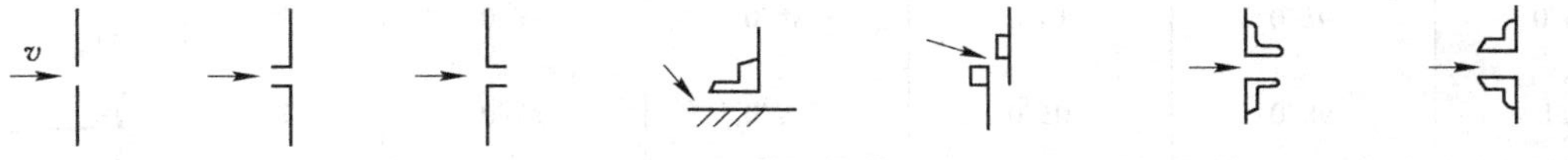 ζ=1.06 ζ=1.06 ζ=1.04 ζ=1.75 ζ=2.5 ζ=1.47 ζ=1.85

名称	图形	F_1/F_0	θ/(°)						
			14	16	20	30	45	60	≥90
圆形扩散出风口	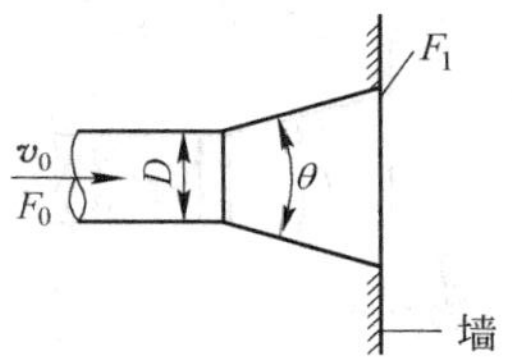	2	0.33	0.36	0.44	0.74	0.97	0.99	1.0
		4	0.24	0.28	0.36	0.54	0.94	1.0	1.0
		6	0.22	0.25	0.32	0.49	0.94	0.98	1.0
		10	0.19	0.23	0.30	0.50	0.94	0.72	1.0
		16	0.17	0.20	0.27	0.49	0.94	1.0	1.0

续表 8 - 9

名称	图形	ζ_0 值										
矩形扩散口	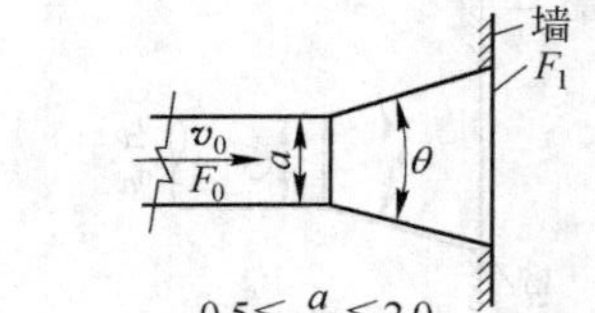 $0.5\leqslant\frac{a}{b}\leqslant2.0$	F_1/F_0	$\theta/(^\circ)$									
			14	20	30	45	60	≥90				
		2	0.37	0.38	0.50	0.75	0.90	1.1				
		4	0.25	0.37	0.57	0.82	1.0	1.1				
		6	0.28	0.47	0.64	0.87	1.0	1.1				
矩形扩散口	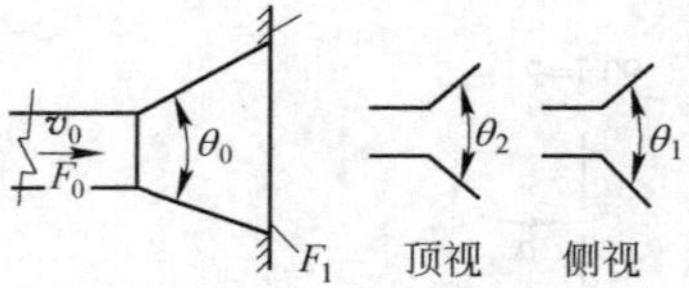 $\theta_1=\theta_2\pm10\%$ $\theta_0=\frac{\theta_1+\theta_2}{2}$	F_1/F_0	$\theta/(^\circ)$									
			10	14	20	30	45	≥60				
		2	0.44	0.58	0.70	0.86	1.0	1.1				
		4	0.31	0.48	0.61	0.76	0.94	1.1				
		6	0.29	0.47	0.62	0.74	0.94	1.1				
		10	0.26	0.45	0.60	0.73	0.89	1.0				
管网出风口	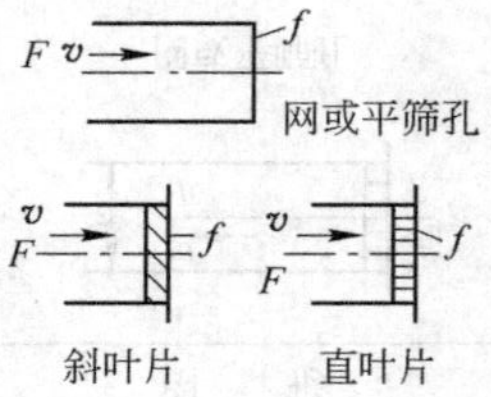	f/F	1.0	0.9	0.8	0.7	0.6	0.5	0.4	0.3	0.2	0.1
		网	1.0	1.9	2.5	3.1	3.9	5.2	7.6	12.5	25	100
		平筛孔	1.0	1.9	2.7	3.9	6.2	9.0	15	30	57	
		斜叶片	1.5	2.0	2.7	3.7	5.3	8.0	13	24	58	
		直叶片	0.5	0.75	1.1	1.6	2.5	4.0	7.0	14	33	

续表 8－9

名　称	图　形	ζ_0 值									
网格	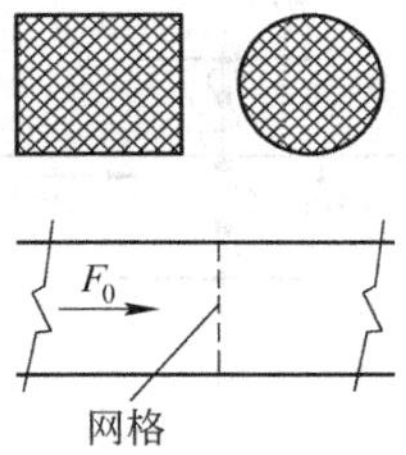	F_0/F	0.30	0.40	0.50	0.55	0.60	0.65	0.70		
		ε_0	6.2	3.0	1.7	1.3	0.97	0.75	0.58		
		F_0/F	0.75	0.80	0.90	1.0					
		ζ_0	0.44	0.32	0.14	0					
孔板	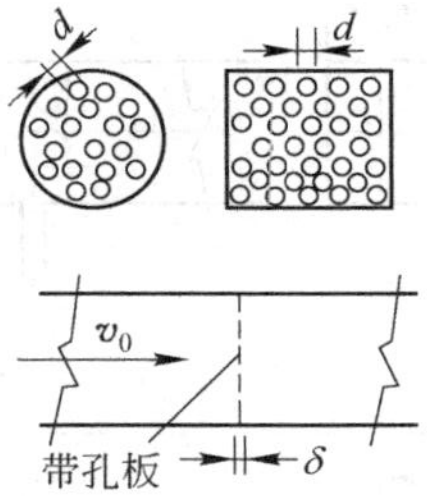	δ/d	板的过风面积比 $n=\dfrac{小孔面积 A_{or}}{风道面积 A_0}$								
			0.20	0.25	0.30	0.40	0.50	0.60	0.70	0.80	0.90
		0.015	52	30	18	8.2	4.0	2.0	0.97	0.42	0.13
		0.2	48	28	17	7.7	3.8	1.9	0.91	0.40	0.13
		0.4	46	27	17	7.4	3.6	1.8	0.88	0.39	0.13
		0.6	42	24	15	6.6	3.2	1.6	0.80	0.36	0.13
圆形蝶阀	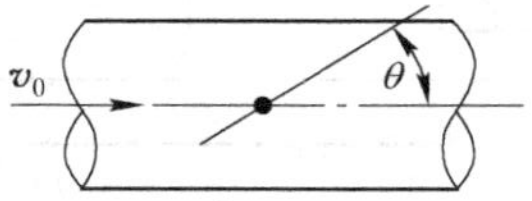	$\theta/(°)$	0	10	20	30	40	50	60		
		ε_0	0.20	0.52	1.5	4.5	11	29	108		
矩形蝶阀	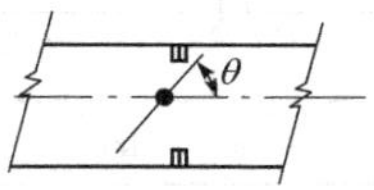	$\theta/(°)$	0	10	20	30	40	50	60		
		ε_0	0.04	0.33	1.2	3.3	9.0	26	70		

续表 8 - 9

名称	图形	ζ_0 值								
矩形蝶阀	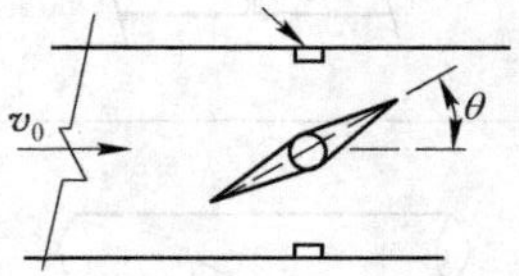	$\theta/(°)$	0	10	20	30	40	50	60	
		ε_0	0.50	0.65	1.6	4.0	9.4	24	67	
圆形插板阀	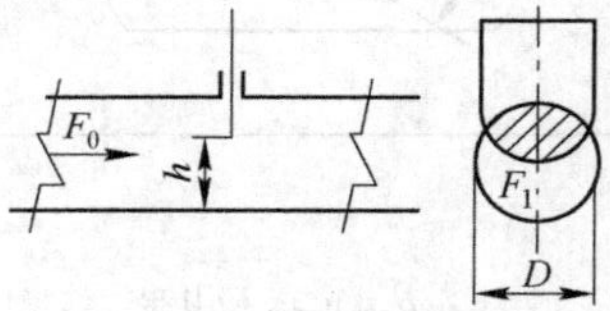	n/D_1	0.2	0.3	0.4	0.5	0.6	0.7	0.8	0.9
		A_h/A_0	0.25	0.38	0.50	0.61	0.71	0.81	0.90	0.96
		ε_0	35	10	4.6	2.1	0.98	0.44	0.17	0.06
矩形插板阀	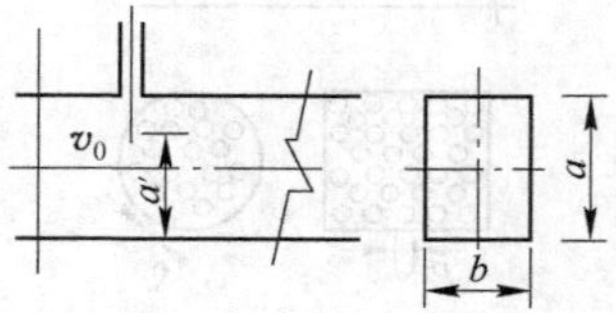	a/b	a'/a							
			0.3	0.4	0.5	0.6	0.7	0.8	0.9	
		0.5	14	6.9	3.3	1.7	0.83	0.32	0.09	
		1.0	19	8.8	4.5	2.4	1.2	0.55	0.17	
		1.5	20	9.1	4.7	2.7	1.2	0.47	0.11	
		2.0	18	8.8	4.5	2.3	1.1	0.51	0.13	

名称	图形	n \ $\alpha/(°)$	0	10	20	30	40	50	60	70	80	90
多叶阀	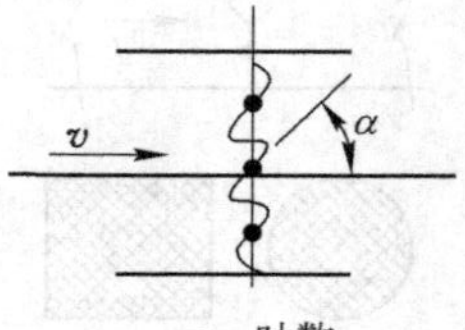 n—叶数	1	0.5	0.3	1.0	2.5	7	20	60	100	1500	8000
		2	0.5	0.4	1.0	2.5	4	8	30	50	350	6000
		3	0.5	0.2	0.7	2	5	10	20	40	160	6000
		4	0.5	0.25	0.8	2	4	8	15	30	100	6000
		5	0.5	0.2	0.6	1.8	3.5	7	13	28	80	4000

续表 8-9

名称	图形	F_3/F_1 (F_3/F_2)	ζ_0 值 Q_3/Q_1 0.1	0.2	0.3	0.4	0.5	0.6	0.7	0.8	0.9
60°圆形对称分叉三通（合流）$\zeta_{2\to1}$	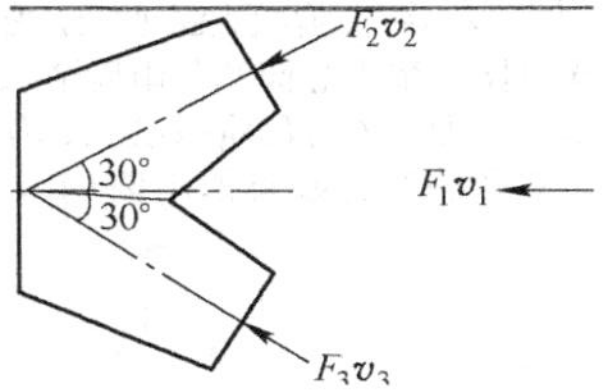	$F_2/F_1=0.5$									
		0.25(0.5)	$\frac{1.36}{0.42}$	$\frac{1.06}{0.41}$	$\frac{0.63}{0.32}$	$\frac{0.08}{0.05}$	$\frac{-0.59}{-0.59}$	$\frac{-1.40}{-2.20}$	$\frac{-2.34}{-6.51}$	$\frac{-3.41}{-21.32}$	-4.60
		0.30(0.6)	$\frac{1.37}{0.42}$	$\frac{1.11}{0.43}$	$\frac{0.74}{0.37}$	$\frac{0.26}{0.18}$	$\frac{-0.30}{-0.30}$	$\frac{-0.99}{-1.55}$	$\frac{-1.78}{-4.94}$	$\frac{-2.67}{-16.77}$	-3.67
		0.35(0.7)	$\frac{1.38}{0.42}$	$\frac{1.14}{0.44}$	$\frac{0.81}{0.41}$	$\frac{0.40}{0.27}$	$\frac{-0.10}{-0.10}$	$\frac{-0.69}{-1.08}$	$\frac{-1.37}{-3.82}$	$\frac{-2.14}{-13.41}$	$\frac{-3.00}{-75.07}$
		0.40(0.8)	$\frac{1.39}{0.42}$	$\frac{1.16}{0.45}$	$\frac{0.87}{0.44}$	$\frac{0.51}{0.35}$	$\frac{0.06}{0.06}$	$\frac{-0.47}{-0.73}$	$\frac{-1.07}{-2.98}$	$\frac{-1.74}{-10.93}$	$\frac{-2.50}{-62.55}$
		0.45(0.9)	$\frac{1.39}{0.43}$	$\frac{1.18}{0.46}$	$\frac{0.91}{0.46}$	$\frac{0.60}{0.42}$	$\frac{0.20}{0.20}$	$\frac{-0.28}{-0.44}$	$\frac{-0.83}{-2.32}$	$\frac{-1.44}{-9.01}$	$\frac{-2.11}{-52.80}$
		0.50(1.0)	$\frac{1.39}{0.43}$	$\frac{1.20}{0.47}$	$\frac{0.95}{0.48}$	$\frac{0.67}{0.47}$	$\frac{0.31}{0.31}$	$\frac{-0.12}{-0.18}$	$\frac{-0.64}{-1.80}$	$\frac{-1.19}{-7.47}$	$\frac{-1.80}{-45.01}$
		$F_2/F_1=0.7$									
		0.49(0.7)	$\frac{0.61}{0.37}$	$\frac{0.63}{0.48}$	$\frac{0.53}{0.53}$	$\frac{0.34}{0.46}$	$\frac{0.07}{0.13}$	$\frac{-0.28}{-0.87}$	$\frac{-0.76}{-4.13}$	$\frac{-1.27}{-15.67}$	$\frac{-1.86}{-97.50}$
		0.56(0.8)	$\frac{0.61}{0.37}$	$\frac{0.65}{0.49}$	$\frac{0.57}{0.57}$	$\frac{0.40}{0.55}$	$\frac{0.17}{0.34}$	$\frac{-0.12}{-0.36}$	$\frac{-0.50}{-2.75}$	$\frac{-0.99}{-12.21}$	$\frac{-1.50}{-73.97}$
		0.63(0.9)	$\frac{0.62}{0.37}$	$\frac{0.66}{0.50}$	$\frac{0.60}{0.60}$	$\frac{0.45}{0.62}$	$\frac{0.25}{0.50}$	$\frac{0.00}{0.00}$	$\frac{-0.32}{-1.76}$	$\frac{-0.74}{-9.14}$	$\frac{-1.23}{-60.33}$
		0.70(1.0)	$\frac{0.62}{0.37}$	$\frac{0.67}{0.51}$	$\frac{0.62}{0.62}$	$\frac{0.49}{0.67}$	$\frac{0.31}{0.62}$	$\frac{0.09}{0.27}$	$\frac{-0.19}{-1.03}$	$\frac{-0.54}{-6.69}$	$\frac{-1.00}{-4.41}$
		$F_2/F_1=0.9$									
		0.81(0.9)	$\frac{0.48}{0.48}$	$\frac{0.52}{0.66}$	$\frac{0.49}{0.82}$	$\frac{0.41}{0.94}$	$\frac{0.29}{0.96}$	$\frac{0.13}{0.69}$	$\frac{-0.06}{-0.60}$	$\frac{-0.33}{-6.77}$	$\frac{-0.69}{-56.07}$
		0.90(1.0)	$\frac{0.48}{0.48}$	$\frac{0.53}{0.67}$	$\frac{0.51}{0.85}$	$\frac{0.44}{0.99}$	$\frac{0.33}{1.09}$	$\frac{0.19}{0.99}$	$\frac{0.02}{0.18}$	$\frac{-0.20}{-4.17}$	$\frac{-0.50}{-40.88}$

续表 8-9

名称	图形	F_3/F_1 (F_3/F_2)	ζ_0 值 Q_3/Q_1 0.1	0.2	0.3	0.4	0.5	0.6	0.7	0.8	0.9
60°圆形对称分叉三通（合流）$\zeta_{2\to1}$	注：1. 图中应将管径大的分支管标定为“2”，管径小的分支管标定为“3”； 2. 表格中分式的分子表示对应总管动压的局部阻力系数 $\zeta_{2\to1(1)}$ 或 $\zeta_{3\to1(1)}$，分母表示对应旁支管动压的局部阻力系数 $\zeta_{2\to1(2)}$ 或 $\zeta_{3\to1(3)}$		$F_2/F_1=0.5$								
		0.25(0.5)	$\frac{-1.71}{-10.12}$	$\frac{-0.85}{-1.33}$	$\frac{0.11}{0.08}$	$\frac{1.20}{0.47}$	$\frac{2.40}{0.60}$	$\frac{3.71}{0.64}$	$\frac{5.13}{0.65}$	$\frac{6.66}{0.65}$	$\frac{8.31}{0.64}$
		0.30(0.6)	$\frac{-1.75}{-15.77}$	$\frac{-1.00}{-2.25}$	$\frac{-0.21}{-0.21}$	$\frac{0.60}{0.34}$	$\frac{1.46}{0.52}$	$\frac{2.36}{0.59}$	$\frac{3.30}{0.60}$	$\frac{4.27}{0.60}$	$\frac{5.28}{0.58}$
		0.35(0.7)	$\frac{-1.77}{-21.72}$	$\frac{-1.08}{-3.33}$	$\frac{-0.40}{-0.55}$	$\frac{0.26}{0.20}$	$\frac{0.93}{0.45}$	$\frac{1.60}{0.54}$	$\frac{2.26}{0.56}$	$\frac{2.91}{0.55}$	$\frac{3.56}{0.53}$
		0.40(0.8)	$\frac{-1.78}{-28.58}$	$\frac{-1.14}{-4.56}$	$\frac{-0.52}{-0.93}$	$\frac{0.07}{0.07}$	$\frac{0.62}{0.40}$	$\frac{1.13}{0.50}$	$\frac{1.62}{0.53}$	$\frac{2.09}{0.52}$	$\frac{2.52}{0.49}$
		0.45(0.9)	$\frac{-1.79}{-36.34}$	$\frac{-1.17}{-5.94}$	$\frac{-0.59}{-1.34}$	$\frac{-0.04}{-0.05}$	$\frac{0.44}{0.35}$	$\frac{0.85}{0.47}$	$\frac{1.22}{0.50}$	$\frac{1.55}{0.49}$	$\frac{1.84}{0.46}$
		0.50(1.0)	$\frac{-1.80}{-45.01}$	$\frac{-1.19}{-7.47}$	$\frac{-0.64}{-1.80}$	$\frac{-0.12}{-0.18}$	$\frac{0.31}{0.31}$	$\frac{0.67}{0.47}$	$\frac{0.95}{0.48}$	$\frac{1.20}{0.47}$	$\frac{1.39}{0.43}$
			$F_2/F_1=0.7$								
		0.49(0.7)	$\frac{-0.99}{-23.96}$	$\frac{-0.50}{-3.05}$	$\frac{-0.09}{-0.24}$	$\frac{0.27}{0.40}$	$\frac{0.60}{0.57}$	$\frac{0.88}{0.59}$	$\frac{1.09}{0.53}$	$\frac{1.30}{0.48}$	$\frac{1.48}{0.44}$
		0.56(0.8)	$\frac{-1.00}{-31.46}$	$\frac{-0.52}{-4.13}$	$\frac{-0.14}{-0.49}$	$\frac{0.18}{0.36}$	$\frac{0.46}{0.58}$	$\frac{0.70}{0.61}$	$\frac{0.87}{0.55}$	$\frac{0.96}{0.47}$	$\frac{1.05}{0.40}$
		0.63(0.9)	$\frac{-1.00}{-30.94}$	$\frac{-0.53}{-5.35}$	$\frac{-0.17}{-0.75}$	$\frac{0.12}{0.31}$	$\frac{0.37}{0.59}$	$\frac{0.58}{0.64}$	$\frac{0.72}{0.58}$	$\frac{0.78}{0.48}$	$\frac{0.78}{0.38}$
		0.70(1.0)	$\frac{-1.00}{-49.41}$	$\frac{-0.54}{-6.69}$	$\frac{-0.19}{-1.03}$	$\frac{0.09}{0.27}$	$\frac{0.31}{0.62}$	$\frac{0.49}{0.67}$	$\frac{0.62}{0.62}$	$\frac{0.67}{0.51}$	$\frac{0.62}{0.37}$
			$F_2/F_1=0.9$								
		0.81(0.9)	$\frac{-0.50}{-33.07}$	$\frac{-0.20}{-3.31}$	$\frac{0.03}{0.22}$	$\frac{0.21}{0.89}$	$\frac{0.36}{0.96}$	$\frac{0.48}{0.89}$	$\frac{0.56}{0.76}$	$\frac{0.59}{0.60}$	$\frac{0.52}{0.42}$
		0.90(1.0)	$\frac{-0.50}{-40.88}$	$\frac{-0.20}{-4.17}$	$\frac{0.02}{0.18}$	$\frac{0.19}{0.99}$	$\frac{0.33}{1.09}$	$\frac{0.44}{0.99}$	$\frac{0.51}{0.85}$	$\frac{0.53}{0.67}$	$\frac{0.48}{0.48}$

续表 8-9

名称	图形	ζ_0 值													
90°圆形合流三通（直流管）$\zeta_{2\to1}$	注：表格中分式的分子表示对应总管动压的局部阻力系数 $\zeta_{3\to1(1)}$ 或 $\zeta_{2\to1(1)}$，分母表示对应旁支管动压的局部阻力系数 $\zeta_{3\to1(3)}$ 或 $\zeta_{2\to1(2)}$	F_3/F_1	$F_2/F_1=1.00$							$F_2/F_1=0.80$					
			Q_3/Q_1												
			0.80	0.70	0.60	0.50	0.40	0.30	0.20	0.80	0.70	0.60	0.50	0.40	0.30
		1.00 ~ 0.06	$\frac{0.51}{12.96}$	$\frac{0.53}{5.96}$	$\frac{0.55}{3.46}$	$\frac{0.56}{2.25}$	$\frac{0.55}{1.52}$	$\frac{0.50}{1.03}$	$\frac{0.41}{0.64}$	$\frac{0.53}{8.56}$	$\frac{0.57}{4.06}$	$\frac{0.61}{2.44}$	$\frac{0.63}{1.63}$	$\frac{0.63}{1.12}$	$\frac{0.58}{0.76}$
		F_3/F_1	$F_2/F_1=0.63$						$F_2/F_1=0.50$						
			Q_3/Q_1												
			0.80	0.70	0.60	0.50	0.40	0.30	0.80	0.70	0.60	0.50	0.40	0.30	
		1.00 ~ 0.06	$\frac{0.57}{5.60}$	$\frac{0.64}{2.80}$	$\frac{0.71}{1.76}$	$\frac{0.77}{1.23}$	$\frac{0.80}{0.88}$	$\frac{0.74}{0.60}$	$\frac{0.61}{3.83}$	$\frac{0.73}{2.04}$	$\frac{0.87}{1.37}$	$\frac{1.00}{1.00}$	$\frac{1.06}{0.73}$	$\frac{1.00}{0.51}$	
压出四通	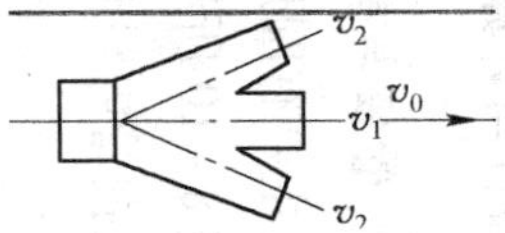	v_2/v_1	0.6	0.8	1.0	1.2	1.4	1.6							
		ζ_1	0	0	0	0	0	0							
		ζ_2	1.0	0.4	0.2	0.1	0.05	0							
吸入四通		v_2/v_1	0.6	0.8	1.0	1.2	1.4	1.6							
		ζ_1	0.4	0.35	0.2	0.1	0	0							
		ζ_2	-1.8	-0.7	0	0.1	0.25	0.35							

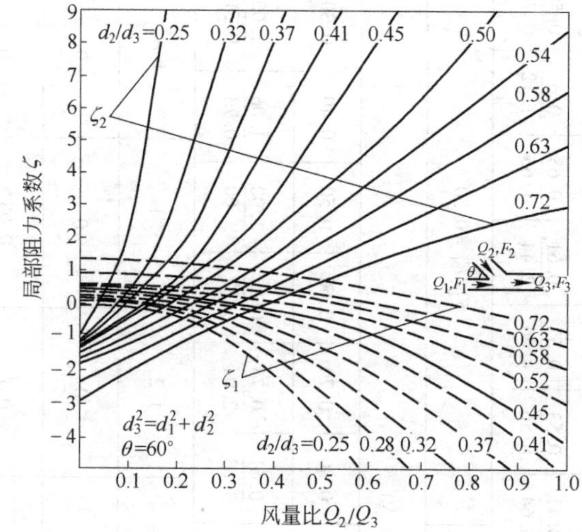

图 8－28　60°圆形合流三通局部阻力系数线图

例 8－1　如有一合流三通如图 8－29 所示。已知 $Q_1=5000\text{m}^3/\text{h}$，$d_1=400\text{mm}$，$v_1=11\text{m/s}$；$Q_2=3000\text{m}^3/\text{h}$，$d_2=300\text{mm}$，$v_2=11.7\text{m/s}$；$Q_3=8000\text{m}^3/\text{h}$，$d_3=500\text{mm}$，$v_3=11.3\text{m/s}$。气体密度 $\rho=1.2\text{kg/m}^3$。求该三通局部阻力损失。

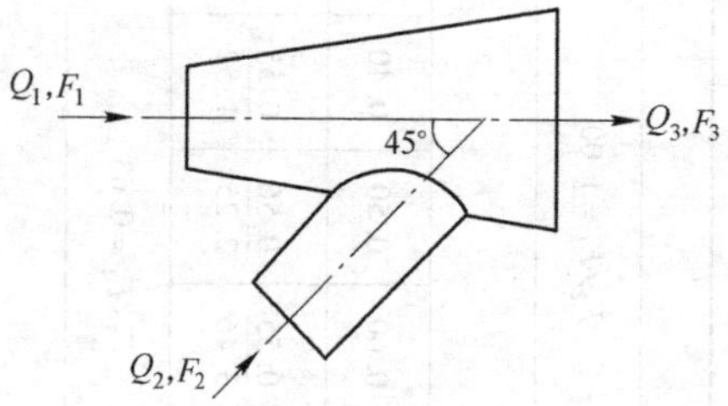

图 8－29　合流三通

解：直径比和流量比分别为：$d_2/d_3=300/500=0.6$，$Q_2/Q_3=3000/8000=0.375$。由图 8－27 得，干管阻力系数 $\zeta_1=0.45$，支管阻力系数 $\zeta_2=0.6$。

于是，干管阻力损失为

$$\Delta p_1=\zeta_1\frac{\rho v_3{}^2}{2}=0.45\times\frac{1.2\times11.3^2}{2}=34.4\text{Pa}$$

支管的阻力损失为

$$\Delta p_2=\zeta_2\frac{\rho v_3{}^2}{2}=0.6\times\frac{1.2\times11.3^2}{2}=46\text{Pa}$$

8.2.2　管道设计与计算

8.2.2.1　管径与壁厚

除尘管道主要有圆形管和矩形管，使用圆管较多。为避免粉尘在管道中沉积，管道风速应不低于表 8－10 所给出的最低风速。

于是，根据管内设计风量可计算管径

$$d=\sqrt{\frac{4}{3600\pi}\frac{Q}{v}}\tag{8-50}$$

式中　Q——流量，m^3/h；

v——管内含尘气流最低风速，m/s。

表 8－10　除尘系统管道内含尘气流最低速度　(m/s)

粉尘类别	垂直管道	水平管道	粉尘类别	垂直管道	水平管道
粉状黏土、砂	11	13	干细粉	11	13
耐火泥	14	17	煤粉尘	10	12
黏土	13	16	湿土（20%以下）	15	18
重矿粉尘	16～18	18～23	铁、钢尘末	15	18
轻矿粉尘	12	14	水泥粉尘	8～12	18～22
铁、钢屑	19	28	石棉粉尘	8～12	16～18
灰土砂尘	16	18	锯、刨木屑	12	14
干微尘	8	10	大块湿木屑	18	20
染料粉尘	14～16	16～18	大块干木屑	14	15
砂子、铸模用干土	17	20			

考虑到粉尘对管壁的磨损，除尘管道常用的钢板厚度见表 8－11。

表 8－11　除尘管道壁厚　(mm)

管　径	直管部分	弯管部分	管　径	直管部分	弯管部分
< *D*300	2～4	3～6	*D*1500～3000	6～8	12～14
*D*300～800	4～5	6～8	> *D*3000	8～10	14～16
*D*800～1500	5～6	8～12			

8.2.2.2　管道防磨

管道防磨通常采用护板混凝土充填。对于弯管，其设计制作如图 8－30 所示。对于三通，其防磨保护罩制作方法类似。

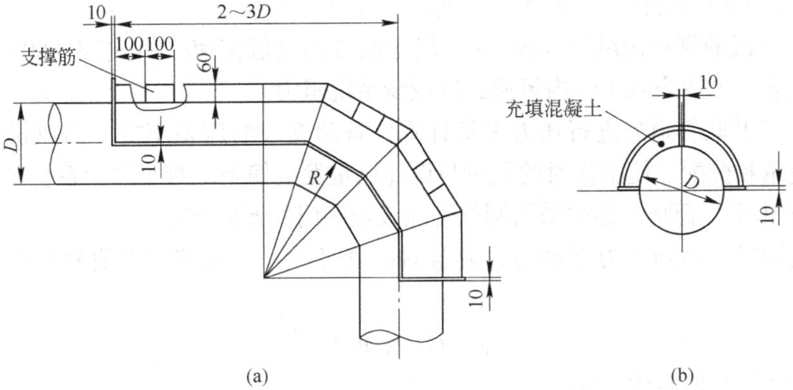

图 8－30　管道防磨水泥衬保护罩制作

气流中的粉尘会对管道造成磨损，但可以利用粉尘的沉积防止管道磨损。如图 8－31 所示，含尘气体在楔形体绕流后产生粉尘沉积。用这一原理，在弧形保护罩内壁焊耐磨楔形块，使易磨损部位产生低速粉尘沉积。以尘磨尘，达到防磨的目的，如图 8－32 所示。

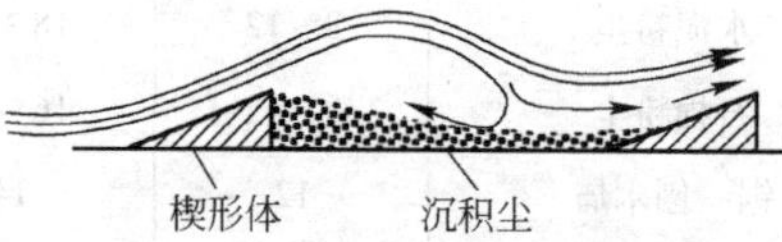

图 8-31 绕楔形体流动的粉尘沉积

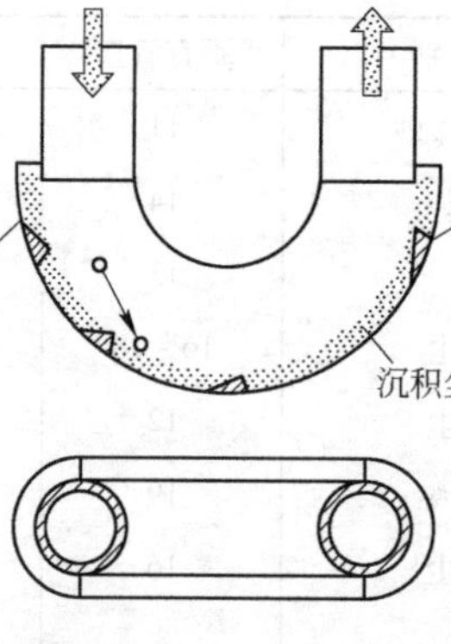

图 8-32 利用沉积粉尘层防止管道磨损

8.2.2.3 管道部件

除尘管道根据工艺要求都设有必要的零部件。这些部件主要有管道测孔、清扫孔、弯头、三通、变径管、管托、支架、检修孔、手动或电动阀等。其设计详见张殿印、王纯主编的《除尘工程设计手册》。

8.3 除尘系统压力损失计算

8.3.1 管道压力损失计算步骤

在进行除尘系统压力损失计算前，必须初步确定各抽尘点的位置和吸风量、管道系统的管径、管长、管材和管道部件（弯头、三通、变径管、阀门等）。计算步骤如下：

（1）绘制通风系统轴侧图（见图 8-29），对各管段进行编号，标注各管段的长度和风量。一般从距风机最远的一段开始，由远而近的顺序编号。管段长度按两个管件中心线的长度计算，不扣除管件（如弯头、三通、变径管）长度。

（2）各管段的管径按风量和表 8-9 规定的管内最低流速，由式(8-50)确定。对除尘器后的风管，可适当减小管内风速，以减少系统阻力。

（3）对于并联管道需进行压力平衡计算。若两支管的压差不等，当风机运行时，势必导致风量重新分配，使工作时的风量与设计风量发生偏差。对于除尘系统要求两支管的压差不超过10%。否则，必须采用调整管径或设阀门的调阻方法。

用调整管径以达到压力平衡时，调整后的管径减小。调整后的管径可按式(8-51)计算

$$d_B = d_A(p_A/p_B)^{0.225} \tag{8-51}$$

式中 d_A——调整前管径，m；

d_B——调整后管径，m；

p_A——原设计支管的压力损失，Pa；

p_B——为压力平衡要求达到的支管压力损失，取阻力大的支管压力损失，Pa。

当两支管的压力损失不等（压差小于20%）时，可以不改变管径，而将阻力小的管内风量适当增加，以达到平衡。增加后的风量按式(8-52)计算

$$Q_B = Q_A(p_B/p_A)^{0.5} \quad (8-52)$$

式中 Q_B——调整后的风量，m^3/s；

Q_A——调整前的风量，m^3/s；

p_A——原设计支管的压力损失，Pa；

p_B——为压力平衡要求达到的支管压力损失。

阀门调节是常用的一种增加局部阻力的方法。这种方法虽然简单易行，不需要严格计算，但改变某一支管上的阀板位置，会影响整个系统的压力分配。因此，要经过反复调节，才能使各支管的风量分配达到设计要求。对于除尘系统还要防止阀门附件积尘，引起管道堵塞。利用阀板调节的步骤如下：

1）选择阻力最大的支管。如果所选管路阻力不是最大，则对于阻力比其高的管路，即使阀板全部开启，也达不到所需风量。

2）计算阻力最大的支管上的压力损失。以这一压力损失为控制阻力，调节各支管的阀板位置，使各支管的压力损失都相当于阻力最高的支管的压力损失。

3）系统安装好后进行调试。当各抽尘点风量达到设计要求时，将各点的阀板位置固定死。

（4）系统总压力损失的计算取最大阻力线路。

（5）根据系统总压力损失和总风量选择风机。

8.3.2 管道压力损失计算举例

例 8－2 已知某焦化厂焦粉皮带转运站除尘系统如图 8－33 所示，系统共有三个抽尘点。管道采用 Q235－A 钢板。除尘器压力损失 1500Pa。试进行该系统管网设计计算。

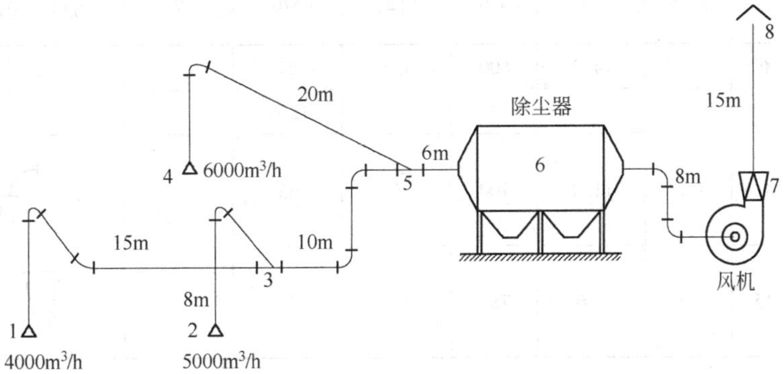

图 8－33 除尘系统图

解： 根据图 8－33 给定条件分以下步骤计算。

（1）管径计算。在表 8－10 中没有焦粉的最低风速，而对煤粉尘水平管最低风速为 12m/s，考虑到焦粉颗粒较大，初取管内风速 15m/s。于是，各管段管径为

$$d_{1-3} = \sqrt{\frac{4}{3600\pi}\frac{Q}{v}} = \sqrt{\frac{4\times 4000}{3600\times 3.14\times 15}} = 0.307\text{m}，取内径 300\text{mm}$$

同理，其他各管段直径为

$d_{2-3}=340\text{mm}$，$d_{3-5}=460\text{mm}$，$d_{4-5}=360\text{mm}$，$d_{5-6}=600\text{mm}$。取除尘器漏风率10%，管段6—7的风量为$16500\text{m}^3/\text{s}$；除尘器后的风速取12m/s，算得$d_{6-7}=700\text{mm}$。管段7—8为排气管（烟囱），风速取10m/s。于是排气管直径为$d_{7-8}=780\text{mm}$。直径圆整后，需重新确定管内流速，根据$v=4Q/(3600\pi d^2)$，将实际速度填入表8－12中。

（2）比摩阻的确定。查表8－8，钢板粗糙度$K=0.15\sim0.18\text{mm}$，由图8－25，比摩阻修正系数$y\approx1.07$，于是由图8－24和式(8－48)可得各管段比摩阻，其结果填入表8－12中。

（3）局部阻力计算。弯管取1.5d转弯半径的分节圆管，局部阻力系数ζ按表8－9选取，填入表8－12中。设合流三通夹角按45°三通按图8－27确定，填入表8－12中。

表8－12　除尘风管设计计算表

管段编号	风量	管长	局部阻力系数 $\sum\zeta$	风速 v /m·s^{-1}	管径 d /mm	比摩阻 R_m /Pa·m^{-1}	管段压损 $R_m l+\sum\zeta\rho v^2/2$	压力平衡率 B/%	ζ值简图
1—3	4000	15	1.11	15.7	300	11	329		45°　0.15　0.24　0.12　0.6
2—3	5000	8	0.64 (1.59)	15.3 (19.7)	340 (300)	10 (14)	170 (326)	48 0.9	0.15　0.24　0.25(1.2)
3—5	9000	10	1.13	15	460	7	223		0.24　0.24　0.65
4—5	6000	20	5.9 3.79	16 (19)	360 (330)	9 (12)	273 (576)	9	0.15　0.24　0.2(2.1)
5—6	15000	6		14.7	600	4.5	27		
6							1500		
6—7	16500	8	0.48	11.9	700	3	65		0.24　0.24
7—8	16500	15	0.6	9.6	780	2.5	71		0.1　0.5

（4）压平衡计算。要求除尘系统两支管压平衡率$\beta=(p_x-p_y)/p_x\leqslant10\%$。如超过10%，按式(8－51)调整管径，调整后重新计算局部阻力，结果填入表8－12括弧中。

（5）最大阻力线路压力损失计算

$$p=p_{1-3}+p_{3-5}+p_{5-6}+p_6+p_{6-7}+p_{7-8}=329+223+27+1500+65+71=2215\text{Pa}$$

（6）除尘系统的总压损和总风量。除尘系统的总压损p_0按式(8－53)计算

$$p_0=(1+K_p)p \qquad (8-53)$$

式中　K_p——安全系数，$K_p=0.15\sim0.2$。

取$K_p=0.15$，于是，系统总压损为

$$p_0 = (1 + 0.15) \times 2215 = 2547\text{Pa}$$

除尘系统总风量 Q_0 按式(8-54)计算

$$Q_0 = (1 + K_Q)Q \tag{8-54}$$

式中 K_Q——漏风系数，$K_Q = 0.1 \sim 0.15$。

本例已取 $K_Q = 0.1$，总风量为

$$Q_0 = (1 + K_Q)Q = (1 + 0.1) \times 15000 = 16500\text{m}^3/\text{h}$$

8.3.3 风机选择

风机功率由式(8-55)确定

$$N = K\frac{Q_0 p_0}{1000\eta_1\eta_2 \times 3600} \tag{8-55}$$

式中 K——电机安全系数，见表8-13；

η_1——风机效率，按机型选取，一般取 $\eta_1 = 70\% \sim 80\%$；

η_2——机械效率，其值见表8-14。

表8-13 电机安全系数

电动机功率/kW	电机安全系数 K
≤0.5	1.5
0.5~1	1.4
1~2	1.3
2~5	1.2
>5	1.15

表8-14 机械效率

传动方式	机械效率 η_2
电动直联传动	1.00
联轴器直联传动	0.98
三角皮带传动	0.95

对于例8-2，风机功率为

$$N = K\frac{Q_0 p_0}{1000\eta_1\eta_2 \times 3600} = 1.15 \times \frac{16500 \times 2547}{1000 \times 0.75 \times 3600} = 18\text{kW}$$

根据风量、全压和功率可选取风机。表8-15为除尘常用风机性能表。对于例8-2，查相关风机手册选G4-73-11 №9D锅炉通风机。其性能为：转速1450r/min，全压2617~1852Pa，流量24000~44800m³/h，效率83.7%~84%，轴功率20.8~27.6kW，电机功率30kW。

表8-15 除尘常用风机性能表

风机类型	型 号	全压/Pa	风量/$\text{m}^3 \cdot \text{h}^{-1}$	功率/kW	备 注
普通中压风机	4-72	606~2300	1310~48800	1.1~37	输送小于80℃且不自燃气体，常用于中小型除尘系统
	4-79	176~2695	990~406000	1.1~250	
	6-30	1785~4355	2240~17300	4~37	
	4-68	148~2655	565~189000	1.1~250	
锅炉风机	G、Y4-68	823~6673	15000~153800	11~250	用于锅炉，也常用于大中型除尘系统
	G、Y4-73	775~6541	16150~810000	11~1600	
	G、Y2-10	1490~3235	2200~58330	3~55	
	Y8-39	2136~5762	2500~26000	3~37	

续表 8－15

风机类型	型 号	全压/Pa	风量/$m^3 \cdot h^{-1}$	功率/kW	备 注
排尘风机	C6－48 BF4－72 C4－73 M9－26	352～1323 225～3292 294～3922 8064～11968	1110～37240 1240～65230 2640～11100 33910～101330	0.76～37 1.1～18.5 1.1～22 158～779	主要用于含尘浓度较高的除尘系统
高压风机	9－19 9－26 9－15 M7－29	3048～9222 3822～15690 16328～20594 4511～11869	824～41910 1200～123000 12700～54700 1250～140820	2.2～410 5.5～850 300 45～800	用于压损较大的除尘系统

据统计，国产风机型号有400多种，其中多数可用于除尘系统。关于通风机的选用，可根据风量、全压和功率由《机械设备手册》、《采暖通风设计手册》、《通风除尘设计手册》或通过网站等查到所需要的风机型号、性能参数、安装尺寸和生产厂家。对于较大功率（大于15kW）的通风机，为了防止电动机启动过程中的动力过载、减少振动和冲击、提高电动机的使用寿命，需采用电机的变转速调节。调节方式主要有液力耦合器变转速调节和变频器变转速调节两种。电机的变频变转速调节是一种高效率、高性能的调速方式，这一方式使电机在整个工作范围内保持在正常的小转差率下运行，实现无级平滑调速。变频调速器主要用于大型风机。变频器运行可靠、维护方便，在价格上高于液力耦合器，随着电力电子技术及微电子技术的发展，变频器性价比将不断提高，并将得到更广泛的应用。

8.4 输灰系统设计与除尘设备的保温

布袋除尘系统设计的另一个重要组成部分是输灰系统的设计，主要包括卸灰阀、螺旋输灰机或刮板输送机、斗式提升机、灰仓、加湿机等。输灰系统工艺流程如图 8－34 所示。当螺旋输送机或刮板输送机出灰口高于灰仓高度时（如屋顶式布袋除尘器），可省去斗式提升机。

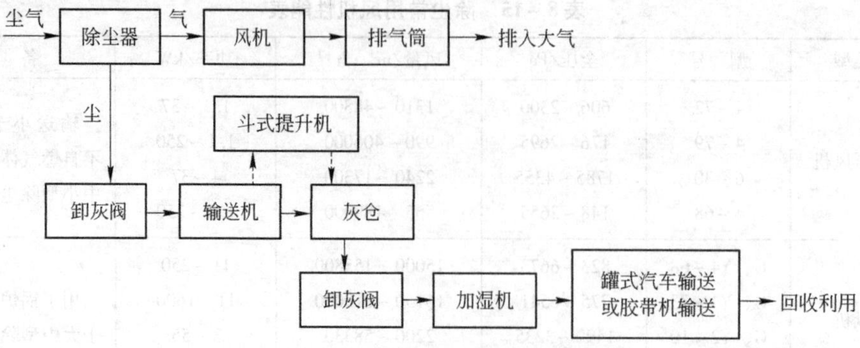

图 8－34 输灰系统工艺流程示意图

张殿印、王纯对粉尘的机械输送设备的选型设计以及除尘设备的保温设计作了详尽的介绍。唐敬麟、张禄虎对卸灰阀的设计作了全面具体的描述。另外，胡传鼎对卸灰阀和螺旋输灰机的结构给出了非常详细的设计图纸。因此，关于输灰系统的设计和除尘设备的保温设计将不作过多介绍。

习　题

8-1　已知柜内污染物气体无毒，气体发生量为 $5\times10^3 m^3/h$，操作口面积为 $2m^2$，试根据公式(8-6)和表 8-2 设计柜式排气罩的抽风量。

8-2　已知热污染源温度 150℃，周围空气温度 25℃，热源面积 $5m^2$，试设计距热源 2m 处的上部接受式集气罩抽风量。

8-3　已知矩形管道长和宽分别为 0.5m 和 0.6m，试计算其水力半径。

8-4　已知圆管管内的流速为 15m/s，管径 1m，气体密度 $1.2kg/m^3$，根据式(8-38)、图 8-24 和图 8-25 计算仅考虑粗糙度修正时，管长为 100m 的摩擦阻力损失。

8-5　某除尘系统（含尘气体常温）如图 8-35 所示，系统共设两个吸尘点，管道采用 Q235-A 钢板，除尘器压力损失 1000Pa，试进行该系统管网设计计算：(1)编制除尘管网设计计算表；(2)风机选型计算。

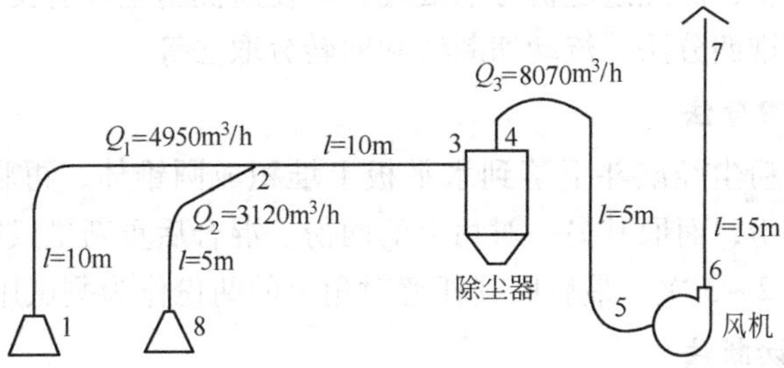

图 8-35　习题 8-5 图

9 除尘检测技术

除尘效果的好坏主要取决于粉尘的性质、浓度、粒径分布及除尘系统的运行状况。本章主要对这几个方面涉及的检测方法进行简要介绍。

9.1 粉尘基本性质的测定

为有效地控制烟尘污染，首先要了解粉尘的基本性质。粉尘性质的测试内容及方法主要依据国家标准 GB/T 16913—2008，同时结合相关文献资料。

9.1.1 粉尘样品的分取

粉尘的基本性质的测试，是以具体的粉尘为对象，因而测试所用的粉尘必须具有代表性。从尘源收集的粉尘，需经过随机分取处理，以使所测粉尘具有良好的代表性。分取样品的方法一般有：圆锥四分法、流动切断法和回转分取法等。

9.1.1.1 圆锥四分法

圆锥四分法是将粉尘经漏斗下落到水平板上堆积成圆锥体，再将圆锥垂直分成四等份，舍去对角上的两份，而取其另一对角上的两份。混合后重新堆成圆锥再分成四份进行取舍。如此依次重复 2 ~ 3 次，最后取其任意对角上的两份作为测试用粉尘样品。

9.1.1.2 流动切断法

流动切断法是在从现场取回的试料比较少的情况下采用的。把试料放入固定的漏斗中，使其从漏斗小孔中流出。用容器在漏斗下部左右移动，随机接取一定量的粉料作为分析用品。此外，也可以将装有粉尘的漏斗左右移动，使粉尘漏入两个并在一起的容器中，然后取其中一个（舍去另外一个）。将试料重复分取几次，直至所取试料的数量满足分析用样为止。

9.1.1.3 回转分取法

回转分取法是使粉尘从固定的漏斗中流出，漏斗下部设有转动的分隔成八个部分的圆盘，粉尘均匀地落到圆盘上的各部分，取其中的一部分作为分析测定用料。有时为了简化设备，也可使圆盘固定而将漏斗作回转运动，使粉尘均匀落入圆盘各部分中。

9.1.2 粉尘密度的测定

由于粉尘与粉尘之间存在空隙，且尘粒表面不光滑、内部也有空隙，因而颗粒表面和内部吸附着一定的空气，所以粉尘的密度存在真密度和堆积密度之分。

9.1.2.1 粉尘真密度的测定

为了测得粉尘的真密度，首先需要准确测出不包括粉尘之间空隙的粉尘自身所占的体积。为此可以采用多种方法，比较普遍的是液相置换法，此外也有采用气相加压法的。

A　液相置换法（比重瓶法）

比重瓶法是选取某种液体注入粉尘中，排除粉尘之间的气体以得到粉尘的体积，然后根据称得的粉尘质量计算粉尘的密度。为了能将气体尽可能彻底排除，通常还需要煮沸排气或抽真空排气。所选择的浸液要易于渗入粉尘之间，浸润性好，但又不使粉尘溶解、膨胀和产生化学变化。一般可用蒸馏水、酒精、苯等。测定原理是浸液在真空条件下浸入粉尘空隙；测定同体积的粉尘和浸液的质量，根据浸液的密度计算粉尘的密度。

普通比重瓶的容量约为25～100mL，并带有瓶塞，如图9－1所示。

试样制备：粉尘样在105℃下干燥4h，放置室内自然冷却后通过0.175mm（80目）标准筛除去杂物，准备测定。对于在温度不大于105℃时就会发生化学反应或熔化、升华的粉尘，干燥温度宜比发生化学反应或熔化、升华温度至少降低5℃，并适当延长干燥时间。

测定方法：首先称量洁净干燥的带盖比重瓶质量 m_0，然后装入粉尘（约占比重瓶体积的1/3），称量比重瓶和粉尘 m_s。将浸液注入装有粉尘的比重瓶内（至比重瓶约2/3容积处），湿润并浸没粉尘，然后置于密闭容器中抽真空（见图9－2），直到容器中的真空度达到使瓶中的浸液开始呈沸腾状态，瓶内基本无气泡逸出时停止抽气。注意抽气开始调节三通阀，使瓶内粉尘中的空气缓缓排出，应避免由于抽气过急而将粉尘带出。停止抽气后将比重瓶取出注满浸液并加盖，液面应与盖顶平齐，称取比重瓶、粉尘和浸液质量 m_{SL}。洗净比重瓶，注满浸液并加盖，液面应与盖顶平齐，称取比重瓶和浸液质量 m_L。记录室内温度作为测定温度。

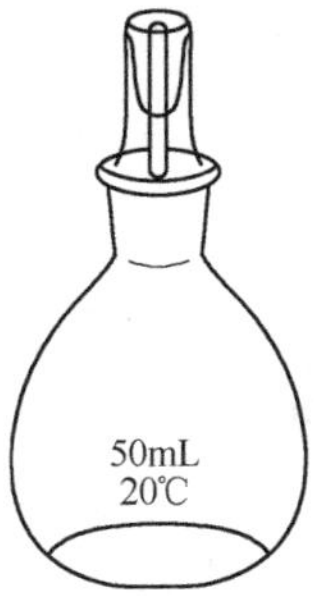

图9－1　普通比重瓶

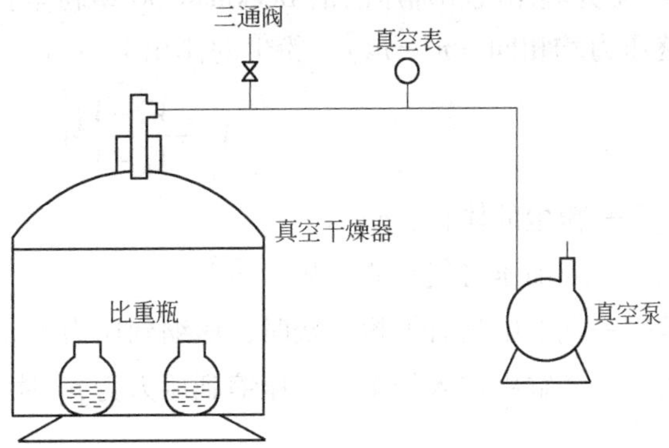

图9－2　粉尘真密度测定装置

粉尘密度 ρ_P（g/cm³）可由式(9－1)求得

$$\rho_P = \frac{m_s - m_o}{\dfrac{(m_s - m_o) + m_L - m_{SL}}{\rho_L}} \qquad (9-1)$$

式中　ρ_L——浸液在测定温度下的密度，g/cm³。

通常在测定时需要取平行样品，二者的误差应小于1%，否则应重新测定，直到满足精度要求为止。此时，粉尘密度的真密度取二平行样品的平均值。测定中保持浸液的温度稳定很重要，因为温度的变化是误差的主要原因。为此，通常要将比重瓶置于恒温槽中恒温半小时再读取温度。

B　气相加压法（真密度测定仪）

气相加压法测定粉尘真密度的原理如图9－3所示。当容器内未加粉尘时，活塞由位置A压缩到位置B。这时气体的体积由$V+V_0$变化到V，而压力则由p_d变化到$p_d+\Delta p_1$，按波义耳－马略特定律

$$p_d(V+V_0)=(p_d+\Delta p_1)V \tag{9-2}$$

由此可得出V（cm^3）

$$V=V_0\left(\frac{p_d}{\Delta p_1}\right) \tag{9-3}$$

当容器内加入体积为V_s的粉尘后，活塞仍然由A位置压缩到B位置，即压缩相同的体积V_0。这时，气体体积的变化由$(V+V_0-V_s)$变到$V-V_s$，而压力变化则由p_d变到$p_d+\Delta p_2$。同样可写出

$$(V-V_s)=V_0\frac{p_d}{\Delta p_2} \tag{9-4}$$

将式(9－3)的V代入，得V_s（cm^3）

$$V_s=V_0\left(\frac{p_d}{\Delta p_1}-\frac{p_d}{\Delta p_2}\right) \tag{9-5}$$

由压力计精密测出两次压缩时的压力Δp_1、Δp_2以及p_d，在压缩体积V_0一定的情况下，即可得出粉尘的体积V_s，从而可计算出粉尘的真密度。

图9－4为利用气相加压法的Beckman930型粉尘真密度测定仪。在此仪器中，使两次加压的终压力均相同（$p_1=p_2$）。粉尘的体积V_s（cm^3）可按式(9－6)算出：

$$V_s=\frac{V_1-V_2}{V_0-V_1}V_0 \tag{9-6}$$

式中　V_s——粉尘的体积，cm^3；

V_0——未加压时气缸的体积，cm^3；

V_2——气缸中没有加粉尘灰时，压缩到压力为p_2时的体积，cm^3；

V_1——气缸中加入粉尘时，压缩到压力为p_2时的体积，cm^3。

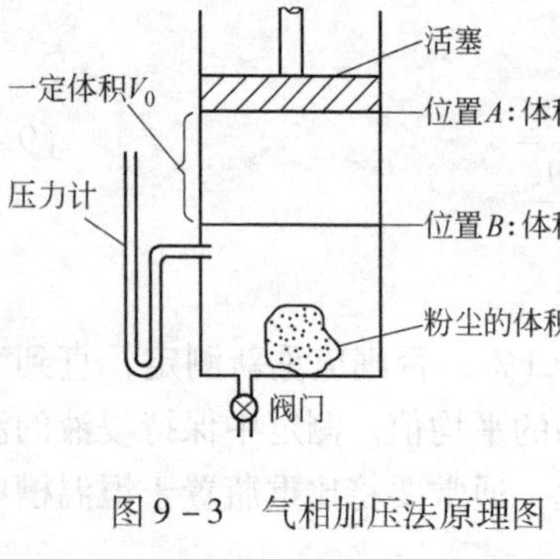

图9－3　气相加压法原理图

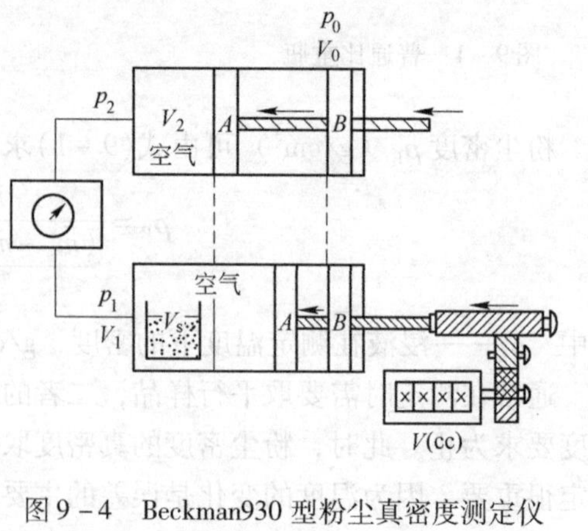

图9－4　Beckman930型粉尘真密度测定仪

精密测出体积 V_0、V_1 及 V_2，由式(9－6)可求出粉尘的体积 V_s。

采用上述气相加压法其测定精度比用液体置换法要低，因为准确测定压力和体积是较困难的。

9.1.2.2 粉尘堆积密度的测定（自然堆积法）

自然堆积法是将粉尘从漏斗口在一定高度自由下落充满量筒，测定松装状态下量筒内单位体积粉尘的质量，即粉尘堆积密度。其测定前试样的处理过程与真密度测定试样的前处理相同。

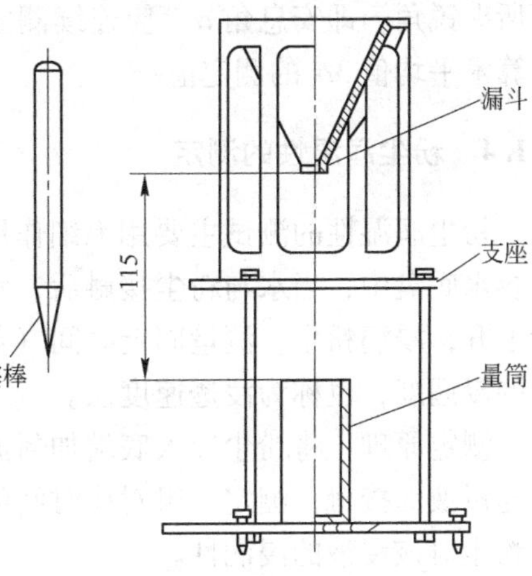

图9－5 粉尘自然堆积密度计

测定粉尘的堆积密度时，需要准确地测出粉尘（包括尘粒间的空隙）所占据的体积及粉尘的质量。图9－5为标准的自然堆积法测定粉尘堆积密度的测定装置。装置应水平放在试验台上，其中漏斗锥度(60 ± 0.5)°，漏斗流出口径 ϕ12.7mm，漏斗中心与下部圆形量筒中心一致，流出口底沿与量筒上沿距离(115 ± 2)mm，量筒内径 ϕ39mm，容积 100cm^3。测试时，首先称取盛灰量筒的质量 m_0，漏斗中装有量筒容积1.2～1.5倍的粉尘。抽出塞棒后，粉尘由一定的高度(115mm)落入量筒，然后用厚 δ = 3mm 的刮片将量筒上堆积的粉尘刮平。称取量筒加粉尘的质量 m_s，即可求得粉尘的堆积密度 ρ_b(g/cm^3)

$$\rho_b = \frac{m_s - m_0}{100} \tag{9-7}$$

其精度要求为三次测量结果的最大绝对误差不大于1g。取三次样的平均值进行密度计算。

9.1.3 粉尘安息角的测定

粉尘安息角的测定方法很多，以下简单介绍“注入限定底面法”的测试过程。

测定原理：将足够满溢料盘的粉尘从漏斗口注入到水平斜盘上；用量角器直接测量粉尘堆积斜面与底部水平面所夹锐角，即粉尘安息角 α(°)。

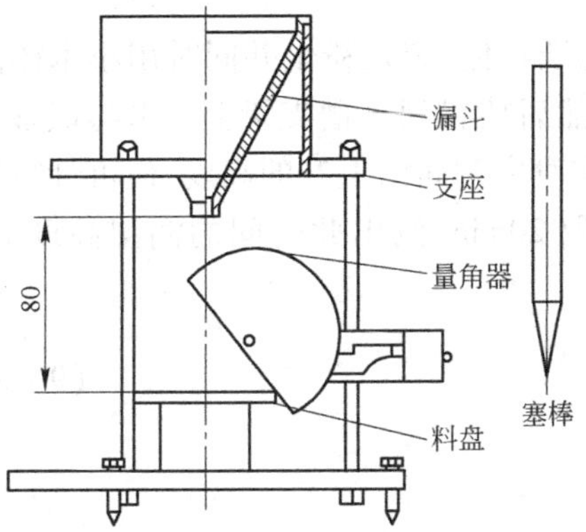

图9－6 粉尘安息角的测量装置

试样制备：粉尘样在105℃下干燥4h，放置室内自然冷却后通过0.175mm(80目)标准筛除去杂物，准备测定。对于在温度不大于105℃时就会发生化学反应或熔化、升华的粉尘，干燥温度宜比发生化学反应或熔化、升华温度至少降低5℃，并适当延长干燥时间。

注入限定底面法测定粉尘安息角的装置如图9－6所示，应水平放置在试验台上，其中漏斗锥度（60±0.5)°，流出口径 ϕ5mm，漏斗中心与下部料盘中心应在一条垂线上，流出口底沿与盘面的距离为（80±2）mm，量角器7.5～10cm，料盘

直径 ϕ80mm。

测定步骤：按图 9－6 所示将测定装置各部件组装于试验台上，调整水平，拨动量角器使其处于垂直位置。用塞棒塞住漏斗流出口。将粉尘样装入盛样量筒，用刮片刮平后倒入漏斗。抽出塞棒，使粉尘从漏斗孔口流出；对于流动性不好的粉尘，可以用棒针搅动使粉尘连续流落到料盘上。待粉尘全部流出后，旋转量角器量出料盘上粉尘锥体母线与水平面所夹锐角，即安息角 α。应连续测定 3～5 次，求出算术平均值 $\overline{\alpha}$ 和均方差 σ。舍弃偏离算术平均值 3σ 的测定值。

9.1.4 粉尘润湿性的测定

粉尘润湿性的测试主要用毛细作用法。即将一定长度的玻璃试管装满粉尘，使之倒置于容水底盘中，当水与粉尘接触后，水通过粉尘层颗粒间的空隙所形成的毛细管作用，逐渐上升，浸润粉尘。测量固定时间（如 20min）内水沿试管内粉尘上升的高度即为所测粉尘的浸润度，也称为浸透速度法。

测定原理：将粉尘装入底端加封滤纸的无底玻璃试管；试管垂直置于浸液面上，底端面与浸液面接触；测定一组对应时间的粉尘浸润高度，表征该浸液对粉尘的浸透速度，即为粉尘对该浸液的浸润性。

试样制备：粉尘样在 105℃下干燥 4h，放置室内自然冷却后通过 0.175mm（80 目）标准筛除去杂物，准备测定。对于在温度不大于 105℃时就会发生化学反应或熔化、升华的粉尘，干燥温度宜比发生化学反应或熔化、升华温度至少降低 5℃，并适当延长干燥时间。

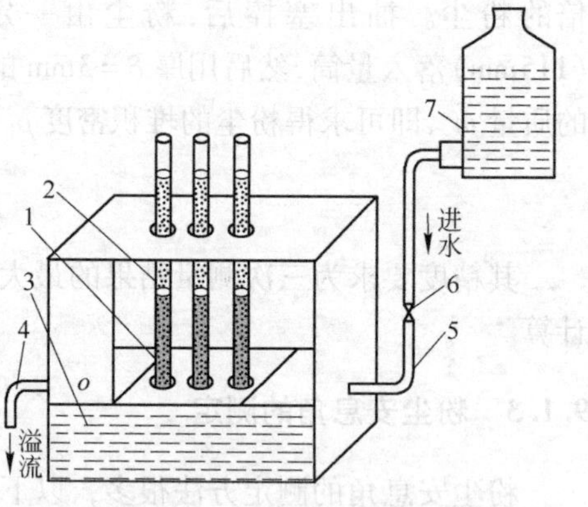

图 9－7 粉尘浸润性测定装置

1—试管；2—试粉；3—水槽；4—溢流管；5—进水管；6—阀门；7—水箱

粉尘浸润性测定装置如图 9－7 所示，它由试管、水槽和供水箱等组成。试管是一内径为 ϕ5mm（或 7mm）从下至上带有刻度（从 0～240mm）的玻璃管。水槽可以用瓷盘也可以用其他金属盘制成，在水槽的适当高度有与试管相同的小孔，并有支架支持试管垂直放置。水箱用以供水。水槽的溢流口与试管底部应在同一水平高度，以保持水面与粉尘接触。测定时将试管底端用滤纸封住，装入粉尘并同时用小木棒敲打，将粉尘夯实至稳定的填充率（即粉尘高度稳定），然后放置到水槽支架上。水与试管底部滤纸接触后，逐渐浸润粉尘，测取浸润时间及浸液在对应时间内上升的高度，便可计算出水对粉尘的浸润速度。在一般情况下，浸润时间 t 取 20min，测出此时间的润湿高度 L_{20}（min），于是润湿速度 v_{20} 为

$$v_{20}=\frac{L_{20}}{20} \qquad (9-8)$$

式中 v_{20}——浸润 20min 时的浸润速度，mm/min；

L_{20}——浸润 20min 时液体上升高度，mm。

这种方法测量粉尘的浸润性，操作简单，装置易造。其测定结果不受外界因素或操作

技巧的影响，且始终有极好的重复性，是英国、日本的标准测定方法。

9.1.5　粉尘含水率的测定

粉尘中含有的水分由3部分组成：附着在粒子表面上的水，包含在凹坑处及细孔中的自由水分以及紧密结合在粒子内部的结合水分。干燥作业时可以除去自由水分和一部分结合水分，其余部分作为平衡水残留，其数量随干燥条件而变化。

粉尘中水分的含量通常用含水率 w(%) 表示，其定义为粉尘中含水量 m_w(g) 与粉尘总质量 m_d(g) 之比

$$w = \frac{m_w}{m_w + m_d} \times 100\% \tag{9-9}$$

工业测定的水分是指总水分和平衡水分之差。测定水分的方法要根据粉尘的种类和测定目的来选择。最基本的方法是将一定量的尘样（约100g）放在约105℃的烘箱中干燥，恒重后再进行称量，即测定干燥前后粉尘的质量，计算粉尘在干燥过程中失去的水分量与干燥前粉尘质量的比率，即粉尘含水率

$$w = \frac{m_d - m_a}{m_d} \times 100\% \tag{9-10}$$

式中　w——粉尘的含水率,%；

m_a——粉尘干燥恒重后的质量，g；

m_d——粉尘干燥前的总质量，g。

9.1.6　粉尘黏附性的测定

粉尘颗粒相互附着或附着于固体表面上的现象称为粉尘的黏附性。在除尘技术、环境工程中多采用拉伸断裂法测定粉尘的黏附性。本节仅对拉伸断裂法作简要介绍。

将粉尘用震动充填或压实充填的方法装填入分开成两部分的容器中，然后对粉尘进行拉伸，直至断裂，用测力计测量粉尘层的断裂应力，这种方法称为拉伸断裂法。其拉伸方向有水平状态和垂直状态两种。

图9-8为水平拉伸断裂测量装置。粉尘充填于由左右两部分组成的容器中，容器的一部分固定，另一部分系于弹簧测力器上，然后给弹簧一定的拉力。当拉力等于粉尘层破断面的断裂应力和滚动轮的摩擦阻力时，粉尘层断裂。

为了免除滚动轮摩擦力的影响，可以将水平拉伸改为垂直拉伸，如图9-9所示。

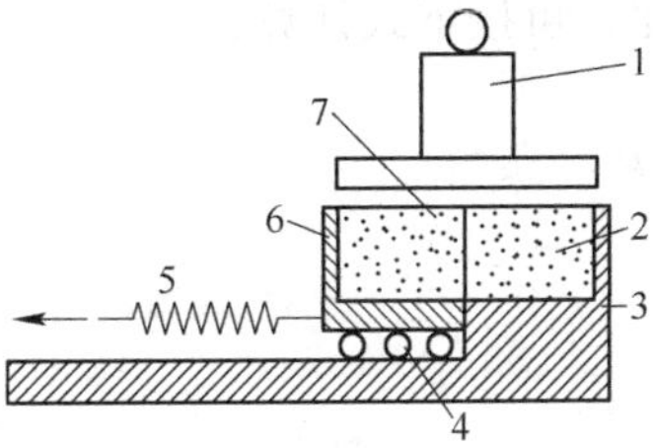

图9-8　水平拉伸断裂测量装置

1—压块；2—粉尘；3—固定盒；4—滚轮；
5—弹簧测力计；6—活动盒；7—粉尘断裂面

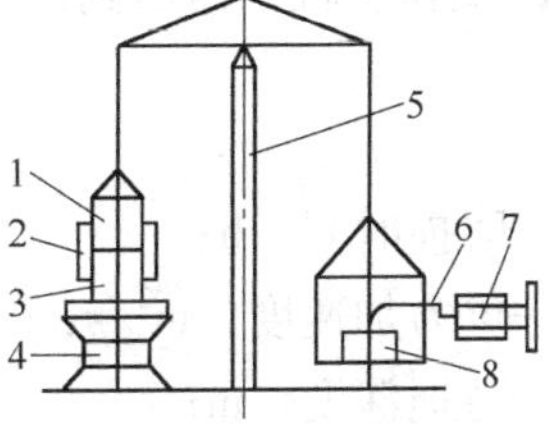

图9-9　垂直拉断法

1—上套管；2—夹具；3—下套管；4—可调支架；
5—黏度天平；6—滴水管；7—注水器；8—盛水器

垂直拉断法原理：粉尘装入可分套筒样品盒，震动充填致密；然后，在黏度天平上垂直拉断粉尘样品。测得的粉尘样品垂直拉断强度，表征粉尘的黏结性。

当天平横梁左端的套筒挂上待测尘样时，天平将因不平衡而微向左倾斜。用注水器向水杯中连续注水，当两边质量相等时，粉尘层断裂，立即停止注水。粉尘层的断裂应力 F(Pa) 可由下式求得：

$$F = \frac{(\sum \Delta W - G_s)g}{A} \tag{9-11}$$

式中 F——粉尘层断裂应力，Pa；

A——断裂粉尘截面积，m^2；

G_s——上部筒体及粉尘质量，kg；

$\sum \Delta W$——由注水器加入的水质量，kg。

为了使粉尘在测定时有较高的充填率，粉尘层应有一定的强度，通常采用机械振动法将粉尘充填于容器中。

9.1.7 粉尘磨损性的测定

固体颗粒物的磨损性是含尘气流在流动过程中对器壁、管道壁和过滤材料的磨损性能。粒子对物体表面的磨损是一个较复杂的现象。对刚性壁面表现为碰撞磨损，对塑性壁面表现为切削磨损。

粉尘的磨损性到目前还没有一个统一的定量表示方法。前苏联采用磨损性系数 K_a(m^2/kg) 来表示

$$K_a = A\Delta G \tag{9-12}$$

式中 ΔG——材料的磨损量，kg；

A——与测定仪器有关的常数，m^2/kg^2。

在确定 ΔG 时，采用20号钢的钢片，大小为 10mm × 12mm × 2mm，将其置于由于圆管的旋转而形成的外甩气流中，钢片与气流成45°。供灰漏斗放入约10g的被测粉尘，粉尘加入圆管中的速度不大于3g/min。在含尘气流的作用下，钢片被磨损，准确称出钢片初始质量 G_0 和磨损后的质量 G_1，可得

$$\Delta G = G_0 - G_1 \tag{9-13}$$

当圆管转速为314rad/s，圆管长150mm时，$A = 1.185 \times 10^{-5}$ m^2/kg^2。

除尘器器壁的磨损时间 t 与磨损的深度 h 成正比，与气流中的含尘量 S、气流速度 v_g^3、磨损系数 K_a 及粉尘粒子碰撞到器壁的概率 E 成反比，可按下式计算：

$$t = \frac{g}{3600} \frac{h}{S v_g^3 K_a E} \tag{9-14}$$

式中 t——磨损时间，h；

g——重力加速度，m^2/s；

h——磨损深度，m；

K_a——粉尘磨损系数；

v_g——气流速度，m/s；

S——含尘浓度，kg/m^3；

E——概率，用小数表示。当 $E=1$ 时，磨损最大，通常取 $E=0.5\sim0.7$。

粉尘的磨损系数取决于粉尘的分散度、成分、形状及其他性质。各种飞灰磨损系数的通常范围为：$K_a=(1\sim2)\times10^{-11}\mathrm{m^2/kg}$。

9.1.8 粉尘粒径的测定

粉尘的粒径大小与除尘技术有极为密切的关系，因而粒径的测定成为通风除尘测试技术中重要的组成部分。粉尘粒径的许多测定方法都是基于测定粉尘的某种特性（光学特性、惯性、电性等）基础上的。由于各种测定方法所依据的基本原理不同，所测出粒径的含义也不同，例如采用显微镜法测得的粉尘粒径是指投影径（定向径、长径、短径等），而用电导法测得的粒径是等体积径，沉降法测得的粒径是粉尘的空气动力径等。一般说来，由于多数粉尘为非球体，不同的方法之间是没有对比性的，因此，在给出粒径分布的同时，应说明所采用的分析方法。表 9－1 列出了颗粒粒径分布测定的一般方法。

表 9－1 粒径分布测定的一般方法

分 类	测定方法		测定范围/μm	分布基准
筛 分	筛分法		>40	计重
显微镜	光学显微镜		0.8～150	计数
	电子显微镜		0.001～5	计数
沉 降	增量法	移液管法	0.5～60	计重
		光透过法	0.1～800	面积
		X 射线法	0.1～100	面积
	累积法	沉降天平	0.5～60	计重
		沉降柱	<50	计重
流体分级	离心力法		5～100	计重
	串级冲击法		0.3～20	计重
光 电	电感应法		0.6～800	体积
	激光测速法		0.5～15	计重、计数
	激光衍射法		0.5～1800	计重、计数

然而，粉尘粒度传统的测定法如筛分法、显微镜法、重力沉降法等，很费时，而且误差较大。另外，不同的测试（观测）者会得到不同的结果，因此可比性差。对于粒度测定，现在有一种趋势（特别是国外），其需采用自动的测定方法，且要求标明所用测定仪器的型号。于是，传统的人工测定方法已很少使用了。

本书的第 1 章对利用气溶胶的光学性质测定粉尘粒度的相关仪器原理进行了简单介绍，在此不做赘述。

9.2 除尘系统检测技术

除尘系统的检测主要针对除尘器性能参数在内的风管内含尘气体状态参数和除尘器性

能参数等内容的测试。除尘管道内气体参数的测试内容包括气体的温度、压力、风速、流量、湿度和含尘浓度等，其中压力和流量的测定很重要，必须给予充分注意。而除尘效率、压力损失及除尘器的漏风率是除尘器性能评价的主要参数。

9.2.1 除尘系统测试条件的选择

测试条件选择应考虑的原则是：符合生产正常的工况条件和除尘系统稳定运行的条件；测定位置具有合理性与代表性。同时测定工作也要遵循安全第一的原则，避免可能发生的事故。

9.2.1.1 测定与运转的条件

测试过程中，操作人员应采取适当的措施，保证除尘系统和设施的连续正常运转，充分考虑在测试过程中，因生产或除尘设备故障而不能进行准确测定的状况。

(1) 确定除尘系统和设施的运转状况。充分考虑除尘系统和设施的种类、规模及测试要求，确定测试实施计划。在测试的过程中，除尘设施必须严格按照正常的条件运转。

(2) 选定测试时间。测试的时间必须选择在除尘系统和设施正常生产工况下进行。当工况出现周期性变化时，测试时间至少要多于一个周期的时间，一般选择3个生产周期的时间。

对验收测试，应在运转后经过1~3个月以上时间进行。对湿法除尘的情况，通常把运转后1~3个月作为测定的稳定时期。对采用惯性力和离心力除尘时，1周~1个月后进行测试即可。采用电除尘时，1~3个月进行测定者居多。对袋式除尘而言，应把稳定运行期定为3个月以上。

(3) 测试地点的安全操作。对于大规模的除尘设备，测试地点几乎都是在高处。要在数米以上高处进行测试，必须考虑测试的安全性和可操作性，保证在高处也能顺利而安全地进行操作。

升降设备要有足够的强度。操作平台的宽度、强度以及安全栏杆（高度大于1.10m），应符合安全要求。测试操作中，要防止金属测试仪器与电线接触，以免引起触电事故；要防止有害气体和粉尘造成的危险。测试用仪器、装置所需要的电源开关和插座的位置，测试仪器的安放地点，均应安全可靠，保证测试操作不发生故障。

9.2.1.2 测试位置和测定点的选取

在不影响测定精度和设备性能的范围内，除尘设备和风机的测试位置应尽可能靠近机体。管道的测试位置要避开管道的弯曲部位和断面形状急剧变化的部位。

在除尘器的含尘气体入口和出口管道上，把适合测定条件的管道断面定为测定位置，把能够进行各种项目测定的测定孔设在管道壁面上。测定孔必须具有能够正确使用测试仪器的形状和尺寸。

不进行测定时，设在管道壁面上的测定孔通常用适当的孔盖将其密闭。测定孔设在高处时，测定孔中心线应设在约比站脚平台高1.5m的位置上。站脚平台有手扶栏杆时，测定孔的位置一定要高出栏杆。

A 圆形断面管道

如图9-10所示，当测定位置所在管道断面形状为圆形时，在测定断面互相正交的直线上，按表 9－2 选择测点的相关位置和个数。测定孔设在正交直线的壁面上。

表 9－2　圆形断面测点的位置

使用烟道直径 $2R$/m	半径划分数 Z	测定点数	测定点距烟道中心的距离 r_n/m				
			半径序号				
			$n=1$	$n=2$	$n=3$	$n=4$	$n=5$
<1	1	4	0.707R				
>1～<2	2	8	0.500R	0.866R			
>2～<4	3	12	0.408R	0.707R	0.913R		
>4～<4.5	4	16	0.354R	0.612R	0.791R	0.935R	
>4.5～<5	5	20	0.316R	0.548R	0.707R	0.837R	0.949R

当管道直径超过 5m 时，每个测定点的管道断面积不应超过 1m^2，并根据式(9－15)设定测定点的位置。

$$r_n = R\sqrt{\frac{2n-1}{2Z}} \tag{9-15}$$

式中　r_n——测定点距管道中心的距离，m；

R——管道半径，m；

n——半径序号；

Z——半径划分数。

B　矩形断面管道

测定位置上的管道断面形状为长方形和正方形时，如图 9－11 所示，把测定断面分为 4 个以上等断面积的长方形或正方形小格，小格的边长（L）应小于 1m。测点需选择在小格中心处，测孔设在连接各测点的延长线上的管道壁面的上下方向或左右方向上。

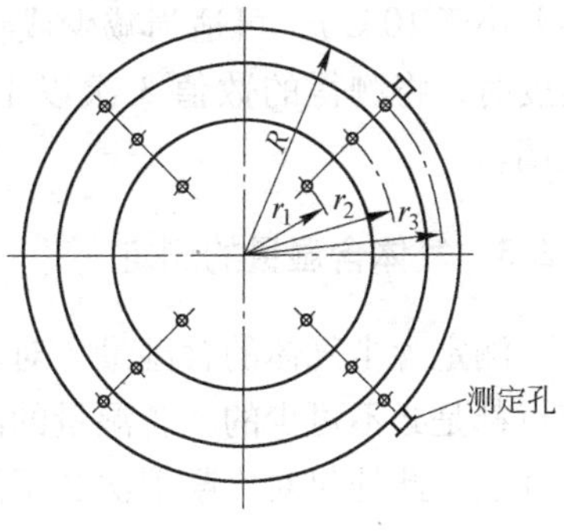

图 9－10　圆形断面测定示意图

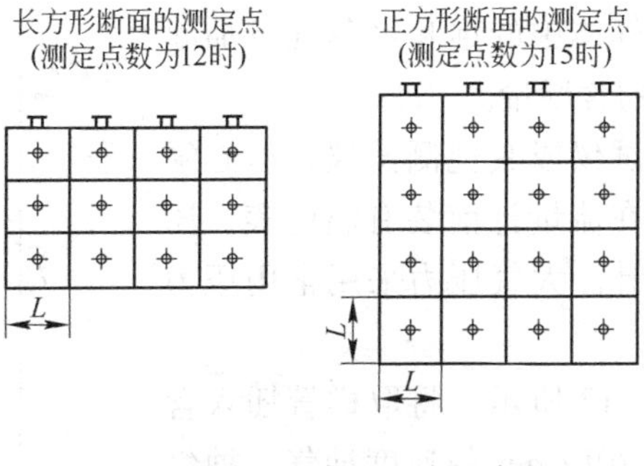

图 9－11　矩形断面测定示意图

在管道断面积大于 20m^2 时，等分管道断面，使小格一边之长小于 1m，取其中心为测定点。管道划分数和适用管道尺寸见表 9－3。

表 9-3 矩形断面测点的布设

适用烟道断面积 S/m^2	断面积划分数	测定数	划分的小格一边长度 L/m
>1	2×2	4	≤0.5
1~4	3×3	9	≤0.667
4~9	3×4	12	≤1
9~16	4×4	16	≤1
16~20	4×5	20	≤1

另外，气流在测定断面上的流动为非对称时，按非对称方向划分的小格一边之长应比按与此方向相垂直方向划分的小格一边之长小一些，相应地增加测定点数。

C 其他形状断面管道

按照1和2的标准，选择测点。在决定测点时，应调查粉尘堆积在管道内部的状况和固结在侧壁上的状况，确定含尘气体流道的几何形状，并按上述方法确定测点。

9.2.2 管道内温度的测定

测定温度时，测定位置和测点按9.2.1节中介绍的确定，当温度场比较均匀时（高低温差小于10℃），可适当减少或将测点选在靠近测定断面的中心位置上。在各测点上测定温度时，将测得的数值3次以上取其平均值。测温仪器用玻璃水银温度计或工业用热电偶。

9.2.3 气体含湿量的测定

测定含尘气体的含湿量，对求出干含尘气体流量、气体单位体积的质量和计算烟气的露点都是必不可少的。含湿量的测定方法较多，常用的方法有：吸湿管法、冷凝器法和干湿球法。此处仅对冷凝器法和干湿球法作简要介绍。

9.2.3.1 冷凝器法

采用冷凝器法测定含尘气体的含湿量的原理是：将一定体积气体中的水分经冷凝器收集起来，精确称量冷凝水量，并且把冷凝后气体中的饱和水蒸气量加起来，由此来确定含尘气体的含湿量。

所用仪器可用烟尘测试仪或其他测试仪，但必须装备有冷凝器和干燥器，在流量计前装有温度表、压力计。冷凝器后装有温度计。大气压力采用常用压力计测定。

冷凝器的结构如图9-12所示。将取样管插入含尘气体管道中，以约10~20L/min的速度抽气，抽气量应保证冷凝水分量在20mL以上，同时记下冷凝器出口的饱和水蒸气温度，流量计的读数和流量计前的温度、压力值。采样结束后，取出取样管，将可能凝

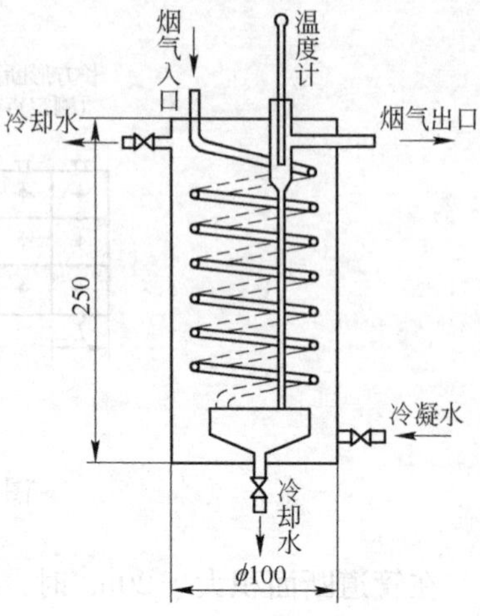

图 9-12 冷凝器

结在取样管和联结管内的水分倒入冷凝器中，用量筒称量凝结水分量。此时要尽量不使冷凝的水滴黏附在管壁上。

含尘气体的含湿量按下式计算：

$$G_{sw}=\frac{G_w+\frac{1}{1.24}\left(Q_s\times\frac{p_v}{p_a+p_r}\times\frac{273}{273+t_r}\times\frac{p_a+p_r}{101.325}\right)}{\rho_0\left(Q_s\times\frac{273}{273+t_r}\times\frac{p_a+p_r-p_v}{101.325}\right)}\times 1000$$

$$=\frac{1000}{p_a+p_r-p_v}\left[\frac{0.287G_w\ (273+t_r)}{Q_s}+0.624p_v\right] \qquad (9-16)$$

含尘气体中水蒸气的体积分数按式(9－17)计算

$$\varphi_{sw}=\frac{1.24G_w+Q_s\times\frac{p_v}{p_a+p_r}\times\frac{273}{273+t_r}\times\frac{p_a+p_r}{1.01325}}{1.24G_w+Q_s\times\frac{273}{273+t_r}\times\frac{p_a+p_r}{101.325}}\times 100\%$$

$$=\frac{461.4(273+t_r)G_w+p_rQ_s}{461.4(273+t_r)G_w+(p_a+p_r)Q_s}\times 100\% \qquad (9-17)$$

式中 G_{sw}——含尘气体的含湿量，g/kg（干气体）；

G_w——凝结出来的含湿量，g；

Q_s——含尘气体体积（在测定状态下），L；

p_v——冷凝后饱和水蒸气压力，kPa；

p_a——大气压力，kPa；

p_r——流量计前的指示压力，Pa；

t_r——流量计前的含尘气体温度,℃；

ρ_0——在标准状态下的干含尘气体的密度，$\rho_0=1.293$g/L（干气体）；

φ_{sw}——含尘气体中的水蒸气体积分数,%。

9.2.3.2 干湿球法

对于接近饱和状态温度不高的气体用干湿球法测定含湿量较为方便。

使用干湿球法测温度，要求两支温度计必须足够精确；烟气通过湿球表面时，流速均匀；所测烟气的干湿球温度一定要在100℃以下和露点以上。

用干湿球法测量烟气湿度时，烟气的含湿量用式(9－18)计算

$$\varphi_{H_2O}=\frac{\phi\rho_w}{0.804\times\frac{273}{273+t_g}}\times 100\% \qquad (9-18)$$

式中 φ_{H_2O}——烟气中水蒸气含湿量的体积分数,%；

ϕ——相对湿度,%；

ρ_w——1m³ 饱和气体中水蒸气密度，g/m³；

t_g——干球温度,℃。

9.2.4 管道内压力的测定

9.2.4.1 测定原理

测量管道内气体的压力应在气流比较平稳的管段进行，避开弯头、三通、变径管、阀

门等影响气流流动的管段。测试中需测定气体的静压、动压和全压。全压等于动压与静压的代数和，所以可只测其中两个值。

9.2.4.2　测定仪器

气体压力的测量通常是用插入风道中的测压管将压力信号取出，在与之连接的压力计上读出，取信号的仪器是皮托管，读数的仪器是压力计。常用的测压仪器有标准皮托管、S形皮托管、U形压力计和斜管压力计。

标准皮托管的结构如图9－13所示。它是一个弯成90°的双层同心圆管，其开口端同内管相通，用来测定全压；在靠近管头的外管壁上开有若干小孔，用来测定静压。标准皮托管校正系数近似等于1，皮托管测孔很小，当风道内粉尘浓度大时，易被堵塞，因此这种皮托管只适用于试验室或在除尘器出口的清洁的管道中使用。

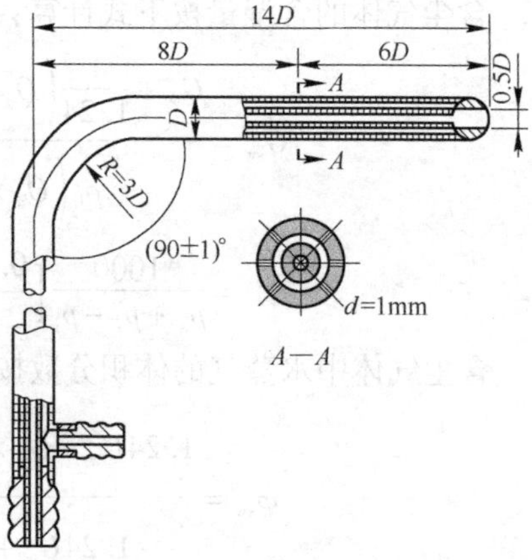

图9－13　标准皮托管

S形皮托管的结构如图9－14所示。它是由两个相同的不锈钢等金属管并联组成，测量端有方向相反的两个开口，测定时，面向气流的开口测得的相当于全压，背向气流的开口测得的相当于静压。S形皮托管在使用前须在试验风洞用标准皮托管进行校正，S形皮托管的动压校正系数为

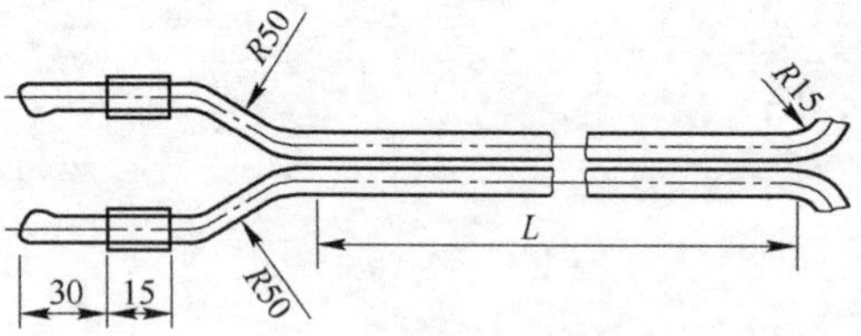

图9－14　S形皮托管

$$K_{pS}=\sqrt{\frac{p_{dN}}{p_{dS}}} \tag{9-19}$$

式中　p_{dN}，p_{dS}——分别为标准皮托管和S形皮托管测得的动压值。

管道内实际的动压为

$$p_d=K_{pS}^2 p_{dS} \tag{9-20}$$

S形皮托管校正系数一般在0.80～0.85之间。S形皮托管可在大直径风道中使用，因其不易被尘粒堵塞，因而在污染源及除尘系统监测中广泛应用。

U形压力计由U形玻璃管或有机玻璃管制成，内装测压液体，常用测压液体有水、乙醇和汞，视被测压力范围选用。用U形压力计测全压和静压时，另一端应与大气相通。因此，压力计上读出的压力，实际上是风道内气体压力与大气压力之间的压差（即气体相对压力）。压力p按式(9－21)计算

$$p=\rho gh \tag{9-21}$$

式中　p——压力，Pa；

h——液柱差，mm；

ρ——液体密度，g/cm³；

g——重力加速度，m/s^2。

倾斜式微压计的构造如图 9-15 所示，测压时，将微压计容器开口与测定系统中压力较高的一端相连，斜管与系统中压力较低的一端相连，作用于两个液面上的压力差，使液柱沿斜管上升，压力 p 按式(9-22)计算

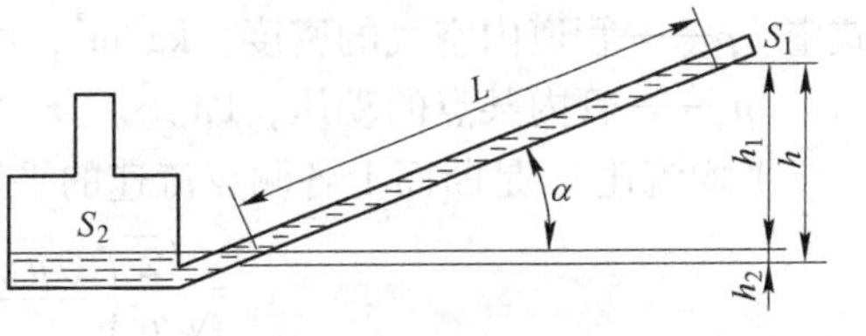

图 9-15 倾斜式微压计

$$p = L\left(\sin\alpha \frac{S_1}{S_2}\right)\rho_g \qquad (9-22)$$

令

$$K = \left(\sin\alpha \frac{S_1}{S_2}\right)\rho_g$$

则

$$p = LK \qquad (9-23)$$

式中 p——压力，Pa；

L——斜管内液柱长度，mm；

α——斜管与水平面夹角，(°)；

S_1——斜管截面积，m^2；

S_2——容器截面积，m^2；

ρ_g——测压液体密度，kg/m^3。

9.2.4.3 测定方法

测试前，将仪器调整至水平，检查液柱有无气泡，并将液面调至零点，然后根据测定内容用乳胶管或橡皮管将测压管与压力计连接。

测压计、皮托管的管嘴要对准气流流动方向，其偏差不大于 5°，每次要反复测定 3 次，取平均值。

9.2.5 管道内风速的测定和流量计算

9.2.5.1 风速的测定方法

常用的测定管道内风速的方法有间接式和直接式两类。

(1) 间接式。通过测定风流的动压，再计算出风流的流速。其测定步骤为：

1) 测点断面的确定。在管路上选择合理的测量断面。测量断面应选择在气流平稳的直管段上，尽量避开弯头、三通、阀门等异形部件。测量断面在异形部件之前时，应距异形部件两倍以上的管道直径；在异形部件之后时，应距异形部件 4 倍管道直径（方管的直径为：$D = 2AB/(A+B)$）。

2) 测点数的确定。划分测定断面。当管道断面大于 $0.1m^2$ 时，应将断面划分成相等的 n 个断面。方形管道 n 个等断面为矩形，每个矩形断面的中心点为测点。圆形管道 n 个等断面为同心环，每个圆环内设 4 个测点。当管道断面较小时，可只在管道断面中心选取一点测量。

3) 平均风速的测定。用测压管与微压计（斜管压力计或补偿微压计）测定管内各测点的动压 p_d，再用式(9-24)算出各点的流速 v(m/s)

$$v = \sqrt{\frac{2p_d}{\rho}} \qquad (9-24)$$

式中 ρ——管道内空气的密度，kg/m^3，可取 $1.2kg/m^3$；

p_d——管内某点的动压，Pa。

平均流速 v_p 是断面上各测点流速的平均值，即

$$v_p = \sqrt{\frac{2}{\rho}}\left(\frac{\sqrt{p_{d1}} + \sqrt{p_{d2}} + \cdots + \sqrt{p_{dn}}}{n}\right) \tag{9-25}$$

式中 n——测点数。

此法虽较繁琐，但由于精度高，在通风除尘系统测试中得到了广泛应用。

(2) 直读式。常用的直读式测速仪是热球式热电风速仪和热线式热电风速仪。

这种仪器的传感器是测头，其中为镍铬丝弹簧圈，用低熔点的玻璃将其包成球或不包仍为线状。弹簧圈内有一对镍铬－康铜热电偶，用以测量球体的温升程度。测头用电加热。测头的温升会受到周围空气流速的影响，根据温升的大小，即可测得气流的速度。仪器的测量部分采用电子放大线路和运算放大器，并用数字显示测量结果。测量的范围为 0.05～30m/s。

测点的断面和测点数的确定与间接式相同。

9.2.5.2 风道内流量的计算

平均风速确定以后，可按式(9－26)计算管道内的风量

$$Q = Av_p \tag{9-26}$$

式中 Q——管道内风量，m^3/s；

A——管道断面积，m^2；

v_p——管道内平均风速，m/s。

气体在管道内的流速、流量与大气压力、气流温度有关。当管道内输送非常温气体时，应同时给出气流温度和大气压力。

9.2.6 气体含尘浓度的测定

粉尘浓度的测定是通风除尘测试中的一个重要内容，它主要包括三个方面：

(1) 工作区粉尘浓度的测定（以检验工作区粉尘的浓度是否达到国家卫生标准）；

(2) 尘源排放浓度的测定（以检验排放到大气中的气体的含尘浓度是否达到国家排放标准）；

(3) 除尘器除尘效率的测定（以评价除尘器的性能）。

上述第 (2) 和 (3) 项测定，所采用的方法基本上是相同的，都是测定管道内的粉尘浓度。而各种类型的排放标准，如 g/m^3，kg/h 及 kg/t 产品等都是根据测得的粉尘浓度换算得来的。

除尘器效率的测定可以在现场进行，也可以在试验室进行。在现场测试时，所采用的方法与测定排放浓度的方法相同，但这时一般都采用在除尘器前后同时测定粉尘浓度，然后计算除尘效率。

实验室测定除尘器的效率时，采用人工发尘，气体的温度、湿度与室内环境相同，管道内的气流可以控制得比较均匀等，所有这些都可使实验室测定和计算工作简化。

9.2.6.1 工作区粉尘浓度的测定

工作区粉尘浓度测定的常用方法是滤膜测尘，由于这种方法具有操作简单、精度高、

费用低、易于在工厂企业中推广等优点而得到广泛应用。此外，β射线测尘、压电天平测尘等快速测尘方法，在工业厂矿中也逐步得到应用，是很有发展前途的测尘方法。结合国标，这里仅对常用的滤膜法进行介绍。

测定原理：空气中的总粉尘用已知质量的滤膜采集，由滤膜的增量和采气量计算出空气中总粉尘的浓度。

测定装置（见图9－16）是由滤膜采样头（见图9－17）、流量计和调节装置及抽气泵等组成。

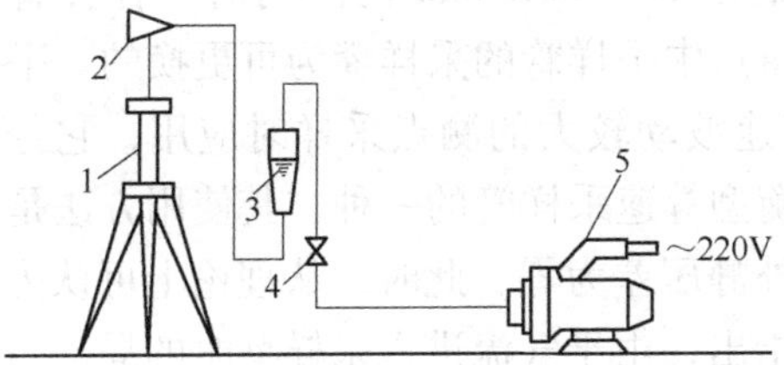

图9－16　滤膜测尘装置图

1—三脚支架；2—滤膜采样头；3—转子流量计；4—流量调节阀；5—抽气泵

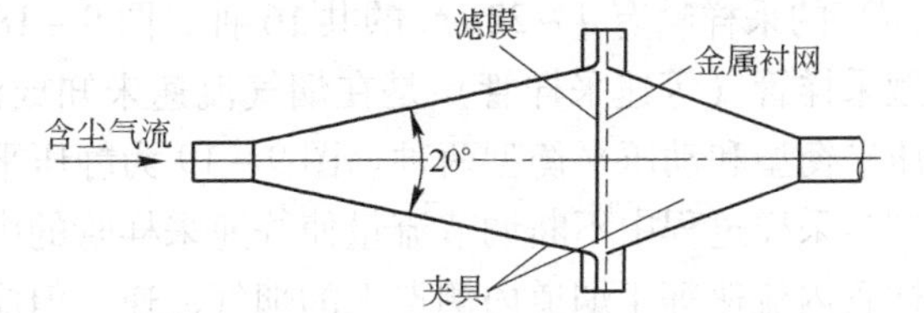

图9－17　圆形滤膜捕尘装置

当抽气泵开动时，工作区的含尘空气通过采样头被吸入，粉尘被阻留在夹在采样头内的滤膜表面上。根据滤膜在采样前后增加的质量（即被阻留的粉尘质量）和采样的空气量，就可以计算出空气中的粉尘浓度：

$$c=\frac{W_2-W_1}{Q_N} \tag{9-27}$$

式中　c——工作区粉尘浓度（标态），mg/m^3；

W_1, W_2——采样前后的滤膜质量，mg；

Q_N——标准状态下的采气量（标态），m^3。

滤膜作为阻留粉尘的过滤材料，是由直径为1.2～1.5μm超细合成纤维构成的网状薄膜。这种薄膜的孔隙很小，表面呈细绒状，不吸湿，不易脆裂，质地均匀，有明显的带负电性，能牢固地吸附粉尘。滤膜具有捕尘效率高（大于99%）、阻力小、重量轻、便于操作等优点。

通常用转子流量计测定采样抽气量。抽气量 q 一般控制为10～13L/min，采样时间 t 为10～20min。将所测得的总抽气量（$Q=tq1000m^3$）换算成标准状态气量（Q_N）。

为了在测尘时携带方便，可采用便携式测尘仪（采样装置的各部件，采样头、流量计、抽气泵等组装在一个小型测尘箱内）。便携式测尘仪的特点是采用微型电机带动的小抽气机，体积小，重量轻。电源采用交直流两用，直流电源为蓄电池或干电池。

9.2.6.2　管道内粉尘浓度的测定

管道中粉尘浓度的测量比工作区粉尘浓度的测量要复杂得多，这是由于管道中气体的温度、湿度以及流速分布、粉尘浓度分布等条件所决定的。以等速采取捕集粉尘，从抽取气体量算出含尘浓度，在管道测定求出粉尘量，计算出管道内气体含尘浓度。

A 采样装置

粉尘采样装置由粉尘捕集器、采样管、测定抽吸含尘气体流量装置（气体流量计）和抽气装置（真空泵）等组成。为了调节流量，在抽气管道系统中加设调节阀，为了防腐蚀，系统安设了 SO_2 吸收瓶和除雾瓶。整个取样装置的全部管路不能漏气，否则测定将产生误差。

采样装置按粉尘捕集器设在管道内、外的形式，分别称为内滤式和外滤式两种。

采样管是由采样嘴和连接管构成。采样管根据采样嘴结构形式可分为普通型和平衡型两类。普通型采样管如图 9－18 所示，当采样量在 10～60L/min 范围内时，各种直径（d）的采样嘴有 4～22mm 的共 16 种，图 9－18(a) 中采样管的采样嘴为可更换的。平衡型采样管（等速采样管）是在烟气流速未知或流速波动较大的测点采样时应用，它分静压平衡型和动压平衡型两种。图 9－19 为静压平衡型等速采样管的一种，其使用方法是在烟尘采样过程中不断调节流量使等速采样管的内外静压差为零，此时，从理论上可认为采样管内流速等于烟道内侧点上的烟气流速。但应指出，由于气流进入采样嘴时的局部、摩擦阻力以及紊流损失等影响，采样管内的静压往往比管外的静压要小。在实际情况下，虽测得内外静压相等，但内外速度并不等。因此，只有当内外静压孔位置选择恰当时才能符合真正的等速要求。

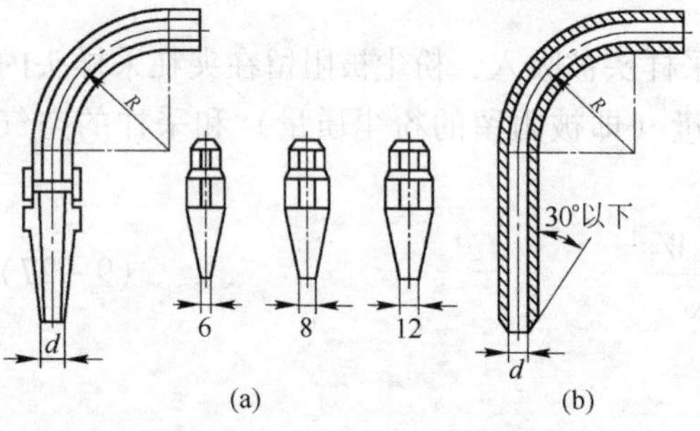

图 9－18 普通型采样管

(a) 可更换的采样嘴；(b) 不可更换的采样嘴

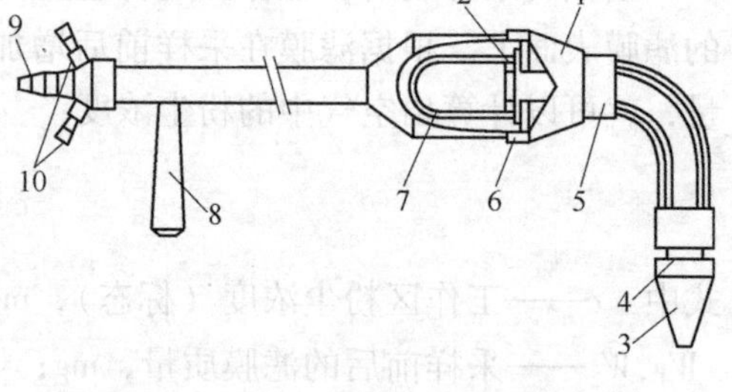

图 9－19 静压平衡型等速采样管结构

1—紧固连接法；2—滤筒压环；3—采样嘴；4—内套管；5—取样座；6—垫片；7—滤筒；8—手柄；9—抽气接头；10—静压接头

捕尘装置是采样系统的关键，采样的准确性与捕尘装置的效率密切相关，要求装置的捕尘效率在 99% 以上。常用的捕尘装置有滤筒、滤膜、集尘管。

滤筒适用于内部采样，滤筒捕尘装置如图 9－20 所示。

当精确测定或捕集粉尘样的量较小时，使用前可将滤筒在烘箱中按不同适用温度预热 2h，除去滤筒中的大部分有机物质，然后再进行采样，这样可得到较为准确的结果。滤筒称重一般采用感量为 0.1mg 的天平。

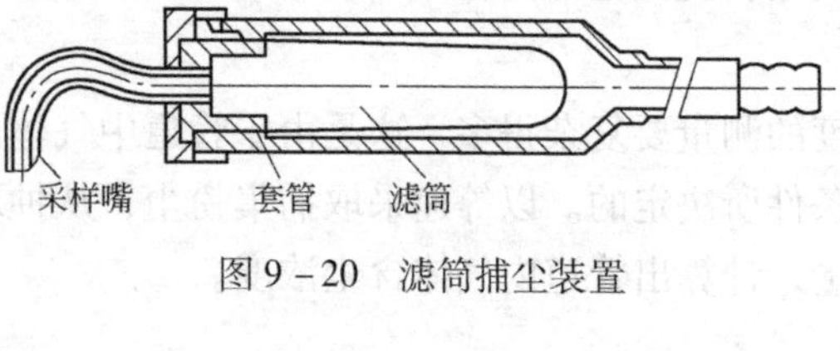

图 9－20 滤筒捕尘装置

当烟气温度高、烟尘浓度大时，常用玻璃制的集尘管进行外部采样。图 9－21 为标准型集尘管，管内装填的滤材，当管内烟气温度可控制在 250℃ 以下时，常用絮状玻璃纤维棉或聚苯乙烯纤维棉；当烟气温度低于150℃时，也可采用长纤维清洁的脱脂棉。一般集尘管装棉长度为3～4cm，装填量约为3～5g。采样前后，要将集尘管在烘箱中加热105℃烘干3～6h，在干燥器内放冷后称重，称重用感量为0.1mg的天平。

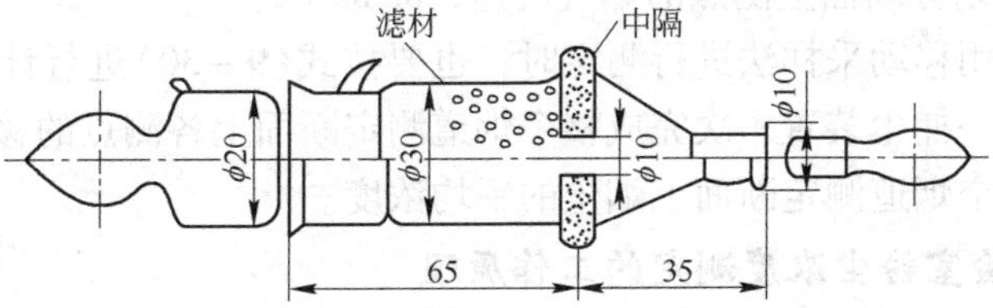

图9－21 标准集尘管捕尘装置

在烟尘采样系统中常用瞬时读数的转子流量计（要求上限刻度为50L/min左右）和累积式流量计（要求精确读出1L流量）作为流量测定装置。考虑到等速采样和捕尘装置在采样过程中阻力变化而产生的流量波动，为了计算上的方便，通常将这两种流量测定装置串联在同一烟尘采样系统中。

要保证采样嘴入口处有一定流速，又要能克服烟道内负压和整个采样系统阻损的要求，一般采样动力的流量达到40L/min时能有26～50kPa的负压，即可满足烟尘采样的需要。常用的有油封旋片真空泵和干式刮板泵。

B 烟尘浓度的计算

烟尘浓度以换算成标准状况下1m³干烟气中所含烟尘重量（mg或kg）表示为宜，以便统一计算烟囱的污染物排放速率量（kg/h）或排放浓度（mg/m³）。

（1）测量工况下烟尘质量浓度（c）按式(9－28)计算

$$c=\frac{G}{q_{r}t}\times 10^{3} \tag{9-28}$$

式中 c——烟尘质量浓度，mg/m³；

G——捕尘装置捕集的烟尘质量，mg；

q_r——由转子流量计读出的湿烟气平均采样量，L/min；

t——采样时间，min。

（2）标准状况下烟尘质量浓度（c'）按式(9－29)计算

$$c'=\frac{G}{q_0} \tag{9-29}$$

式中 c'——标准状况下烟尘质量浓度，mg/m³；

G——捕尘装置捕集的烟尘重量，mg；

q_0——标准状况下的烟气采样量，L。

C 烟道测定断面上烟尘的平均浓度

根据所划分的各个断面测点上测得的烟尘质量浓度，按式(9－30)可求出整个烟道测定断面上烟尘的平均质量浓度（c_p）

$$c_{p}=\frac{c_{1}S_{1}v_{s1}+c_{2}S_{2}v_{s2}+\cdots+c_{n}S_{n}v_{sn}}{S_{1}v_{s1}+S_{2}v_{s2}+\cdots+S_{n}v_{sn}} \tag{9-30}$$

式中 c_p——测定断面的平均质量浓度，mg/m^3；

c_1，…，c_n——各划分断面上测点的烟尘质量浓度，mg/m^3；

S_1，…，S_n——所划分的各个断面的面积，m^2；

v_{s1}，…，v_{sn}——各划分断面上测点的烟气流速，m/s。

但需指出，采用移动采样法进行测定时，也要按式(9－30)进行计算。如果等速采样速度不变，利用同一捕尘装置一次完成整个烟道测定断面上各测点的移动采样，则测得的烟尘浓度值即为整个烟道测定断面上烟尘的平均浓度。

9.2.6.3 实验室粉尘浓度测定的工作原理

实验室测定粉尘浓度的实验装置如图9－22所示，由滤膜采样头、流量计和调节装置及抽气泵等组成。

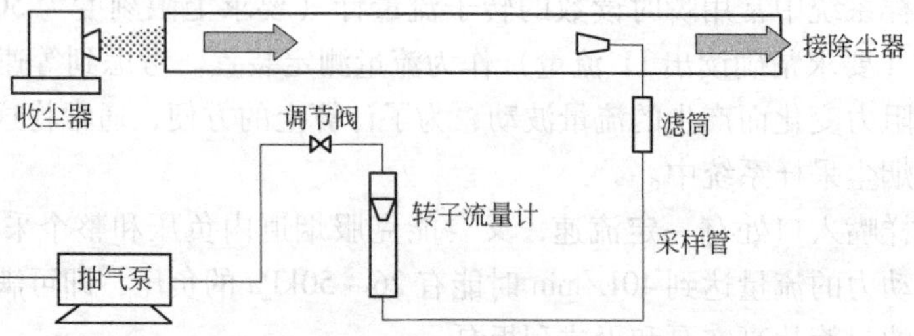

图9－22 实验室粉尘浓度测定装置

当抽气泵开动时，工作区的含尘空气通过采样头被吸入，粉尘被阻留在夹在采样头内的滤膜表面上。根据滤膜在采样前后增加的质量（即被阻留的粉尘质量）和采样的空气量，空气中的粉尘浓度可由式(9－27)算出。除尘效率 η_T 由式(9－31)计算

$$\eta_T = \left(1 - \frac{c_o}{c_i}\right) \times 100\% \qquad (9-31)$$

式中 c_i，c_o——分别为进入除尘器前后的气体的含尘质量浓度。

9.2.7 除尘器性能的测试

（1）温度测定。使用玻璃温度计或热电偶温度计，在各测定点上测定温度，并将3次以上测得的数值平均，取其平均值。

（2）静压测定。使用皮托管在各测定点上测出静压，并将测得的数值平均。但是，当把静压孔设在管道壁面左右两个地点，测得的壁面静压无明显差异时，方能取其平均值。如果用S形皮托管测静压，为避免皮托管测口形状对测量精度的影响，往往用全压值减去动压值计算静压值。

（3）管道内气体流量测定。使用皮托管和压差计联合测定动压，由式(9－24)确定流速后，乘以管道断面积可确定流量。

（4）除尘器压力损失的计算。压力损失可用除尘器入口、出口管道内处理气体的平均全压差来表示。根据用皮托管测得的各测定点的全压值和流速值，按式(9－32)来计算

$$\Delta p = p_1 - p_2 \qquad (9-32)$$

式中 Δp——除尘器阻力，Pa；

p_1——除尘器进口处的平均全压，Pa；

p_2——除尘器出口处的平均全压，Pa。

(5) 除尘效率的测定。分别测出除尘器入口和出口的含尘浓度，然后由式(9－31)确定除尘效率。粉尘浓度的测定方法见管道内气体含尘浓度的测定方法。

(6) 除尘器漏风率测定。首先测出除尘器进、出口的风量，其漏风率按式(9－33)计算

$$\alpha = \frac{Q_0 - Q_i}{Q_i} \times 100\% \tag{9-33}$$

式中 α——除尘器的漏风率，%；

Q_0——除尘器入口标况风量（标态），m^3/h；

Q_i——除尘器出口标况风量（标态），m^3/h。

应当特别指出，在严格考核的测定中，因除尘器入口和出口位置高低差异，大气压引起的误差应考虑在内。同时，对袋式除尘器而言，由于反吹清灰或脉冲清灰进入除尘器的额外风量也应扣除，不能算在除尘器漏风之内。

参 考 文 献

[1] 张国权. 气溶胶力学——除尘净化理论基础［M］. 北京：中国环境科学出版社，1987.

[2] 陈明绍，等. 除尘技术的基本理论与应用［M］. 北京：中国建筑工业出版社，1981.

[3] Zhu J, Lim C J, Grace J R L. Tube wear in gas fluidized bed［J］. Chem. Eng. Sci. , 1991, 46（4）: 1151～1156.

[4] 向晓东. 现代除尘理论与技术［M］. 北京：冶金工业出版社，2002.

[5] Martin C. Air Pollution Control Theory［M］. New York：Mcgraw-Hill, 1976：329～330.

[6] White H J. Industrial Electrostatic Precipitation［M］. Massachusetts, Andison-Wesley, 1963.

[7] 李诗久，周晓君. 气力输送理论与应用［M］. 北京：机械工业出版社，1992.

[8] 刘大有. 关于颗粒悬浮机理和悬浮功的讨论［J］. 力学学报. 1999, 31（5）：661～669.

[9] 向晓东. 巷道边壁粉尘粒子在平流中的悬浮行为［J］. 地质勘探安全：1987（1）：48～52.

[10] Hinds W C. 气溶胶技术［M］. 孙聿峰译. 哈尔滨：黑龙江科学技术出版社，2010.

[11] Friedlander S K. 烟、尘和霾［M］. 常乐丰译. 北京：科学出版社，1983.

[12] 向晓东. 气溶胶科学技术基础［M］. 北京：中国环境科学出版社，2012.

[13] Strauss W. Industrial Gas Cleaning［M］. 2nd Ed.. New York：Pergamon Press, 1975.

[14] Leith D, Licht W. The collection efficiency of cyclone type particle collectors-A new theoretical approach［J］. ALCHE Symposium Ser. , 1972, 68（126）：196～206.

[15] Chermisinoff P N, et al. Air pollution control and design handbook［M］. New York：Marcel Dekker, Inc. , 1977.

[16] 茅清希. 气－固两相旋转流中颗粒的运动与分离［J］. 通风除尘，1987, 6（4）：1～5.

[17] 向晓东. 计算旋风器除尘效率的一种新方法［J］. 通风除尘，1990, 9（2）：1～7.

[18] Licht W. Air Pollution Control Engineering：Basic Calculations for Particulate Collection［M］. New York：Marcel Dekker, Inc. , 1988.

[19] Cheng W. History of Textile Technology of Ancient China［M］. New York：Science Press Ltd. , 1992.

[20] Donovan R P. Fabric Filtration for Combustion Sources-Fundamentals and Basic Technology［M］. New York and Basel：Marcel Dekker, Inc. 1985.

[21] Thomas D B. Membrane Filtration：A User's Guide and Reference Manual［M］. Science Tech. , Inc. Madison, WI, USA. 1988：26～45.

[22] Jones A. Membrane and Separation Technology［M］. Canberra：Australian Government Publishing Service, 1987.

[23] Dutka B J. Membrane Filtration：Application, Technique and Problems［M］. New York and Basel：Marcle Dekker, Inc. , 1981：588～606.

[24] Goram Rasmussen K. Changes in the US Micro-filtration market：Are Manufacturer Prepared?［M］Frost &Sullivan USA, 2001.

[25] John A H. The Membrane Alternative：Energy Implications for Industry［J］. Elsevier Applied Science, 1990.

[26] Pinnau I, Freeman B D. Membrane Formation and Modification［M］. American Chemical Society, Washington D C 1999.

[27] 向晓东，刘君侠，彭伟功. 纤维层表面非稳态过滤研究［J］. 环境工程. 2002, 20（6）, 31～34.

[28] Dennis R, Hovis L S. Pulse Jet Filtration theory—A State of the Art Assessment, Fourth Symposium on the Transfer and Utilization of Particulate Control Technology：Fabric Filtration［R］. Vol. Ⅰ, EPA－600/9－84－025a, 1984：22～36.

[29] 孙熙. 袋式除尘技术与应用［M］. 北京：机械工业出版社，2004.
[30] 熊振湖，费学林. 大气污染防治技术及工程应用［M］. 北京：化学工业出版社，2003.
[31] 张殿印，王纯. 除尘工程设计手册［M］. 北京：化学工业出版社，2003.
[32] 郑铭，陈万金. 环保设备——原理·设计·应用［M］. 北京：化学工业出版社，2001.
[33] Pontius D, Felix L, MaDonald J R. Smith W. Fine Particle Charging Development［R］. EPA - 600/2 - 77 - 173, US Environmental Protection Agency, Raleigh Durham, North Carolina, 1977: 89 ~ 95.
[34] MaDonald J, Smith W, Spencer H, Sparks A. A Mathematical Model for Calculating Electrical Conditions in Wire-Duct Plate Electrostatic Precipitation Devices［J］. J. Appy. Phys., 1977, 48 (6): 2231 ~ 2246.
[35] Cochet R. Charging Lows of Submicron Particles［J］. National Researsh Science (Paris), 1960, 102: 331 ~ 338.
[36] White H J. Industrial Electrostatic Precipitation［M］. Massachusetts, Andison-Wesley, 1963: 319 ~ 323.
[37] Oglesby S, Nichols G B. 电除尘器［M］. 谭天祐译. 北京：水利电力出版社，1983：35 ~ 50.
[38] 斯迈思 W R. 静电学和电动力学［M］. 戴世强译. 北京：科学出版社，1981：14 ~ 16.
[39] 解广润. 高压静电场［M］. 上海：上海科学技术出版社，1987：2 ~ 17.
[40] 向晓东，邹霖，黄莺，等. 线 - 板式电除尘器场强正态分布模式假设及其检验［J］. 武汉科技大学学报，2006，29 (4)：356 ~ 358.
[41] 刘后启，林宏. 电收尘器（理论、设计、使用）［M］. 北京：中国建筑工业出版社，1986：22 ~ 40.
[42] McDonald J K. Electrostatic precipitator manual［M］. New York: Noyes, 1982: 215 ~ 237.
[43] Navarrete L, et al. Influence of plate spacing and ash resistivity on the efficiency of electrostatic precipitators［J］. Journal of Electrostatics. 1997, 39: 65 ~ 81.
[44] 李荣超，王卫，杨丽娟. 几种捕集高比电阻粉尘的电收尘器的机理［J］. 工业安全与环保，2005，31 (4)：34 ~ 36.
[45] 俞群. 电除尘器技术发展现状及新技术简介［J］. 硫磷设计与粉体工程，2006 (5)：10 ~ 16.
[46] Chang J S. Next Generation Integrated Electrostatic Gas Cleaning Systems［J］. Journal of Electrostatics, 2003, 57: 273 ~ 291.
[47] 罗鑫，胡志光，杜昭. 电除尘器的新技术及其展望［J］. 工业安全与环保，2004，30 (2)：8 ~ 11.
[48] 周永亮. 宽极距电收尘器的设计特点及在诺兰达工艺中的应用［J］. 有色设备，2000 (2)：1 ~ 2.
[49] 陈世修. 静电透镜式电场优化计算的目标函数的提法［J］. 高电压技术，1998，24 (4)：9 ~ 12.
[50] 陈世修. 静电透镜式电场中等位线分析——适用于一类静电场问题的定理［J］. 电工技术学报，1999，14 (1)：45 ~ 48.
[51] 林秀丽，徐竹云，王英敏. 放电极性对多段冲击静电除尘器收尘效率影响. 工业安全与防尘，1998 (7)：4 ~ 6.
[52] 陈士修，孙幼林，李勇，等. 电风对收尘效率公式的影响［J］. 高电压技术，1997，23 (4)：82 ~ 83.
[53] Liang W J, Lin T H. The Characteristics of Ionic Wind and Its Effect on Electrostatic Precipitator［J］. Aerosol Science and Technology, 1994, 20 (8): 330 ~ 344.
[54] Hovis L S. A review of EPA Fabric Filtration Research and Development［C］. Second Conference on Fabric Filter Technology for Coal-Fired Power Plants, Denver, March 1983.
[55] Pontius D, Felix L, MaDonald J R, Smith W. Fine Particle Charging Development. EPA - 600/2 - 77 - 173, US Environmental Protection Agency, Raleigh Durham, North Carolina, 1977: 89 ~ 95.
[56] Bungay P M, Lonsdale H K, dePinho M N. Synthetic Membrane: Science, Engineering and Applications

[M]. D Reidel Publishing Company, 1986.

[57] Helfritch D J. Performance of an Electrostatically Aided Fabric Filter [M]. Chem. Eng. Prog., 1977, 73: 54 ~ 57.

[58] Smith W B, et al. Electrostatic Enhancement of Fabric Filter Performance [C] // Proceedings International Conference on Electreostatic Precipitation. H. J. White, Ed., October 1981: 84 ~ 106.

[59] Helfritch D J. Apitron Application Notes. A Collection of Papers and Presentations of Air Auality Division [M]. American Precision Industries, Inc., 1980.

[60] Van Osdell D W, Lawless P A. Electrostatically Augmented Filtration of Particles Having Very Low Electrical Mobility [J]. Abstract 12C1, Aerosol Science and Technology, 1983, 2 (2): 278.

[61] Griener G P, et al. Electrostatic Stimulation of Fabric Filtration [J]. JAPCA, 1981, 31 (10): 1125 ~ 1130.

[62] Pich J. Fundamentals of Aerosol Science. Sgaw D. T. Ed., New York, 1978.

[63] Nielsen K A, Hill J C. Particle Chain Formation in Aerosol Filtration with Electrical Force [J]. AICHE. J., 1980, 26 (4): 678 ~ 690.

[64] Penney G W. Electrostatic Effects in Fabric Filtration: Fields, Fabrics and Particles [J]. Vol. Ⅰ, EPA - 600/7 - 78 - 142a, September 1978.

[65] Plaks N. Fabric Filtration with Integral Particle Charging and Collection in a Combined Electric and Flow Field [J]. Journal of Electrostatics, 1988, 20 (3): 247 ~ 290.

[66] 葛自良，毛骏健，陆汝杰．液体静电雾化现象及其应用 [J]．自然杂志，2000，22 (1): 265 ~ 268.

[67] Cross J A, Smith P. Electrostatic Enhancement of Water Sprays for Coal Dust Suppression [R]. ACARP Report, Project No. C621, The University of New South Wales, Sydney, Australia, 1994.

[68] Cross J A, Fowler J C W, Xiao F. Electrostatic Enhancement of Water Sprays for Dust Suppression [R]. ACARP Final Report, Project No. C4041, The University of New South Wales, Sydney, Australia, 1998.

[69] Pilat M J, Jaasund S A, Sparks L E. Collection of aerosol particles by electrostatic droplet scrubber [J]. Envir. Sci. Technol., 1974 (8): 350 ~ 362.

[70] 吴琨，等．荷电水雾振弦栅高效除尘技术 [J]．有色金属（矿山部分），2005，5: 46 ~ 48.

[71] 谭天佑，梁凤珍．工业通风除尘技术 [M]．北京：中国建筑工业出版社，1984.

[72] Williams M M R, Loyalka S K. Aerosol Science Theory and Practice [M]. New York: Pergamon Press, 1991.

[73] Hinds W C. Aerosol Technology [M]. 2nd Ed. New York: 1999.

[74] Volk Michael JR, Moroz William J. Sonic Agglomeration of Aerosol Particles [J]. Water, Air, and Soil Pollution, 1976, 5: 319 ~ 334.

[75] 富克斯．气溶胶力学 [M]．顾震潮，等译．北京：科学出版社，1960.

[76] Eliasson B, et al. Coagulation of Bipolarly Charged Aerosols in a Stack Coagulator [J]. J Aerosol Sci., 1987, 18 (8): 869 ~ 872.

[77] Gutsch A, Loffer F. Electrically Enhanced Agglomeration of Nanosized Aerosol [J]. J Aerosol Sci., 1994, 25 (3): 307 ~ 308.

[78] Eliasson B, Egli W. Bipolar Coagulation-modeling and Applications [J]. J Aerosol Sci., 1991, 22 (5): 420 ~ 440.

[79] Kildes J, et al. An Experimental Investigation for Agglomeration of Aerosols in Alternating Electric Field [J]. Aerosol Sci. and Techn., 1995, 23 (7): 603 ~ 610.

[80] Kari E J, et al. Kinematics Coagulation of Charged Droplets in An Alternating Field [J]. Aerosol Sci. and Techn., 1995, 23 (3): 422 ~ 430.

[81] Watababe T, et al. Submicron Particle Agglomeration by An Electrostatic Agglomerator [J]. J Electrostatics, 1995, 34 (4): 367 ~ 383.
[82] Y Koizumi M, Kawamura F, Tochikubo T Watanabe. Estimation of the Agglomeration Coefficient of Bipolar-charged Aerosol Particles [J]. Journal of Electrostatics, 2000, 48 (1): 93 ~ 101.
[83] 刘栋，白敏冬，王永伟，等. 交变电场频率对荷电微细粉尘凝并影响的实验研究 [J]. 科技导报，2009, 27 (5): 61 ~ 64.
[84] 曹阳，郎四维. 介绍一种新型空气自净系统 [J]. 建筑科学，1998, 14 (1): 58 ~ 61.
[85] Rodney T, Luke W. Enhance Fine Particle and Mercury Emission Control Using the Indigo Agglomerator [C] //11th International Conference on Electrostatic Precipitation, Springer, Hangzhou. 2008: 206 ~ 214.
[86] 孙一坚. 工业通风 [M]. 北京：中国建筑工业出版社，1994.
[87] 郝吉明，马广大，等. 大气污染控制工程 [M]. 北京：高等教育出版社，1989.
[88] 唐敬麟，张禄虎. 除尘装置系统及设备设计选用手册 [M]. 北京：化学工业出版社，2004.
[89] 胡传鼎. 通风除尘设备设计手册 [M]. 北京：化学工业出版社，2003.
[90] 张殿印，张学义. 除尘技术手册 [M]. 北京：冶金工业出版社，2002.